普通高等工科教育机电类规划教材

机械设备维修工程学

主　编　李新和
副主编　汪海良　李志荣
参　编　李登伶　高瑞春
主　审　曹中一

机械工业出版社

本书主要介绍了机械设备维修与管理的基本知识，故障、失效的机理与对策，润滑技术，故障诊断技术，失效零件修复技术和机械设备安装调试等内容。

在本书的编写过程中，作者注意到对理论问题的阐述应深入浅出，简明扼要，突出理论与实践的结合，强调本学科的理论在工程实践中的应用。

本书既可作为普通高等学校及普通高等工程专科学校机电类专业的教材，也可作为有关工程技术人员的参考书。

图书在版编目（CIP）数据

机械设备维修工程学/李新和主编．—北京：机械工业出版社，2000（2023.1 重印）

普通高等工科教育机电类规划教材

ISBN 978-7-111-07001-6

Ⅰ．机…　Ⅱ．李…　Ⅲ．机械维修-高等学校-教材　Ⅳ．TH17

中国版本图书馆 CIP 数据核字（2000）第 83588 号

机械工业出版社（北京市百万庄大街 22 号　邮政编码 100037）

责任编辑：刘小慧　版式设计：冉晓华　责任校对：程俊巧

责任印制：郜　敏

北京盛通商印快线网络科技有限公司印刷

2023 年 1 月第 1 版第 16 次印刷

184mm×260mm · 11.25 印张 · 271 千字

标准书号：ISBN 978-7-111-07001-6

定价：32 .00 元

电话服务　　网络服务

客服电话：010-88361066　机　工　官　网：www. cmpbook. com

010-88379833　机　工　官　博：weibo. com/cmp1952

010-68326294　金　　书　　网：www. golden-book. com

封底无防伪标均为盗版　机工教育服务网：www. cmpedu. com

前　言

随着科学技术的迅猛发展，各行各业的技术装备水平越来越高，特别是资金密集、技术密集的现代化设备，往往具有结构复杂、自动化程度高、生产率高、价格昂贵等特点。如何管好、用好、修好这些设备是现代企业必须高度重视的一个课题，它不仅关系到设备本身的寿命，而且直接影响到企业的生产计划、产品（或服务）质量、市场信誉、经济效益，甚至关系到企业的兴衰成败。

自从60年代以来，发达的工业国家纷纷对设备管理与维修进行研究和探讨，对维修与管理的模式进行改革，研讨与改革的结果，不仅为这些国家带来丰厚的经济效益，而且，一门新兴的学科——设备工程学应运而生。1974年，联合国教科文组织将这门学科正式列入了技术科学学科分类目录，在现代化的大生产中，这一学科正日益显示出强大的生命力和坚实的学术地位。

在我国社会主义经济建设中，大力推进设备管理与维修的现代化，对于实施可持续发展战略具有举足轻重的意义。科技要发展，教育须先行。全国高等工程专科机械工程类专业教学指导委员会已确定将“机械设备维修工程学”纳入专业教学计划，制订了相应的教学大纲。该教材也一并纳入普通高等工程专科学校机电类“九五”教材出版规划，使本书有幸与读者见面。

在本书中，主要介绍了机械设备维修与管理的基本知识，故障、失效的机理与对策，润滑技术、故障诊断技术、失效零件修复技术及机械设备安装调试等内容。

在本书的编写过程中，作者注意到对理论问题的阐述应深入浅出，简明扼要，突出理论与实践的结合，强调本学科的理论在工程实践中的应用。因此，本书既可作为普通高等学校及普通高等工程专科学校机电类专业的通用教材，也可供有关工程技术人员参考。

本书由中南工业大学李新和主编，并编写第二章、第六章，沈阳大学汪海良编写绪论、第一章、第七章，中南工业大学李登伶编写第三章，洛阳工业高等专科学校李志荣编写第四章，兰州工业高等专科学校高瑞春编写第五章。全书由中南工业大学曹中一主审。

本书在编写过程中得到了各位编者所在学校和其他院校的大力协助，在此一并致谢。

书中难免有庇漏之处，恳请专家与读者批评指正。

编者

目　录

绪　论

一、本学科的研究对象，任务及内容

机械设备维修工程学是一门新兴的综合性学科。它所研究的对象是有故障的机械设备，所研究的领域是机械设备故障的机理和维修技术（故障排除），涉及到的主要概念是故障、修理极限、维修性、可靠度、有效度等。近100年来，这门学科的理论和重要地位已经在生产实践中得到了发展和考验。因此，联合国科教文组织在1974年把它正式列入了技术科学学科分类目录中。

机械设备维修工程学的任务是：

1）研究机械工程设备工作性能恶化的规律和机理，寻求延长机械设备寿命和改善其可靠性的途径。

2）应用现代科学技术成果，研究适用的维修安装技术和工艺。

3）以最佳经济效益为准则，研究维修管理理论和方法，为维修决策提供科学依据。

机械设备维修工程学的内容为：从基本理论上讲，有摩擦学理论，统计学理论，控制论，信息论等；从维修技术上说，有机械设备维护保养技术，机械设备改造技术，零部件修复技术，机械设备维修工艺，设备故障诊断技术，计算机技术等，从维修管理上看，有计划管理，技术、工艺、质量管理，组织管理（计划、资源保障、质量检验），信息管理（归集、反馈情报），备件管理，经济管理（技术经济分析、决策、预测）等。

故障理论是本学科的理论基础。它揭示了机械设备投人生产后的运动规律，是维修的决策依据。故障理论是在可靠性、维修性、摩擦磨损润滑学、工程诊断学等学科的基础上建立发展起来的一门综合性理论。

维修技术是指具体的生产技术。它是在各工程技术学科的成果之上建立发展起来的一套全面的机械设备维护和零件部件修复工艺体系。状态监测和故障诊断技术是根据工程诊断学的原理和方法建立起来的一套完善的检测和诊断系统。这种系统的建立标志着机械设备进入现代化的管理阶段，并使机械设备实现预知维修成为可能。

维修管理主要是对机械设备维修提供政策性指导和最优政策，筹划维修资源保障，对维修生产进行控制，以实现机械设备正常技术状态所需的人力、物力、财力、信息等的最佳组合。

二、本学科在国民经济中的地位和作用

机械设备维修管理是企业管理的重要组成部分。机械设备维修管理的水平和现代化程度无疑将直接影响企业的生产能力、产品质量、生产成本、劳动生产率以及能源消耗和环境保护等，因而将直接影响国民经济的发展速度。

建国以来，我国人民通过艰苦奋斗已经打下了十分可观的工业基础。到1994年，我国工业固定资产达33441.5亿元，其中机器设备占半数以上。我国金属切削机床等设备的拥有量已居世界前列。这些机器设备是我们进行社会主义现代化建设的宝贵的物质基础，只有把它们管好、用好、修好才能充分发挥它们的作用。这正如李鹏同志在第二次全国机械设备维修

管理工作会议的讲话中所说的："管好、用好、修好设备不仅是保证简单再生产的必不可少的条件，而且对提高企业经济效益、推动国民经济持续、稳定、协调的发展，有着极为重要的意义，我们一定要把设备管理和维修工作抓紧、抓好。"

为了加强设备管理，提高生产技术装备水平和经济效益，保证安全生产和设备正常运行，1987 年国务院发布了"全民所有制工业交通企业设备管理条例"。这个条例作为我国政府制定的第一个法规文件，对做好企业设备的管理工作，实现我国经济长期稳定发展具有十分重要的指导意义。

维修工作在国民经济中具有举足轻重的地位。据前几年统计，前苏联的修理企业或单位有 13 万多个，在修理部门工作的人数有 8 百万人。在机器制造业中，基本生产工人与修理工人之比，前苏联是 5∶1，美国为 10∶1。前苏联从事金属切削设备维修的工人数，要比生产这些设备的工人数多 3 倍，美国保养和修理汽车的工人要比汽车工业工人多 10 倍。这两个国家消耗在汽车、拖拉机、机床等设备的维修费比设备的原来价格要高出几倍到几十倍。我国的修理企业、车间、站、所等单位就更是种类繁多，遍及各个部门，消耗在设备修理上的资金比率就更加突出了。由此可见，修理工作已不再是从属的第二位的工作。

随着科学技术的不断发展，生产设备已逐渐的由单台设备全部由操作人员掌握向着多人掌握并相互联系的机械化、半自动及全自动生产线的方向发展。随着计算机的广泛应用，各种参数的测量、采集和控制也逐渐由计算机担任。在这种发展趋势下，企业对操作工人的要求从数量上和技术上都降低了，有高技术工人向熟练工发展的趋势。与此同时，由于维修工作的对象从单一的机械、电气转向复杂的连动线、半自动生产线和自动生产线等机电一体化设备，又由于生产线对设备工作的可靠性要求很严，因而对维修工作提出了更高的要求，使维修管理逐步向更高的层次发展，因此，对维修的技术要求越来越高。在用新技术装备的企业中，在产品流程基本稳定的情况下，维修成了主要的技术工作，维修人员同运行人员同属企业的主要力量。那种把维修技术放在附属地位的观点，是与当前技术的迅速发展不相适应的陈旧观点。

在设备的寿命周期中，设备的使用、维修阶段是时间最长的阶段，也是最重要的阶段。对设备进行计划和投资的目的就在于通过设备的使用运行，生产出产品，获取经济效益。

在实际生产中，从设备规划、采购，到设备到厂并安装调试，设备管理部门面临的最多的和最重要的工作就是维修工作。所以，维修工作是设备管理中的一个极为重要的环节。

三、机械设备维修工程在国内外的发展状况

1. 近年来国外设备维修工程的新发展

近年来，随着科学技术的迅猛发展，现代化的机器设备大量涌现。其特点是结构复杂，价格昂贵，自动化程度高，生产率成倍增长。但是，这些设备一旦出现故障就会打乱生产计划，造成停产，带来很大经济损失。故障的不断出现迫使人们不得不重视设备的管理和维修，尤其是 70 年代以来，世界能源、资源、环境污染危机的出现，促使人们更加认真地考虑如何以最少的能源、资源消耗获取最大的经济效益，促使人们寻求新的设备管理方法和维修技术，以适应企业发展的需要。在研究方法和研究范围上，突破了单纯讨论局部技术问题，而转向从整体、系统、全局出发研究设备的管理、维修、经济效益及人才培养等方面的理论和方法，从而将设备管理维修工作与系统工程、可靠性工程和现代化科学技术的其他学科联系起来，使现代管理和维修在理论与实践上都得到了迅速发展。

70 年代初期形成的英国的“设备综合工程学”，受到很多工业发达国家的重视。这一新的设备工程学的定义是：“为谋求经济的全寿命费用而应用于实物资产（即工厂、机械、装置、建筑物、构筑物）的有关管理、财务、工程技术以及其业务的综合学科”。这门学科的具体内容涉及：“装备、机械、设备、建筑物和构筑物等的可靠性与维修性技术要求和设计，以及安装、运转、维修、改装和更换，还有设计、使用与费用等方面的数据资料的反馈”。设备综合工程学是设备管理现代化的重要理论。它实际上是系统论、控制论、信息论的基本原理在设备管理中的体现和运用。

美国军事工程方面的“维修工程学”和“后勤工程学”运用系统论的观点和方法研究和解决设备的维修管理问题。它强调设备由设计制造到使用维修全过程的整体规划，强调使用部门就机器的可靠性和维修性向设计制造部门提出保障要求，以促进设备的改进和更新。它强调设备的综合管理，重视全寿命周期费用。

日本的“全员生产维修”，即 TPM（Total Productive Maintenance），是日本从本国的国情出发，吸收美、英等国的经验而创立的。它以追求设备的综合效率最高为目标，确立以设备一生为对象的全系统的生产维修，TPM 的突出特点是“全员参加”，特别是“操作者的自主维修”。

前苏联的计划预修制度已有很长的历史。70 年代中期，前苏联就开始推广预防检测技术，以减少设备故障及生产损失。他们还组织备件的专业化生产，推广先进的维修工艺，改进设备管理体制，加强维修费用核算。

由上可见，美、英、日等工业发达国家的设备管理维修理论，都是以追求寿命周期费用的经济性为目标的。事实上，最早提出追求寿命周期费用经济性的是美国国防部。从 1966 年起，他们就着手研究这个问题。1974 年后，美国国防部对武器以及其他大型成套设备器材，均要求按寿命周期费用签定合同。在贯彻上述新的维修思想的实践中，这些国家都取得了明显的经济效益，如日本推行 TPM 后，使不少企业的设备维修费降低 1/2，故障停机时间减少 3/4。

2. 目前我国机械设备维修工程的形势

近年来，在党中央和国务院的正确领导下，我国设备维修工程取得了可喜的进展，并开始进入现代化管理新阶段。其表现为：

1）改变了旧的设备管理概念，树立了新的设备综合管理概念，即以提高经济效益为中心，追求设备寿命周期费用的经济性和设备综合效率。

2）改变以往简单修复的办法，树立管理、更新和改造相结合的做法。

3）在企业中逐步推广维修方式的改革，推广维修新技术和状态监测技术。

4）加强人才培养。经常举办设备管理、维修短训班，并在高等院校开设“设备工程”及其相近专业，以便培养高的工程技术人才。

5）推广现代化的管理办法，提高设备的科学管理水平。

6）建立了多种形式的设备维修经济责任制，加强设备管理维修的横向联系。

在推进我国设备现代化管理的过程中，1982 年成立的中国设备管理协会起了重要的作用。它在配合政府部门改革设备管理维修体制，推广现代化管理方法，推进技术进步，搞好设备修理、改造，开展国内外学术和经验交流等方面做了大量工作。目前，它正团结国内专家学者及设备管理维修界同行，为实现我国设备管理现代化而继续奋斗。

四、学习本课程的目的与要求

通过本课程的学习，应使学生掌握机械设备维修工程的基本理论与技术，了解新技术、新工艺、新材料在维修中的应用，培养学生在设备运行、维护、修理、安装实践中分析与解决实际问题的能力。对学生的基本要求是：

1）掌握机械设备故障发生与发展的基本规律和特征等基本理论。

2）掌握机械设备运行、维护、安装方面的基本知识。

3）掌握机械设备监测与故障诊断的基本技能与失效零件的分析与判断能力。

4）掌握失效零件的修复技能及新技术、新工艺在修理中的应用能力。

5）获得试验技能的基本训练。

第一章　机械设备维修与管理的基础知识

第一节　机械设备的老化

机械设备在使用或闲置中会逐渐发生老化。老化分为有形老化和无形老化两种形式。

一、有形老化

运转中的机械设备在力的作用下，零部件会发生摩擦、振动和疲劳现象，导致机械设备的实体产生老化。这种老化叫作第Ⅰ类有形老化。它一般表现为：

1）零部件的原始尺寸，甚至形状发生改变；

2）零部件之间的公差配合性质发生变化，精度降低；

3）零件破坏。

这类老化，以金属切削机床为例，会使加工精度、表面粗糙度和生产效率等降低。老化到一定程度后，设备就不能正常工作，甚至发生事故。

由于自然力的作用造成设备的有形老化，叫作第Ⅱ类有形老化。它与生产过程的作用无关，设备在闲置或封存时会产生这种老化。第Ⅱ类有形老化是由于机械生锈、金属腐蚀、材料老化等原因造成的，时间久了会自然丧失精度和工作能力。

科技进步对设备的有形老化是有影响的，如耐用材料的出现、零部件加工精度的提高、结构可靠性的增大，以及正确的预防维修制度和先进的修理技术的采用等，都会减少有形老化的发生。但随着高效的生产技术、自动化管理系统、数控技术等应用，会大大减少设备的辅助时间，加大机动时间。此外，技术进步又常与提高速度、压力、载荷和温度相联系，这些又都会加剧设备的有形老化。

可以利用下面的经济指标估价机械设备的有形老化：

$$\alpha_p = \frac{R}{K_1}$$

式中　α_p——设备的有形老化程度（用占其再生产价值的百分比表达）；

R——修复全部老化零件所用的修理费用；

K_1——在确定设备老化程度时该种设备再生产的价值。

设备有形老化程度指标不能超过 $\alpha_p=1$ 的极限。

二、无形老化

无形老化又叫经济老化。它是由于非使用和非自然力作用引起的设备价值的损失，在实物形态上看不出来。无形老化分两种形式：

1）由于相同结构设备再生产价值的降低而产生的原有设备价值的贬低（如技术进步使生产率提高、劳动耗费降低，原设备贬值），叫作第Ⅰ种无形老化。

2）由于不断出现性能更完善、效率更高的设备而使原有设备显得陈旧落后，而产生的经济老化（原设备的价值相对降低），叫第Ⅱ种无形老化。

设备使用价值的降低与技术进步的具体形式有关，比如在加工方法基本不变的情况下，先进的新设备的出现将使原设备的使用价值大大降低；当用新材料取代旧材料时，加工旧材料的设备将会被淘汰；当改变原生产工艺时，原生产工艺线上的设备将失去使用价值。

在技术进步影响下的无形老化程度，用设备价值降低系数来表示，即

$$\alpha_1 = \frac{K_o - K_1}{K_o} = 1 - \frac{K_1}{K_o}$$

式中 α_1——设备无形老化程度；

K_o——设备的原始价值；

K_1——考虑到第Ⅰ、Ⅱ种无形老化时设备的再生价值。

计算 α_1 时，K_1 必须反映技术进步的两个方面对现有设备贬值的影响：一是相同设备再生产价值的降低；二是具有较好功能和更高效率的新设备的出现。这时，K_1 可用下式表示：

$$K_1 = K_n\left(\frac{q_o}{q_n}\right)^{\alpha}\left(\frac{c_n}{c_o}\right)^{\beta}$$

式中 K_n——新设备的价值；

q_o、q_n——使用相应的旧设备、新设备时的年生产率；

c_o、c_n——使用相应的旧设备、新设备时的单位产品耗费；

α、β——劳动生产率提高指数和成本降低指数。指数取值范围：$0<\alpha<1$，$0<\beta<1$。

三、综合老化

设备的有形老化和无形老化均将引起设备原始价值的贬低。有了两种老化的指标，就可计算同时发生两种老化的综合指标。

设备有形老化的残余价值(用原始价值的比率表示)为 $1-\alpha_p$；设备无形老化的残余价值(用原始价值的比率表示)为 $1-\alpha_1$；两种老化同时发生后的设备残余价值为 $(1-\alpha_p)(1-\alpha_1)$。

因而，计算设备综合老化程度的公式为

$$\alpha = 1 - (1 - \alpha_p)(1 - \alpha_1)$$

式中 α——设备综合老化程度（用原始价值的比率表示）。

任何时刻设备在两种老化作用下的残余价值 K，可用下式表示：

$$K = (1 - \alpha)K_o$$

代入 α 整理得

$$K = (1 - \alpha)K_o = [1 - 1 + (1 - \alpha_p)(1 - \alpha_1)]K_o = \left(1 - \frac{R}{K_1}\right)\left(1 - \frac{K_o - K_1}{K_o}\right)K_o = K_1 - R$$

可见，K 值等于设备再生产的价值减去修理费用。

例如：设备的原始价值 $K_o=30000$ 元，当前需要修理，其修理费用 $R=10000$ 元，若该种设备再生产时价值 $K_1=22000$ 元，则：

$$\alpha_p = \frac{10000}{22000} = 0.455$$

$$\alpha_1 = \frac{30000 - 22000}{30000} = 0.267$$

$$K = (22000 - 10000)\text{元} = 12000\text{元}$$

四、设备老化的补偿

设备的有形老化和无形老化造成的经济后果是有差别的。有形老化严重的设备在修理之前常常不能正常工作，而无形老化严重的设备却不影响它的继续使用。

如果能使设备的有形老化期与无形老化期相互接近，即当设备需要大修时正好出现效率更高的新设备，这时，便无需进行旧设备的大修理，可更换新设备。假如设备已遭到严重有形老化，而无形老化还没有到来，便需要对设备进行大修理或更换一台相似的设备。假如无形老化期早于有形老化期（在科学技术飞速发展的时期，常常是这样），是更新还是继续使用旧设备，这就要在经济上做全面考虑。

根据设备不同的老化形式，应采取不同的补偿方式。补偿分为局部补偿和完全补偿两种。有形老化的局部补偿是修理，无形老化的局部补偿是现代化的改装。有形老化和无形老化的完全补偿则是更换。

第二节　机械设备的故障

一、故障及其分类

在现代化生产中，由于企业的设备结构复杂，自动化程度很高，各部门、各系统的联系非常紧密，因而设备的故障，哪怕是局部的失灵，都会造成整个设备的停转，整个流水线、整个自动化车间的停产。设备故障给企业带来巨大经济损失和造成严重事故危害的例子，是不胜枚举的。正因为这样，世界各国，尤其是各工业发达国家都十分重视设备故障及其管理的研究。

本节简要介绍机械设备故障的宏观分析和管理方法。

（一）故障的概念

一般，将故障定义为：设备（系统）或零部件丧失了规定功能的状态。

通常，把设备丧失规定的功能称为功能故障，简称故障。这里，必须明确什么是规定的功能，设备的功能丧失到什么程度才算出了故障。比如汽车制动不灵，在规定的速度下刹车，停车超过了允许的距离，那么就认为是制动系统故障。“规定的功能”只有在机械设备运行中才能显现出来，如设备已丧失规定功能而设备未开动，则故障就不能显现。有时，设备还尚未丧失功能，我们根据某些物理状态、工作参数、仪器仪表检测，可以判断即将发生故障，并可能造成一定的危害，因此，应当在故障发生之前进行有效的维护或修理。这种根据某些物理状态、工作参数而事先鉴别出设备即将发生的故障，称为潜在故障。通过有效手段诊断潜在故障并及时予以排除，是现代维修技术中所要解决的一个重要课题。

（二）故障的分类

设备故障按其性质、原因、影响、特点等情况，可做如下分类：

1. 按故障性质划分

(1) 间断性故障　只是短期内丧失某些功能，稍加修理调试就能恢复，不需要更换零件。

(2) 永久性故障　某些零部件已损坏，需要更换或修理才能恢复。

2. 按影响程度划分

永久性故障按造成的功能丧失程度可划分为：

(1) 完全性故障　导致完全丧失功能（这是从广义而言，应随使用情况而定）。

（2）部分性故障　导致某些功能的丧失。

3．按故障发生的快慢划分

（1）突发性故障　不能靠早期试验或测试来预测的故障。

（2）渐进性故障　能够通过早期试验或测试来预测的故障。

4．按故障程度和故障快慢划分

（1）破坏性故障　既是突发性又是完全性的故障。

（2）渐衰失效性故障　既是部分性又是渐进性故障。

5．按故障原因划分

（1）磨损性故障　在设计设备时就预料到的正常磨损所造成的故障。

（2）错用性故障　由于使用的应力超过设计规定值所造成的故障。

（3）固有的薄弱性故障　使用时的应力虽未超过规定值，但此值本身已不适用而导致的故障。

6．按故障的发生、发展规律划分

（1）随机故障　故障发生的时间是随机的。

（2）有规则故障　故障的发生比较有规则。

每一种故障都有其主要特征，即所谓故障模式或故障状态。各种机器设备，结构千变万化，即使一个系统、一台机器，其功能也是复杂的。罗列各种设备的故障状态是相当复杂的，但归纳它们的共同形态，可列出以下数种：异常振动、磨损、疲劳、裂纹、破断、过度变形、腐蚀、剥离、渗漏、堵塞、松弛、溶融蒸发、绝缘劣化、短路、击穿、异常声响、油质劣化、材料劣化、粘合、污染、不稳定及其他。

二、设备的可靠性

一种产品（包括设备、机件、元器件等）质量的好坏，一般应有三个标准。首先是技术性能指标，即功能。除此之外，还有两个共同的标准，那就是：①出故障要尽量少；②出了故障要容易修复。即设备的可靠性和维修性。可靠性和维修性是研究产品的故障情况的两个重要的概念。从根本上讲，可靠性是主要的。如果设备很可靠，很少出故障，那也就很少需要维修，维修的工时、费用等就自然低。因而，从广义上讲，可靠性中包含有维修性。在不少资料里，维修性都归为可靠性中的一部分。下面先从可靠性的概念谈起。

（一）可靠性的概念

可靠性是体现产品耐用和可靠程度的一种性能。它是在设计时赋予产品的。

可靠性的定义是：产品在规定的条件下和规定的时间内，完成规定功能的能力。

所谓“规定的条件”是指设计时考虑的环境条件（如温度、压力、湿度、振动、大气腐蚀等）、负荷条件（载荷、电压、电流等）、工作方式（连续工作或断续工作）、运输条件、存贮条件及使用维护条件等。设备处于不同条件下，其可靠性是不同的。设备对上述各种条件的适应性越强，则其可靠性越好。

可靠性还是一项时间性质量标准。人们都希望设备能够长时间地保持规定的功能，但是随着时间的推移，设备的可靠性将越来越低，设备只能在某一时限范围内是可靠的，不可能永远可靠。设备在设计时应规定其时间性指标，如使用期、有效期、行驶里程、作用次数等。

设备的可靠性与“规定的功能”有着极密切的联系。“规定的功能”是指设备的性能指标，这里所说的“规定功能的完成”是指若干功能的全体，而不是其中的一部分。

设备的可靠性又分为固有可靠性、使用可靠性和环境适应性三方面。固有可靠性是指设备在设计、制造之后所具有的可靠性。使用可靠性是设备在使用和维修过程中表现出来的可靠性。环境可靠性是设备在周围环境的影响下所具有的可靠性。固有可靠性是设备所能达到的可靠性的最高水平。由于各种因素的影响，设备的使用可靠性与其固有可靠性会有很大的差距，例如，航空设备的使用可靠性比其固有可靠性有时相差几倍甚至几十倍。

可靠性问题的研究是从第二次世界大战开始的，主要用于电子元器件、兵器、航空等方面。可靠性的全面发展时期是在60年代和70年代。可靠性问题之所以受到重视，是由于现代设备日益复杂，使用环境日益严酷，新技术、新材料从研究开发到应用的周期大大缩短，产生不可靠不安全的因素日趋增多，设备发生故障造成的危害和损失显著增大。

可靠性问题的研究主要有两个方面：一是研究可靠性的数学估计方法和使用信息的统计处理方法等；二是研究故障物理学（磨损、疲劳、腐蚀等）、机器及零部件的有关计算和各种保证机器可靠性的工艺方法、维修管理措施等。可靠性的问题涉及面广，内容多。它包括了从科研、设计、制造、贮存、包装、运输到使用、维修的整个过程，涉及到数学、基础自然科学、环境工程、系统工程、机械工程、故障物理学、计划管理、质量管理等多学科的基础理论和研究成果。

（二）可靠性的量度

可靠性的定义只是一个定性的概念，在研究可靠性问题时，还需要有定量的指标。一台设备的可靠性不能停留在“好”或“不好”、“可靠”或“不可靠”这样笼统的评价上，而必须具体地确定可靠性的数量是多少。下面介绍几种可靠性的主要指标：

1. 可靠度 $R(t)$

可靠性用概率表示时称为可靠度。它的定义是：产品在规定的条件下和规定的时间内，完成规定功能的概率。用 $R(t)$ 表示。

可靠度的最大值为1，称为100%地可靠；最小值为0，称为完全不可靠。由此可见，$0\leqslant R(t)\leqslant 1$。

可靠度也可以理解为在规定条件下和规定的时间内，不发生任何一个故障的概率。所以，有人把可靠度叫作无故障工作概率（或可靠性函数）。

产品在使用中发生故障是带有随机性的，但是，当我们在试验中投入了大量的产品，就会发现到某个规定时刻为止，没有出故障的产品与投入试验的样品总数 N 的比值是遵循一定规律的。如果对同一产品进行多次试验，随着试验样品数 N 的增大，这个比值就愈来愈稳定于一个常数，这个常数就是该产品在规定时间内完成规定功能的能力的量度，即可靠度。比如说，某型仪表在工作800h的可靠度为98%，这就意味着，如果多次抽取100个同样仪表，在规定的条件下工作800h，平均有98个能完成规定的功能。

2. 不可靠度 F(t)

产品在规定条件下和规定的时间内发生故障的概率为不可靠度（或故障分布函数），用 $F(t)$ 表示。

设 N 足够大，$n(t)$ 是从开始工作到时间 t 时，产品出故障的个数，则 $R(t)$ 和 $F(t)$ 可近似地表示为

$$R(t)\approx\frac{N-n(t)}{N}$$

$$F(t) \approx \frac{n(t)}{N}$$

二者的关系为

$$R(t) + F(t) = 1$$

由于 $n(t)$ 是产品从开始工作到时间 t 为止的累积故障数，所以 $F(t)$ 又叫累积故障率。它是故障对时间的累积分布函数。

开始使用或试验($t=0$)时，认为产品都是好的，故 $n(0)=0, R(0)=1, F(0)=0$；随着使用时间的增加，$n(t)$ 不断增加，$R(t)$ 递减，$F(t)$ 递增；由于不管寿命多长，产品总是要失效的，因而 $n(\infty)=N, R(\infty)=0, F(\infty)=1$。$R(t)$ 和 $F(t)$ 随时间的变化关系曲线见图1-1。

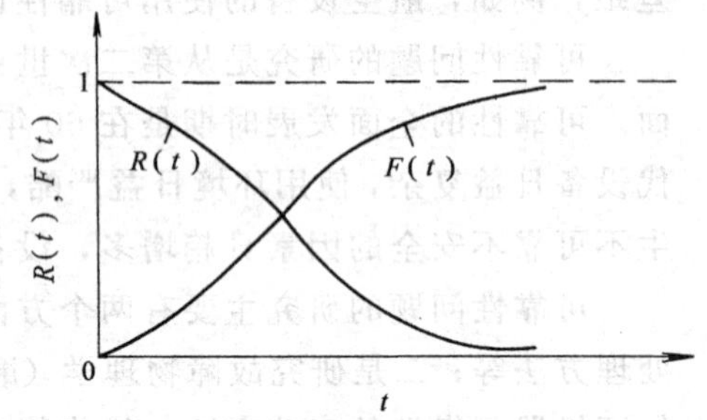

图 1-1 $R(t)$、$F(t)$ 随时间的变化曲线

3. 故障密度 $f(t)$

从可靠度的大小，可以看出某一时刻可靠性的大小，但却看不出可靠度随时间变化的情况。为了表示可靠度(或者不可靠度)随时间的变化情况，采用了故障密度。

不可靠度 $F(t)$ 对时间的微分，称为故障密度(或故障密度函数)，用 $f(t)$ 表示，即

$$f(t) = \frac{\mathrm{d}F(t)}{\mathrm{d}t} = -\frac{\mathrm{d}R(t)}{\mathrm{d}t} = \frac{1}{N}\frac{\mathrm{d}n(t)}{\mathrm{d}t}$$

故障密度反映了可靠度(或不可靠度)随时间变化的快慢。某一时间的故障密度大，则这时可靠度下降得快，或不可靠度增加得快。如果在 Δt 时间间隔内产品发生故障的数量为 $\Delta n(t)$，则有

$$f^*(t) = \frac{1}{N}\frac{\Delta n(t)}{\Delta t}$$

以上 $f^*(t)$ 表示 t 时刻给定的一段时间 Δt 内，同一类产品在单位时间发生故障的数量 ($\Delta n(t)/\Delta t$) 与 N 的比值，该比值又叫作经验故障密度(单位为 h^{-1})。例如 1000 只晶体管工作时间在 900～950h 这段区间内，有 10 只失效，则

$$f^*(900) = \frac{1}{1000}\frac{\Delta n(900)}{t} = \frac{1}{1000} \times \frac{10}{50}\mathrm{h}^{-1} = 2 \times 10^{-4}\mathrm{h}^{-1}$$

如果把 1000 只晶体管从开始使用到全部失效的数据都统计出来，将得到的数据列表，作直方图。当 N 足够大、且直方图的 Δt 分得很小时，我们可得到晶体管的故障密度曲线。此过程见图 1-2。

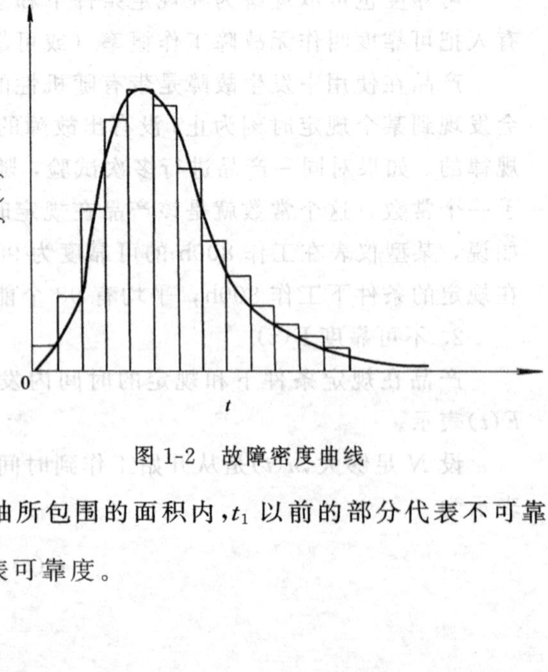

图 1-2 故障密度曲线

故障密度与可靠度的关系见图 1-3。当产品工作到某时刻 t_1 时，在 $f(t)$ 曲线与横坐标轴所包围的面积内，t_1 以前的部分代表不可靠度，(即 $F(t_1) = \int_0^{t_1} f(t)\mathrm{d}t$)，$t_1$ 以后的部分代表可靠度。

4. 故障率 $\lambda(t)$

用故障密度度量可靠性存在的不足是：到了使用或试验后期，残存的产品数越来越少，在同一 Δt 内的 $\Delta n(t)$ 也越来越少，最后故障密度趋于零，这时用故障密度难以准确地反映可靠性。为此，引入故障率的概念。故障率分两种：

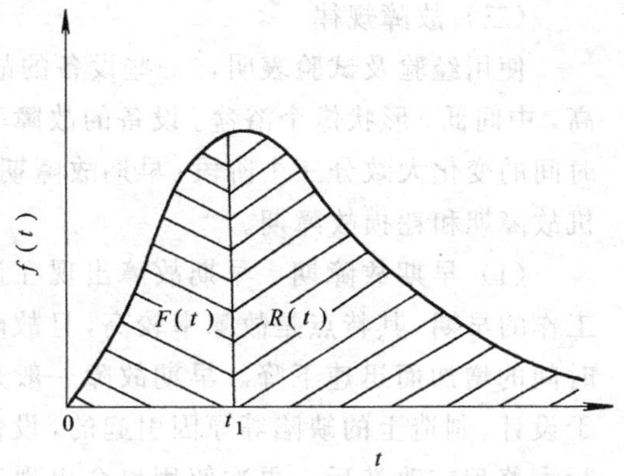

图 1-3 $f(t)$与$F(t)$、$R(t)$的关系

(1) 瞬时故障率 产品在某一瞬时 t 的单位时间内发生故障的概率，叫做瞬时故障率，有时简称故障率，用 $\lambda(t)$表示。

设有 N 个产品从 $t=0$ 时开始工作，到 t 时刻的故障数为 $n(t)$，残存数为 $N_{存}=N-n(t)$；若在 t 到 $t+\Delta t$ 区间内有 $\Delta n(t)$个产品发生故障，当 Δt 趋于零时，瞬时故障率为

$$\lambda(t)=\lim_{\Delta t\to 0}\frac{1}{N_{存}}\frac{\Delta n(t)}{\Delta t}=\frac{1}{N_{存}}\frac{\mathrm{d}n(t)}{\mathrm{d}t}$$

(2) 平均故障率 产品在某一段时刻内单位时间发生故障的概率，叫作平均故障率，以 $\bar{\lambda}(t)$表示

$$\bar{\lambda}(t)=\frac{\Delta n(t)}{N_{存}\,\Delta t}$$

式中 $\Delta n(t)$——在 Δt 这段时间内发生故障的数量；

$N_{存}$——在 Δt 这段时间内产品的平均残存数，它等于这段时间开始时的残存数加上结尾时的残存数被 2 除。

例如，有 800 个元件在 400h 的使用时间内有 32 个出故障，则

$$N_{存}=\frac{800+(800-32)}{2}=784$$

$$\bar{\lambda}(400)=\frac{32}{784\times 400}\mathrm{h}^{-1}=1.02\times 10^{-4}\mathrm{h}^{-1}$$

故障率的常用单位是 10^{-4}/h、10^{-5}/h。故障率越低，可靠性越高。

注意，故障率是单位时间内故障数与残存数的比值，故障密度是单位时间内故障数与总数的比值，$\lambda(t)$比 $f(t)$反映故障情况更灵敏。

可以推出，瞬时故障率可用故障密度与可靠率之比来表达，即

$$\lambda(t)=\frac{f(t)}{R(t)}$$

可靠度可以表示为以 $\lambda(t)$的时间积分为指数的指数型函数，即

$$R(t)=\exp\left[-\int_0^t\lambda(t)\mathrm{d}t\right]$$

5. 平均故障间隔期(MTBF)和平均寿命时间(MTTF)

对不可修复产品，从开始使用到失效前的平均工作时间，叫作平均寿命时间 MTTF (Meam Time to Failure)。对可修复产品，在相邻两次故障间的平均时间，称为平均故障间隔期 MTBF(Mean Time Between Failure)。

寿命服从于指数分布的产品，当工作到平均故障间隔期 MTBF 或平均寿命时间 MTTF

时，不出故障的数量只占总数的 36.8%；而寿命服从正态分布的产品，工作到该时间时，未出故障的占总数的 50%。

（三）故障规律

使用经验及试验表明，一些设备的故障率随时间的变化规律如图 1-4 所示。该曲线两头高，中间低，形状像个浴盆。设备的故障率随时间的变化大致分三个阶段：早期故障期、随机故障期和耗损故障期。

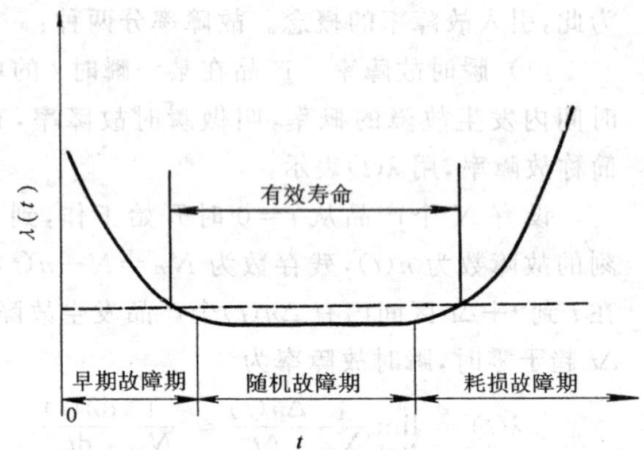

图 1-4 故障率浴盆曲线

（1）早期故障期　早期故障出现在设备工作的早期。其特点是故障率较高，且故障随时间的增加而迅速下降。早期故障一般是由于设计、制造上的缺陷等原因引起的，设备进行大修理或改造后，再次使用也会出现这种情况。设备在接近使用条件下的“磨合”或“调试”，可使不合格的设备预先被淘汰。

（2）随机故障期　随机故障期在设备的有用寿命期内，在这个阶段，故障率低而稳定，近似为常数。随机故障是由于偶然因素引起的。随机故障不可预测，不能通过延长磨合期来消除。设计上的缺点、零部件缺陷、维护不良、操作不当等都会造成随机故障。

（3）耗损故障期　耗损故障出现在设备使用的后期。其特点是故障率随运转时间的增加而增高。耗损故障是由于设备零部件的磨损、疲劳、老化、腐蚀等造成的。这类故障是设备接近寿命末期的征兆。如事先进行预防性维修，可经济而有效地降低故障率。

并不是所有设备都具有以上三个故障期。不少设备只具有其中一个或两个故障期，如有些没有早期故障期，有些则达不到耗损故障期。

（四）维修性及其量度

1. 维修性的概念

维修性是系统在规定的条件下进行维修时，在规定时间内完成维修的可能性。也就是说，维修性就是产品进行维修的难易程度。

维修性和维修是两个不同的概念。我们平时常说的维修，是指维护和修理所进行的所有活动，包括保养、修理、改装、翻修、检查、状态监控和防腐蚀等。而维修性是指产品在维修方面所具有的特性和能力。

产品的维修性是在设计时被赋予的。它是一种设计特性。维修性是对于可修复产品来讲的，是根据维修的需要而提出的。对于不需要或不可以维修的产品，如只能使用一次的导弹，就不存在维修性的问题。

对维修性的基本要求是维修简便、维修停机时间短、维修费用低、对维修技术要求不高等。

与维修工作密切相关的要素是：维修对象（被维修设备）、维修人员的技术水平和维修所用的装备设施。这三者互相关联，共同决定维修效果。

2. 维修性的量度

（1）维修度 $M(t)$　可修复产品在规定的条件下和在规定的时间内完成维修的概率叫维

修度，即用概率表示的维修性，叫维修度，用 $M(t)$ 表示。因为完成维修的概率是随时间而增大的，所以 $M(t)$ 是对时间的累积函数。$M(t)$ 与不可靠度 $R(t)$ 形态相似，其最小值为零，最大值为 1。

与故障密度 $f(t)$ 相对应的是维修密度(维修的概率密度函数) $m(t)$。它是完成维修的概率 $M(t)$ 对时间的微分，即

$$m(t)=\frac{\mathrm{d}M(t)}{\mathrm{d}t}$$

$m(t)$ 就是在某一个时刻 t，单位时间内完成的维修的概率(可理解为单位时间内完成维修的产品数与产品总数之比)。

(2) 修复率 $\mu(t)$　修复率的定义是：到某一时刻还在进行维修的系统，在下一单位时间内完成维修活动的概率，用 $\mu(t)$ 表示，即

$$\mu(t)=\frac{m(t)}{1-M(t)}$$

式中的分母 $1-M(t)$，是 t 时刻不能完成维修的概率，即不可修复度。

(3) 平均修复时间 MTTR　MTTR(Mean Time to Repair)是设备或系统修复时间的平均值。平均修复时间是一个便于计量的重要参数。

表 1-1 中，将可靠度与维修度的对应关系做了比较。表底横行是可靠函数、维修性函数分别呈指数分布时，它们的累积分布函数与平均时间的表达式。指数分布是数学上最容易处理的一种分布。指数分布时故障率 $\lambda(t)=\lambda$ 为常数，修复率 $\mu(t)=\mu$ 也是常数。

表 1-1　可靠度与维修度的比较

	可　靠　度	维　修　度
累积分布函数	可靠度函数 $R(t)$：无故障 不可靠度函数 $F(t)$：有故障	维修度函数 $M(t)$：已修复 不可维修度函数 $1-M(t)$：未修复
密度函数	$f(t)=\frac{\mathrm{d}F(t)}{\mathrm{d}t}$	$m(t)=\frac{\mathrm{d}M(t)}{\mathrm{d}t}$
比率	故障率 $\lambda(t)=\frac{f(t)}{R(t)}$	修复率 $\mu(t)=\frac{m(t)}{1-M(t)}$
指数分布时的累积分布与平均时间	$F(t)=1-\mathrm{e}^{-\lambda t}$ $\mathrm{MTBF(MTTF)}=\frac{1}{\lambda}$	$M(t)=1-\mathrm{e}^{-\mu t}$ $\mathrm{MTTR}=\frac{1}{\mu}$

3. 维修性的时间要素

一般情况下，一台设备在服役时间内时间的构成和各时间要素所占的比重与其维修性密切相关。要缩短设备的“不能工作时间”(停机时间)，必须重视设备的可靠性、维修性设计。此外，还应根据具体情况采取各种提高维修性的措施，如利用状态监测装置，设置检查点定期检测，收集维修信息，研究维修方式，编制维修技术资料，健全维修服务系统，加强维修人才的培训，搞好备件管理等。在维修性分析中，首先要对“不能工作时间”的各部分加以分析，搞清楚哪些要素对维修度影响最大，以便采取措施提高维修度。

第三节　机械设备维修方式及发展趋势

一、维修的各种方式

从维修的发展概况来看，维修方式总的发展趋势，是从事后维修逐步走向定时的预防性

维修；再从定时的预防性维修走向有计划的定期检查以及按检查发现的问题而安排的近期的预防性计划修理；最近的趋势是随着状态监测技术的发展，在设备状态监测的基础上进行维修，即为按状态维修。这些都是一般的发展趋势，这种趋势是从维修方式本身的技术经济效果来分析的，而没有考虑到设备本身在生产中的地位，及其对维修方式产生的影响等因素。各国不同的维修体系或维修制度都是根据本国的特点，在上述总的发展趋势下选择了某一种或几种方式的组合，或配合其他的管理方法而形成的。所以，我们在探讨和研究各种不同的维修方式时，不能受哪一种特定的维修体系的影响或被哪一种维修方式所约束，亦不应受其内容的限制。相反，我们要从维修方式的一般发展趋势来研究和分析种种不同维修方式的具体内容、特点、由来，以及各种不同维修方式的优缺点。这样，就可以结合自己的特点和生产的需要，来找出优化的维修方式，以取得企业较好的经济效益。

如上所述，虽然从技术的发展上看，从经济效果（此处主要是指维修对企业经济效益的影响）上看，维修方式有其发展的总趋势。但最新的维修方式，或者说最先进的方式，在各种不同的情况下并不一定总是最经济的、效益最高的。只有结合自己的情况，选择最适用的技术及管理方法，才能达到最经济和效益最高的目的。

下面对各种不同的维修方式分别加以说明：

1. 事后维修

当人们对磨损发生的规律尚不能认识时，只能在设备故障发生后再进行修理。这种维修方式有不少缺点，主要是停机时间长，停机造成的生产损失大，尤其在设备对生产的影响较大时更为显著。但这种方式修理费用较低，对管理的要求也低。这是因为它不需要为各种预防性措施付出代价，仅仅是修复损坏了的部分。这一种维修方式比较落后，尤其是对流程工业或制造业的流水线上的设备，由于停机造成的生产损失过大，因而是不宜采用的。但目前尚有一些国家的一些企业仍以此种维修方式为主。也有一些企业对它的一些非主要的生产设备或利用率不高的一些设备采用此种方法进行维修。这样，可以节约维修费用，或缩小维修组织。

2. 计划维修

计划维修的形式较多，但总的来说不外乎下列两种：

一种是零件在使用期间所发生的故障是有规律的，可以通过统计求得，且对这些零件已经得出比较合理的使用寿命。因此，在寿命结束前，定期地更换或修理零件可以最大限度地利用零件，同时可以很大程度地减少突发故障（即临时故障）的发生，确保设备较长的开动时间。这是一种有效的预防性措施。

另一种是把设备维修按其修理内容及工作量划分为若干个不同的修理类别，根据零件磨损的原理来确定每个修理类别之间的关系，确定每个不同修理类别之间的修理间隔（即确定每种修理类别的周期），并把各个不同修理类别按上述确定的关系组成一个系统，从而形成一个建立在零件平均磨损基础上的计划修理体系。执行中，可根据加工对象、批量等参数而选用不同的时间间隔。这种体系能够在使用运转时间的基础上方便地建立起一套预防计划修理系统，达到以预防为主的目的，防止和减少紧急故障的发生，使生产和修理工作均能有计划地进行。这种方式的缺点在于所采用的参数由于往往不是实际情况的反映，因而与实际情况不尽相符。同时，为了达到预防的目的，尽量避免故障的发生，因而保险系统取值趋于偏大，造成修理频率高，间隔短，设备的利用率低，经济效益不好。另一方面，计算的时间间隔是对同种设备而言的。实际上，每台设备的具体情况是不相同的，在修理内容和修理工作量上也不应相同，修理间隔周期也不一样。

由于计划维修方式有其独特的方法和特点，特别是因为它简便易行，可以进行长周期的计划安排，因而目前仍有不少企业使用这种方式，尤其是在实际设备利用率不太高的情况下，执行起来是比较方便的。但也应看到其不可克服的弱点。

3. 定期有计划的检查

通过检查来了解设备当前的状态，发现存在的缺陷和隐患，据此有针对性地安排修理计划以排除这些缺陷和隐患，保证设备的高效利用率，减少修理费用。这种方式的关键在于检查。

定期有计划地进行检查并按检查所安排的修理计划进行修复，这时的检查与修理的安排是相互配合的一个整体。没有修理安排，检查就没有实际意义。没有检查的信息，修理计划就没有了编制的依据。

这种修理方式与计划维修方式相比，其共同点都是预防性的，而不同点是，计划维修是根据磨损、概率或其他的经验，按一定的模式有规律地进行的。这种方式中除了定期的故障零件更换符合实际情况以外，其余的计划修理时间及修理内容均不能完全符合设备的实际情况。虽然这些系统都力图使其修理时间和修理内容接近实际需要，但各台设备的情况总是千变万化的，因此总是与设备的实际情况有出入。实际上，为了做到避免紧急事故的发生，往往导致过剩维修，使维修费用和设备利用率效果不佳。为此相比，定期计划检查所得到的结果更接近于设备的实际情况，因而按其安排的修理计划更接近设备的实际需要，所以，这种方式比较起来效率更高、费用更少。但是，这种维修方式不能安排长期修理计划，因而不能早期进行资源平衡，给工作带来一定的困难。

但是，总的看来，这种方式目前还是比较先进的和效率较高的，因而在国际上被广泛地利用。在国内，也有不少单位在进行试探性的工作和试点。

4. 强制性的维修方式

对一些关键性的零部件，由于其损坏将会造成巨大的停机损失，或由于某些零部件所处的位置难于拆卸，只能在其他部件分解时才能拆卸，如单独进行这类零件的更换也将带来巨大的停产损失。在这种情况下，宜采取强制性的维修方式。从局部上看，对这些零部件采取上述的某种维修方式是合理的，但对整台设备、整套设置或生产线来说都是不合理的，也是不经济的。从全面出发对这些设备或部件采用强制性的维修办法，在摸索一些经验和规律后，根据生产中的维修窗口（即生产的一些间隙，可用来进行维修而无需单独安排停产时间），或计划的停产期，来强制性地修理或更换这些零件，以使停产损失降至最低。这样虽然维修费用要多一些，但这多一点的费用与停产损失相比只占很小的比例。

这种方式对一些流程工业中的关键设备，尤其是一些生产线上的关键设备，往往是有效的。特别是一些利用率很高，从生产上难以拿出时间来停机检修，而又需保证长期正常运行的设备，使用这种方法更为有效。

5. 年检

年检也叫年度整套装置停产检修。这是国内外流程工业中普遍采用的方式。它是将整套装置或若干套装置在每年的一定时间中有计划地安排全面停产检修，以保证下一个年度生产正常运行。这种维修方式对保证每个年度的生产有着重大的意义。由于它是根据流程工业的生产特点决定的，具有生产保证性，所以本质上与计划维修是有区别的。

对于机械化、自动化或半自动化程度较高的生产线，虽说其生产类别属制造类或轻工制造类，但其设备对生产的影响程度已与流程工业近似。特别是在几条生产线并存的情况下，彼此在工序上衔接紧密，生产线之间的开停对整个生产影响很大时，其生产性质从设备这个角度来看已与流程工业非常相似，因此，应该考虑采用流程工业的某些设备管理与维修方式，而不是沿用单台设备运行时的一般的制造行业的设备维修管理方式。当然，在此时亦应结合自己的行业及生产特点来进行维修。

随着设备状态监测技术的应用，通过设备状态监测手段对各种设备及零部件的状态有了更多的了解，在年度检验内容上也有了比以前更多的针对性。这样做，可减少一些不必要的维修工作量，降低维修费用，缩短检修工期。

6. 使用备用设备或部件切换的维修方式

虽然看起来这似乎不是一种维修方式，但可作为一种维修方式来探讨。它是在某一设备发生故障或发现故障征兆等情况下开动备用设备，把有故障的设备停车后进行修理，然后使其处于备用状态。对在用设备的维修，可以采用上述几种不同方式来进行，如可以定期停机切换进行修理，可以在检查到故障的征兆或检查出缺陷时用停机切换进行修理，也可以运行到发生故障时进行停机切换修理。这几种方式对生产的影响都较小，只是在修理内容上、修理量上、修理费用上有较大的区别。这种停机切换使用备机的维修方式，对一些有备用机的机房是可以实现的，而且对在用设备不论使用哪种维修方式，都不会发生紧急停机故障而影响生产。但目前在设计中配备备用机组的情况越来越少，这是因为技术发展迅速，设备技术水平及可靠性均有较大的提高，加上设备昂贵，设置备用机组投资甚大，备用机组利用率甚低。为了摸索新的途径，不少单位开始采用经济有效的备用部件更换的维修方式。举例来说，一套轧机配上几个大型变速箱同时使用。为了防止在变速箱发生故障时停机时间过长，多配有一台备用的变速箱。运行中一旦某台变速箱发生故障或问题，可以在很短时间内将备用变速箱换上去，把有故障的变速箱替下来，以确保生产的正常进行。由于使用了备用部件，就把对变速箱的紧急现场修理变成了正常的修理作业，修好后又成为备用部件待用。这在费用上、人力上、技术上、质量上都有较大的好处。这种方式在企业中具有相同型号的多台设备时均可使用。但是，在设备台帐管理上要适应这一情况，注意这些通用的可更换的部件不应固定归属于哪一台设备，而且应该可以互换。这种方式在减少停产损失、提高现场修理量、把紧急修理变为正常的修理上的效果明显，有较好的经济效益。

7. 按设备的状态进行维修

这是人们期望和努力实现的一种较理想的维修方式。这种维修目前国内尚有不同的翻译名词，如“状态监测维修”、“视情维修”和从外国文字直译过来的“预知维修”等。

以往各种维修方式的不足之处均在于，虽然都希望在设备即将发生故障前进行维修，以使维修工作在最合适的时间及时进行，但由于这些方法都不能基本上掌握设备的实际状况，因而总是不能及时得到维修而造成事后维修，或因预防性措施过多产生过剩维修。实行预防性检查就是要通过有计划的检查来达到这一目的。但由于检查手段的技术水平所限，虽然这种方式比其他方式更接近于设备实际情况，但亦不能完全掌握设备的实际状态。随着设备状态监测技术的发展，开始有了一些可以监测设备状态的手段，把这些手段运用到设备检查工作上去，并采取信息分析和处理的方法，就可以比较准确地了解到设备的实际状态。按这些检查中发现的情况安排的修理项目应该是更符合设备实际的。这种按设备的实际状况和需要及时地进行修理的方式，效率最高、最经济，解决了多年来在预防维修中存在的过剩维修问题。

但是，采用这种方式必须有如下重要的先决条件：

1）设备故障的发生不具有非常明确的规律性。

2）有着准确而有效的监测方法和技术，可以测试到缺陷及故障的存在。

3）从发现故障的征兆开始到故障出现之间的故障潜在时间有足够的长度，使修理和排除故障的措施能够实现。

4）对被监测的设备能够进行分解，有排除故障的可能性。

5）设备在生产中的地位，使其有可能在故障被发现时采取措施排除故障。

在以上条件具备之后，这种方式才能是有效的、可能实现的。

以上所叙述的各种不同的维修方式，不是按各国的现行制度划分的，而是以实际存在的各种维修方式来区分的。各国的各种方式或制度各有其独自的特点，但其维修方式都归属于某一特定的类别，具有某一方式所具有的共性。本文是把这些共性归纳起来综合叙述，并考虑了我国自己的特点。通过对这些不同方式的介绍，我们可以明确地看出各国的不同维修制度和体系是属于哪种维修方式，以及在各种维修方式中的地位及优缺点。这样讨论的目的，是使我们能够找到较先进的维修方式，并结合自己的具体情况对不同的设备选用不同的维修方式，以求得综合效率最好，并防止对外国维修方式认识的盲目性，以便建立起我国自己的各行业企业的不同的维修方式。

二、维修的发展趋势

随着科学技术的发展及管理方法的进步，维修工作近年来在各个方面都发展较快，并在某些方面有着较大的发展。现就维修方式、维修技术及维修管理三方面的发展趋势叙述如下：

1）随着状态监测及故障诊断技术的发展，按设备状态进行维修的方式已经被公认为维修方式中最新的效率最高的一种。这种维修方式目前仍是初步的。虽然已有不少国家或组织称其实行的维修方式是状态监测基础上的维修，但其实质只是在检查的基础上采用了一部分状态监测手段，距实际要求的按状态进行维修尚有一定的距离，需要进一步研究、分析和积累经验，才能趋向成熟。随着状态监测技术的进步，这种维修方式的效果也会进一步提高。在发展这种维修方式的同时，进行计划维修对于重要大型设备也是必要的。

2）新的维修技术及零件修复技术的发展，对维修工作也起了很大的推动作用。如表面工程学应用于零件修复上，方法简便、成本低、效果好、经济效益可观。如刷镀技术、热喷涂技术、维修焊接技术及其他的修补技术等，可使修复后零件的寿命有较大的延长、性能有较大的提高。同时，一些新技术又解决了一些设备的翻新问题，使其可以经过修复恢复其原有的性能。可见，如何广泛地推广这些技术，应用这些零件修复技术对一些设备的基础件和较贵重的零件进行修复，是十分重要的课题。在对磨损的零件进行修复或用新零件更换之间进行技术经济分析和比较中，有时用修复的方式更经济且性能更好，给零件修复工作带来很大的活力，给那些过去主张以修为主，后来又认为修不合算应以更换为主的观点以全面的明确的回答。

这些新技术的发展主要是从零件修复开始的。由于它有着独特的优点，即经济性好，某些主要性能上可以优于母材，因而，预计这些技术很快将会被应用于一些零件包括基础件在内的磨损预防上，即采取这些技术对一些零件或基础件的易磨损部位采用预防性的保护或强化措施，来延长零件的寿命。这又是一种新的预防性维修措施。在这个基础上，预计今后会出现某些维修技术推动制造技术发展的趋势，即逐步地把某些零件修复技术应用到制造上去，以提高产品的可靠性。这是更深一步的发展。随着维修新技术的广泛应用，这种趋势应是显而易见。

3）在维修管理方法上，目前已开始运用一些现代化的管理方法来建立和完善合理的人工管理系统，而且应用计算机的管理系统将普遍实现。这已不只是简单的使用电子计算机做档案、数据库、查询和输出统计报表，而应是在比较完整的人工管理系统上建立起来的计算机管理系统。如应用计算机对整个维修系统进行管理，包括设备状态的输入、修理工作命令的建立及下达、完成任务的反馈、备件、资料的查询及发放等。上述主要工作均应在计算机上完成。80年代，国际上已有很多企业实现了计算机维修管理，国内正在探索与发展，预计随着管理现代化的进展将会逐步打开局面。可以预见，今后在管理上的发展趋势将是把状态监测技术、按设备的状态进行维修的方式和计算机管理系统结合在一起，构成一套更完整更先进的管理体系。首先要完善维修方式，建立现场监测采样系统，再完善计算机管理系统，相信在“九五”期间我国将会有这种完整的系统出现。

4）建立维修市场是社会主义市场经济体制下维修业的发展趋势。这是因为，改革开放以来大量涌现的乡镇企业、三资企业大都没有自己完整的维修体系，其设备的大、中修将主要依靠维修市场来解决。中型以上的老企业虽然有自己的维修技术力量和专门的修理部门，但也难以承担全部设备的维修任务。尤其对于一些大型精密设备，由于其技术含量高，结构复杂，维修要求高，难度大，因而仅靠设备使用部门自身的技术力量往往难以胜任。由专业技术单位承担维修，既能保证质量，又能缩短时间。企业设备的自身维修模式，占用的人力多，为贮备零配件，购买维修检测仪器、工具占用的资金大，设备的维修质量有时难以保证，维修成本相对较高。实践证明，设备维修“小而全”的传统模式已越来越不适应市场经济的发展。目前，各种专业维修部门、维修中心、表面技术服务中心等在对全社会开展设备维修服务方面已取得显著成效，设备维修市场正在形成。它是当前设备管理工作改革的重要举措之一。

第四节　维修的经济技术分析

一、设备寿命周期费用的经济性

寿命周期费用LCC(Life Cycle Cost)是设备从规划设计到报废的整个寿命周期内所消耗费用的总和。寿命周期费用可定性地用图形曲线表示，见图1-5。

设备的寿命周期费用包括设置费用和维持费用。设置费用是一次性投资，所以又叫非再现费用。对于自制设备，它主要包括研究费、设计费、制造费等，而对于外购设备，它主要指设备价格、运输费、安装调试费等；维持费用是指使用过程中与使用维修设备有关的所有人员、动力、物质等所消耗的费用，又叫再现费用。

从图1-5中可见，设备从规划到设计、制造，其费用是递增的。运转阶段的寿命周期费用大体保持稳定，之后，其费用又上升了。这表明设备已到了应进行修理、改造或更新阶段。必须研究贯穿设备资产一生的最佳费用。过分强调买便宜货，将可能在维持运行中耗掉巨资。寿命周期费用中能源消耗是个大头。绝不能盲目购置那些“电老虎”、“油老虎”等高能耗劣质设备，要知道寿命周期费用的90%以上是在设备的前半生已经决定了的，而一些设备的维持费用往往高达设备设置费的几倍到十几倍。如据我国一个地质队的多年统计，它所使用的某型新钻机的价格为1.8万元，该型钻机平均寿命为10年，平均消耗维持费达30万元。

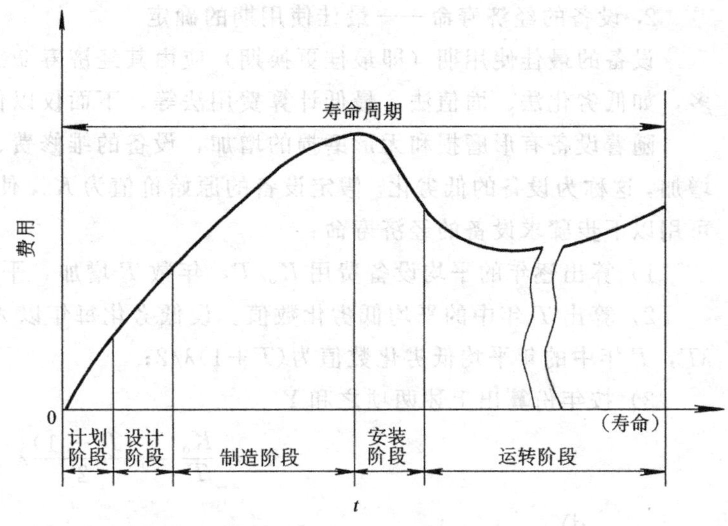

图 1-5 设备的寿命周期费用

为研究设备寿命费用的经济性，以指导设备的设计、制造、使用和维修的实践，1987年成立了中国设备管理协会LCC(寿命周期费用)专业委员会。

LCC只是评价设备经济性的一个方面，还要考虑设备的综合效率问题。设备的综合效率指的是：产量P(Product)、质量Q(Quality)、成本C(Cost)、交货期D(Delivery)、安全(包括卫生与环境)S(Safety)及作业人员士气M(Morale)。我们追求的是寿命周期费用低、综合效益高这两个目标。

在购置设备，评价设备的经济性时，也应运用寿命周期费用评价法或综合效率法等进行考虑。前者又可分为年费法和现值法两种。其中的年费法是首先把购置设备一次支出的设备费，依据设备的寿命周期，按复利利率计算，换算成相当于每年支出的费用。然后加上每年的维持费，得出不同设备的年总费用，即年寿命周期费用当量。据此来比较、评价、选择最优设备。

表 1-2 设备A和B的年寿命周期费用当量换算 (单位为元)

项目	设备A	设备B
每年设置费	10000×0.13587=1359	13000×0.13587=1766
每年维持费	2700	2100
年寿命周期费用当量	4059	3866

如有两台供选择的设备：其中设备A的设置费为10000元，每年支出的维持费为2700元；设备B的设置费为13000元，年维持费2100元。复利率$i=6\%$，估计寿命周期均为10年。以$i=0.06$，$n=10$，求得资金回收系数$i(1+i)^n/[(1+i)^n-1]=0.13587$。设备A和B的年寿命周期费用当量见表1-2。比较得出，设备B较好。

二、设备的经济寿命

1. 设备的寿命

设备的寿命可分为：

(1) 物质寿命　物质寿命是指设备从开始使用到报废所经过的时间。搞好维修工作能延长设备的物质寿命。

(2) 技术寿命　技术寿命是指设备从开始使用到因技术落后而被淘汰所经历的时间。它取决于科技发展的速度。适时的改造可延长设备的技术寿命。

(3) 经济寿命　经济寿命是指设备从开始使用到继续使用经济效益变差所经过的时间。适时的改造也可延长设备的经济寿命。

以上三个寿命长短一般并不一致。在科技高速发展的时代，技术、经济寿命常大大短于设备的物质寿命。显然，设备的经济寿命应是设备更新的依据。

2. 设备的经济寿命——最佳使用期的确定

设备的最佳使用期（即最佳更换期）应由其经济寿命决定。设备经济寿命的计算方法很多，如低劣化法、面值法、最低计算费用法等。下面仅以低劣化法为代表做一简要介绍。

随着设备有形磨损和无形磨损的增加，设备的维修费、燃料动力费与停工损失等也逐渐增加，这称为设备的低劣化。假定设备的原始价值为 K_o，使用年数为 T，使用后残值为零，则可用以下步骤求设备的经济寿命：

1）算出逐年的平均设备费用 K_o/T，年数 T 增加，平均设备费减少；

2）算出 T 年中的平均低劣化数值。设低劣化每年以 λ 元增加，则第 T 年的低劣化值为 λT，T 年中的年平均低劣化数值为 $(T+1)\lambda/2$；

3）按年份算出上述两项之和 Y

$$Y=\frac{K_o}{T}+\frac{(T+1)}{2}\lambda$$

4）令 $\frac{dY}{dT}=0$，求出对应的 T 值即是设备的经济寿命 T_r，$T_r=\sqrt{\frac{2K_o}{\lambda}}$。

三、设备大修、改造、更新的经济决策

1. 大修与更新的经济决策

设备大修，能利用保留下来的多数零件，能节约材料和工时，这是它的经济性的一面。但设备大修后，会使其精度、性能、生产率下降、使用费增加，这又是它的不经济的一面。设备是大修还是更换，必须在技术经济上做综合的分析。

设备大修的经济界限是，一次大修所用的费用（R）必须小于在同一年份新设备购置费（K_n）与原设备残值（O）之差，即

$$R<K_n-O$$

但是，用以上的大修费加残值小于买新设备费的公式，来简单地确定大修的经济界限，在经济上并不一定是最佳的。因为设备大修后，到下一次大修的间隔期会缩短，维修费用会增加，单位产品的成本也会增加。只有大修后使用该设备生产的产品的成本，在任何情况下，都不超过用相同新机器生产的单位产品的成本时，这样的大修在经济上才是合理的。也就是说当满足下式时，修理在经济上才是可取的：

$$C_r\leqslant C_n$$

式中　C_r——用大修后的设备加工单位产品的成本；

C_n——用新设备加工单位产品的成本。

确定设备是大修还是更换时，还应考虑设备未折旧完造成的损失等情况。同时，还必须考虑国家的技术经济发展形势及有关政策。

2. 改造与更新的经济决策

随着科学技术的发展，高效率、新结构的设备不断出现，原设备的无形磨损显著加快。但对具体企业来讲，不可能做到每当新型设备出产，就全部以新换旧。在企业的设备做不到很快更新的情况下，为适应发展的新形势，对旧设备进行现代化改造是一种行之有效的途径。

设备的现代化改造，是指用现代化的技术成就和先进经验，适应生产的需要，改变现有设备的结构，改善其技术性能。现代化改造是克服现有设备技术陈旧，扩大设备的生产能力的重要方法之一。例如，我国正在大力推行用微电子技术改造现有设备。用微型机数控改造过的机床，其生产效率和加工精度获得显著提高。

在多数情况下，设备改造的投资比更换新设备为少。与更换新设备相比，设备改造在经济上的合理条件是：

$$K_{ri} + K_m + S_e < K_n\alpha\beta + S_a$$

式中 K_{ri}——与设备改造同时进行的第 i 期大修费费用；

K_m——旧设备现代化改造费用；

S_e——使用成本的损失，其数值等于在改造设备上和新设备上加工单位产品的成本差乘上设备至下一次大修期间的产品产量；

α——系数，反映改造后设备与新设备到第一次大修之前生产率之间的比率关系；

β——系数，反映改造后设备修理周期与新设备至第一次大修的间隔期的比例关系；

S_a——因更换而引起的旧设备未折旧完的损失，其值为第 i 次大修时旧设备的残值与设备注销价值的差额。

四、设备的折旧简介

1. 设备折旧的含义

设备在生产过程中逐渐遭到磨损，并将其价值转移到产品中去，构成产品成本的一部分。通常把设备逐渐转移到成本中去并相等于其消耗的那部分价值叫做折旧。从销售产品收入中收回的这部分资金，叫设备的基本折旧资金。

通常，用折旧率的形式来计算折旧资金的大小。折旧率大小反映设备折旧资金占设备价值的百分比。

2. 合理折旧制度的意义

正确的折旧率应能客观反映设备的有形与无形磨损，应与设备的实际损耗相符合。如果折旧率规定得过低，即设备使用期满还没能把其价值人为地转移到产品中去，则使生产的成本受到损失，造成虚伪的利润或积累的扩大，影响设备的更新与企业的发展。如果折旧率规定得过高，即折旧基金抵偿设备实际损耗有余，也会人为地增加成本而缩小利润，影响基金的正常积累。

可见，合理的折旧制度，正确的折旧率，对企业和国家都有着十分重要的意义。这是因为正确制定设备的折旧率，不仅是正确计算成本的依据，而且是促进科学技术发展，有利于设备更新的政策问题。折旧是社会补偿基本的组成部分。合理的折旧制度有利于合理安排积累与消耗的比例，搞好国民经济的经济平衡。合理的折旧制度能够真实地反映企业的成本和利润，正确评价企业的经济效果。合理的折旧制度，对于保证企业设备的及时更新改造，促进现有设备技术水平的提高，促进新技术的推广应用，提高企业的管理水平，都起着重要作用。

3. 设备折旧的计算方法

设备折旧的计算方法有直线折旧法、加速折旧法、复利法等。1985 年 4 月国务院发布的“国营企业固定资产折旧试行条例”中规定：“计算折旧的依据为固定资产原值”“计算、提取折旧的方法，采取平均年限法（即直线法）和工作量法。”

五、设备折旧、更新的概况及基本趋势

1. 设备折旧概况及趋势

我国过去长时间折旧率过低。1979 年以前工业企业的综合折旧率一直保持在 3.5%左右。这就意味着设备使用 30 年左右其价值才能全部收回，也就是要在 30 年左右设备才能更换一次。有的企业实际拿到的折旧费比这还低，如首钢过去的折旧费按固定资产总额的 3.3%提取，还要上交 50%，企业实际只拿到 1.65%，靠这点折旧费设备更换一次就要 60 年。由于这种情况，落后、陈旧甚至早该淘汰的设备仍在被迫运转。这必将大大阻碍工业技术的发展和劳动生产率的提高。

1979 年国务院“关于提高国营企业固定资产折旧率和改进折旧费使用办法的规定”中指出:“目前工业企业固定资产折旧率偏低，不利于老企业的挖潜、革新、改造和充分发挥现有企业的作用，不利于加速国民经济的发展。从 1980 年起，对工业企业固定资产折旧率，要在增加盈利的基础上逐年提高”。

1985 年国务院发布的“国营企业固定资产折旧试行条例”，在考虑我国财政承受能力的条件下，已将工业企业的折旧率相应提高，并采取设备分类折旧。

经国务院批准，于 1993 年 7 月 1 日起实施的“企业财务通则”和“企业会计准则”中，对固定资产折旧又作了新的调整。规定“固定资产折旧应当根据固定资产原值、预计净残值、预计使用年限或预计工作量，采用年平均法或者工作量计算，如符合有关规定，也可采用加速折旧法。”企业可根据实际，“按照国家规定选择具体的折旧方法和确定加速折旧幅度。”这就给企业加大更新改造力度增加了活力。

目前，各工业发达国家都提倡快速折旧，这是因为快速折旧可加快资金的回收，能有效地推进设备的更新和改造，有利于企业的发展壮大和国民经济的发展。在 70 年代，苏联就提出过加快折旧、缩短设备使用年限的问题。认为如将设备平均使用年限缩至 14～15 年，大修次数就可减少一半，修理费就可减少到原来的 3/5。考虑到快速折旧的优点，最近，我国的一些新兴工业区，对新投资所形成的固定资产试行的折旧率均在 10%以上。

2. 设备更新概况及趋势

设备的役龄及更新的快慢是反映一个国家装备技术水平的重要标志。从世界工业发达国家的历史来看，落后的生产设备是工业发展的严重障碍。19 世纪中期，英、法两国的工业在世界处于领先地位，后来美国用了 20 多年的时间赶过了英国和法国，德国用了 30 多年的时间也超过了英、法，其重要原因之一就是他们的设备更新速度超过了保守的英、法。据日本的有关资料介绍，最近 10 年间，日本经济以高速度发展，也是由于将国民收入的大部分用于投资，借以改善装备。由此可见，设备的更新对国民经济的发展有着重要的意义。

在机械工业中，金属切削机床和锻压设备约占技术装备总台数的 4/5，而在这两类设备中，机床又占绝大多数。由于机床的位置极为重要。因而讨论它的更换问题很有代表性。

目前，很多国家认为，一般的役龄以 10～14 年较为合理，而以 10 年为先进。但工业发达国家除日本外，美、英、法、原西德、前苏联等国的机床平均役龄超过 10 年，其中多数在 13～15 年。我国机床的拥有量虽占世界前列，但役龄较高，役龄在 20 年以上的约占 1/3。我国多数机床制造厂，从建厂起，二、三十年产品很少更新换代，有不少还生产着 50 年

代水平的产品。在设备制造水平不高的情况下，即使设备役龄很“年轻”，也不能说明设备先进。

设备的新旧程度可用“新度”（设备净值与原值之比）来衡量。根据1993年中国设备管理协会与国家计委技术经济研究所对14个省市区的调查，国有企业设备新度只有60%左右。

目前设备更新的基本趋势主要是：

1）减少设备拥有量中金属切削机床的比重，增加精铸和精锻设备的比重，发展锻压、少切削和无切削等工艺设备，提高毛坯精度，减少切屑和钢材。

2）减少普通机床，增加精加工设备的比重。

3）增加高效自动化设备的比重，提高生产率。

4）增加特种加工设备的比重，如增加电加工、电化学、超声波、红外线、激光等特种加工设备。

第二章 机械零件的失效及分析

本章主要介绍机械零件或构件失效的概念，各种失效形式的形貌特征，分析失效的机理或过程及影响失效的主要因素，探索防止与减少失效的途径。

第一节 基本概念

一、失效的概念

机械设备中各种零件或构件都具有一定的功能，如传递运动、力或能量，实现规定的动作，保持一定的几何形状等等。当机件在载荷（包括机械载荷、热载荷、腐蚀及综合载荷等）作用下丧失最初规定的功能时，即称为失效。

一个机件处于下列三种状态之一就认为是失效：①完全不能工作；②不能按确定的规范完成规定功能；③不能可靠和安全地继续使用。这三个条件可以作为机件失效与否的判断原则。

二、失效的危害

机械零件与构件的失效最终必将导致机械设备的故障。关键机件的失效会造成设备事故，人身伤亡事故，甚至大范围内灾难性后果。例如，某电厂一台发电机在运转过程中突然发生剧烈振动和声响。拆机检查发现转轮上 10 多个叶片全部断裂脱落。叶片与轴碎裂成 500 多个碎块。结果停机三年，修复费用达 110 万元；1984 年 12 月 3 日凌晨，美国碳化公司在印度的一家化工厂，由于管道破裂泄出大量毒气，造成 375 人死亡，2000 人重伤，20 万人受到毒气侵害，其中 1/10 需住院治疗。有关方面要求美国公司赔偿 150 亿美元巨额损失。

诸如此类的例子不胜枚举。可见，零件失效应当引起人们高度警觉。在生产线上一个小小的零件失效，可以使整个生产线瘫痪。其损失有直接的，也有间接的。如造成停产减产损失，因拖延或无法执行产销合同，又需承担法律责任与经济赔偿，对企业信誉与形象造成损失等等。因此，有效地预防、控制、监测零件的失效，是一项意义重大的工作。

三、机械零件失效的基本形式

一般机械零件的失效形式是按失效件的外部形态特征来分类的。大体包括：磨损失效、断裂失效、变形失效和腐蚀与气蚀失效。在生产实践中，最主要的失效形式是零件工作表面的磨损失效；而最危险的失效形式是瞬间出现裂纹和破断，统称为断裂失效。

四、失效分析

失效分析是指分析研究机件磨损、断裂、变形、腐蚀等现象的机理或过程的特征及规律，从中找出产生失效的主要原因，以便采用适当的控制方法。失效分析已逐步形成一门新兴的学科或技术——失效学。

失效分析的直接的、技术上的目的是为制订维修技术方案提供可靠依据，并对引起失效的某些因素进行控制，以降低设备故障率，延长设备使用寿命。此外，失效分析也能为设备的设计、制造反馈信息；为设备事故的仲裁提供客观依据。当然，非常精确的失效分析，需要涉及到各方面的知识，需要现代科学技术手段和丰富的实践经验，是一个及其复杂的过程。本章的失效分析只是介绍一般的失效机理，失效件的主要特征和主要影响因素，希望给读者提供一条分析的思路，以期在设备工程实践中能采取有效的方法，防止与减少零件的失效，更好地为国民经济建设服务。

第二节 零件的磨损失效

摩擦与磨损是自然界的一种普遍现象。当零件之间或零件与其他物质之间相互接触，并产生相对运动时，就称为摩擦。零件的摩擦表面上出现材料损耗的现象称为零件的磨损。材料损耗包括两个方面：一是材料组织结构及性能的损坏；二是尺寸、形状及表面质量（粗糙度）的变化。

如果零件的磨损超过了某一限度，就会丧失其规定的功能，引起设备性能下降或不能工作，这种情形即称为磨损失效。据统计，机械设备故障约有 1/3 是由零件磨损失效引起的。例如，汽车发动机汽缸磨损失效后，会导致油耗激增，承载能力下降，曲轴箱窜气，机油烧损，冲击振动等等。

磨损失效造成的经济损失是相当惊人的。我国每年仅磨料磨损一项需要补充的备件就达 150 万吨钢材。美国 1981 年公布的数字表明，每年因磨损失效造成的损失高达 1000 亿美元，直接材料损失达 200 亿美元。因此，研究磨损失效的规律，寻求减少磨损的措施，是机械设备维修工程中一个十分重要的课题。

60 年代兴起的摩擦学是专门研究摩擦、磨损和润滑的一门新学科，经过科学工作者的不懈努力，对磨损的研究取得了许多突破性进展，并在生产实践中发挥了重要作用。

根据摩擦学理论，零件磨损按其性质可以分为磨料磨损、粘着磨损、疲劳磨损、微动磨损、冲蚀磨损和腐蚀磨损。本节将分别分析前五种磨损，而腐蚀磨损将在腐蚀失效一节中介绍。

一、磨损的一般规律

零件磨损的外在表现形态是表层材料的磨耗。在一般情况下，总是用磨损量来度量磨损程度。不论摩擦系统有多复杂，零件摩擦表面的磨损量总是随摩擦时间延续而逐渐增长。图 2-1 是在正常工况下测出的磨损量实验曲线。它反映了磨损的一般规律，即磨损三阶段：

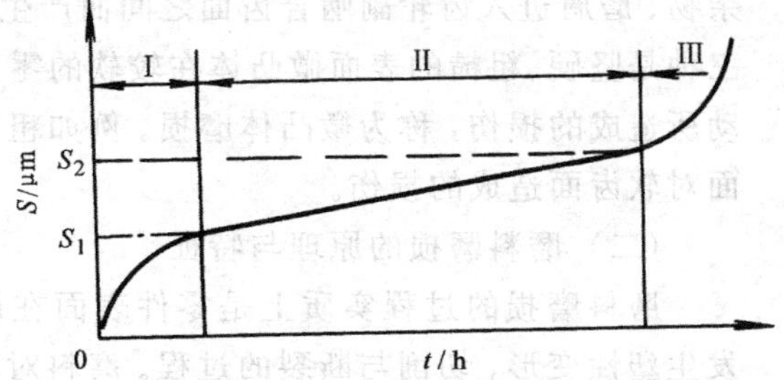

图 2-1 零件磨损的一般规律

(1) Ⅰ阶段 这是初期磨损阶段。对机械设备中的传动副而言是磨合过程。这一阶段的特点是在短时间内磨损量增长较快。这是因为新摩擦副的表面有微观波峰，在磨合中遭到破坏，加上磨屑对表面起研磨作用，磨损量很快达到 S_1。该阶段曲线的斜率取决于摩擦副表面质量、润滑条件和载荷。如果表面粗糙、润滑不良或载荷较大，都会加速磨损。经过这一阶段以后，零件的磨损速度逐步过渡到稳定状态。机械设备的磨合阶段结束后，应清除摩擦副中的磨屑，更换润滑油，才能进入满负荷正常使用阶段。

(2) Ⅱ阶段　这是正常磨损阶段。摩擦表面的磨损量随着工作时间的延长而均匀、缓慢增长，属于自然磨损。在磨损量达到极限值 S_2 以前的这一段时间是零件的磨损寿命，它与摩擦表面工作条件、技术维护好坏关系极大。使用保养得好，可以延长磨损寿命，从而提高设备的可靠性与有效利用率。

(3) Ⅲ阶段　这是急剧磨损阶段。当零件表面磨损量超过极限值 S_2 以后如继续摩擦，其磨损强度急剧增加，其原因是：①零件耐磨性较好的表层被破坏，次表层耐磨性显著降低；②配合间隙增大，出现冲击载荷；③摩擦力与摩擦功耗增大，使温度升高，润滑状态恶化、材料腐蚀与性能劣化等。最终设备会出现故障或事故。因此，这一阶段也称为事故磨损阶段。

当零件磨损表面的磨损量极到极限值 S_2 时，就已经失效，不能继续使用，应采取调整、维修、更换等措施，防止设备故障与事故的发生。

对各类机械设备，主要摩擦副的磨损量的极限值或配合间隙的极限值都有具体的标准，对于在维修过程中解体了的摩擦副，可以通过观察与检测，判定是否失效。而对还在运行中的机械设备，摩擦副的磨损状态不能直接查觉，只能根据对设备的某些参数进行监测与分析才能确定，例如振动参数、噪声参数、关键部位的温升、油耗、润滑油中铁屑的含量等等，都与摩擦状态有着一定的内在联系，具体监测分析方法将在第四章介绍。

零件磨损失效的过程，是一个极其复杂的动态过程，在各种不同的因素影响下，磨损都有各自不同的特征和机制。下面将对各种不同性质的磨损作进一步的讨论。

二、磨料（粒）磨损

零件表面与磨料（粒）互相摩擦，而引起表层材料损失的现象称为磨料磨损或磨粒磨损。磨料也包括对摩零件表面上硬的微凸体。在磨损失效中，磨料磨损失效是最常见、危害最为严重的一种。

（一）磨料磨损工况的分类

磨料磨损包括三种情况：第一种是直接与磨料接触的机件所发生的磨损，称为两体磨损。如搅拌浆、挖掘机斗齿，破碎机锷板等；第二种是硬颗料进入摩擦副两对摩表面之间所造成的磨损，称为三体磨损。例如灰尘、杂物、磨屑进入齿轮副啮合齿面之间而产生的磨损；第三种是坚硬、粗糙的表面微凸体在较软的零件表面上滑动所造成的损伤，称为微凸体磨损。例如粗糙的淬火齿面对软齿面造成的损伤。

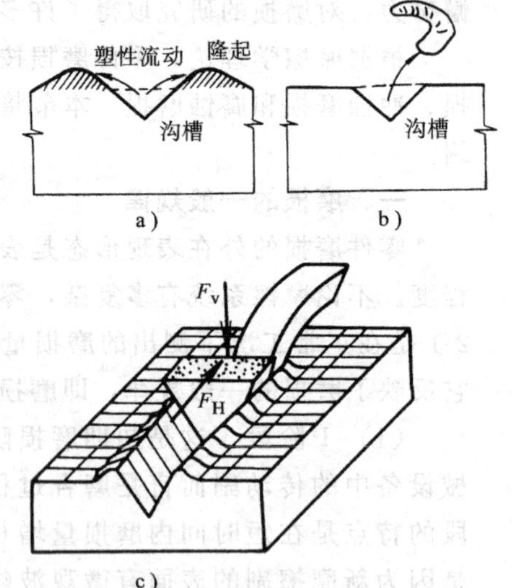

图 2-2　磨料对零件表面的耕犁与切削
a) 耕犁　b) 微切削　c) 耕犁与微切削

（二）磨料磨损的原理与特征

磨料磨损的过程实质上是零件表面在磨料作用下发生塑性变形、切削与断裂的过程。磨料对零件表面的作用力分为垂直于表面与平行于表面的两个分力，如图 2-2c 所示。垂直分力使磨料压入材料表面，而平行分力使磨料向前滑动，对表面产生耕犁与微切削作用。微切削作用会产生微切屑。而耕犁作用会使材料向磨料两侧挤压变形，使犁沟两侧材料隆起。当材料较软时，以耕犁为主；当材料较硬时，以微切削为主。但塑性材料反复耕犁以后，也会因加工硬化效应变硬变脆，由以耕犁为主转化为以切削为主。随着零件表层材料的脱离与表面性能的劣化，最终导致表面破坏和零件失效。

磨料磨损的显著特点是：磨损表面具有与相对运动方向平行的细小沟槽；磨损产物中有螺旋状、环状或弯曲状细小切屑及部分粉末。

（三）磨料磨损的影响因素分析

（1）金属材料的硬度　一般情况下，金属材料的硬度越高，耐磨性愈好。实验证明，未经热处理的金属材料，其相对耐磨性与硬度成正比，而与合金含量无关。经淬火后的钢，其相对耐磨性仍然与淬火硬度成正比，但合金含量较高的钢材，其相对耐磨性增长得较快些，如图 2-3 所示。

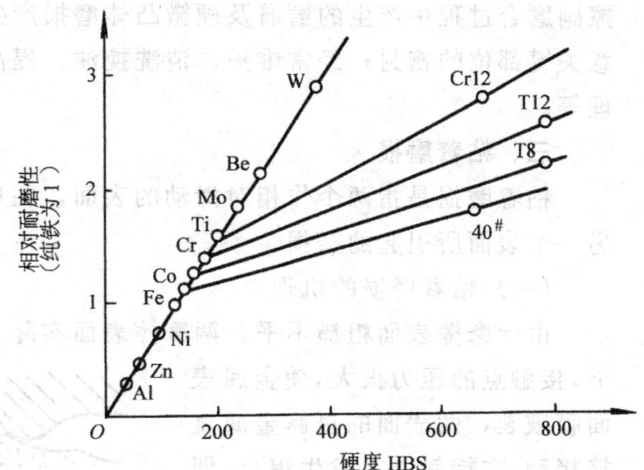

图 2-3　材料硬度与相对耐磨性的关系

（2）材料的显微组织　一般来说，具有马氏体组织的材料有较高的耐磨性。而在相同硬度条件下，贝氏体又比马氏体高得多。同样硬度的奥氏体与珠光体相比，奥氏体的耐磨性要高得多（图 2-4）。

（3）磨料性质　许多研究工作者发现，磨料粒度对材料的磨损率存在一个临界尺寸。当磨料粒度小于临界尺寸时，材料的磨损率（单位时间磨损量）随磨料粒度的增加而增加，且材料越软越敏感。当磨料粒度超过临界尺寸后，磨损率与粒度几乎无关，即磨损率基本上不随粒度的增加而增加，图 2-5 表述了磨料粒度与磨损率之间的关系。由图可以看出，磨料粒度的临界值为 60～100μm。

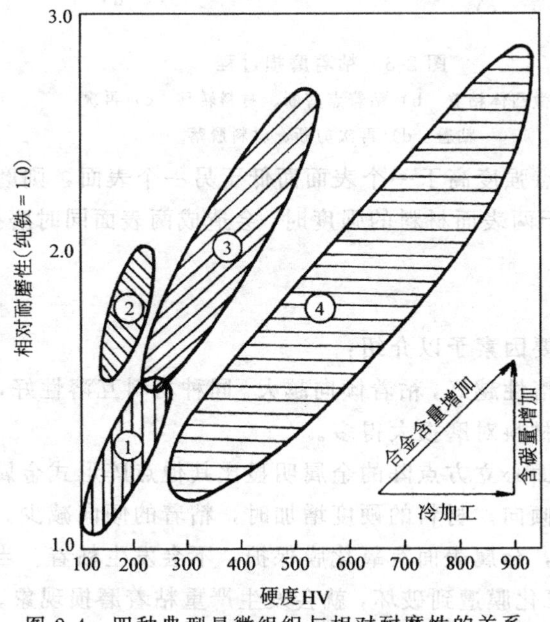

图 2-4　四种典型显微组织与相对耐磨性的关系
①—珠光体钢　②—奥氏体合金
③—贝氏体钢　④—淬火回火钢

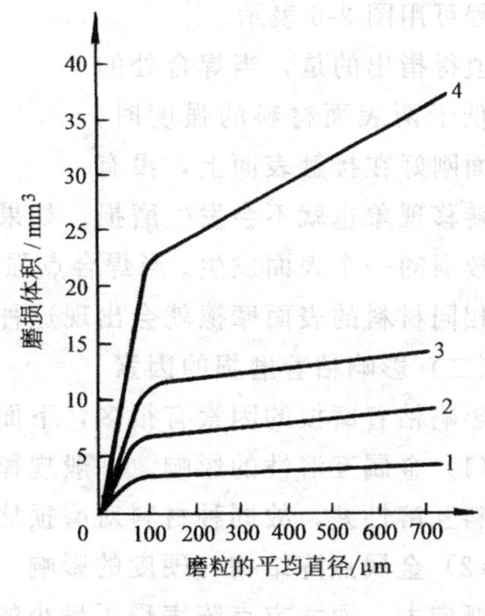

图 2-5　磨粒的平均直径与材料磨损量的关系
1—钢　2—铜　3—黄铜　4—铝

(4) 其他因素　影响磨料磨损还许多其他因素，例如磨料硬度、摩擦表面相对运动的方式，磨损过程的工况条件等等。对此，读者可参阅有关专著。

(四) 减少磨料磨损的措施

对工程机械、农业机械、矿山机械中的许多遭受二体磨损机件，主要是选择合适的耐磨材料，优化结构与参数设计。对所有机械设备中可能遭受三体磨损的摩擦副，如轴颈与轴瓦，滚动轴承，缸套与活塞，机械传动装置等，应设法阻止外界磨料进入磨擦副，并及时清除摩擦副磨合过程中产生的磨屑及硬微凸体磨损产生的磨屑。具体措施是对空气、油料过滤；注意关键部位的密封；经常维护、清洗换油；提高摩擦副表面的制造精度；进行适当的表面处理等。

三、粘着磨损

粘着磨损是指两个作相对滑动的表面，在局部发生相互焊合，使一个表面的材料转移到另一个表面所引起的磨损。

(一) 粘着磨损的机理

由于摩擦表面粗糙不平，两摩擦表面实际上只是在一些微观点上接触。在法向载荷作用下，接触点的压力很大，使金属表面膜破裂，两表面的裹露金属直接接触，在接触点上发生焊合，即粘着。当两表面进一步相对滑动时，粘着点便发生剪切及材料转移现象。在邻近区域，凸出的材料又可能发生新的粘着，直至最后在表面上脱落下来，形成磨屑。这一过程可用图 2-6 表示。

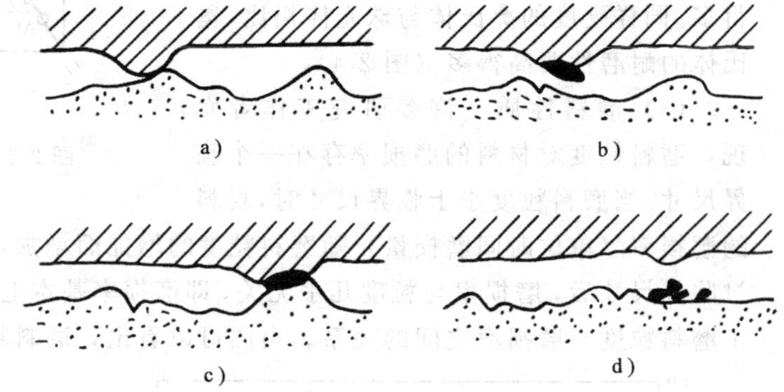

图 2-6　粘着磨损过程

a) 微凸体粘着　b) 粘着点剪断、材料转移　c) 再次粘着　d) 再次剪断、材料脱落

值得指出的是，当焊合处的强度低于两表面材料的强度时，剪断面刚好在接触表面上，没有材料转移现象也就不会发生磨损。如果焊合点强度高于一个表面而低于另一个表面，则磨损只在较弱的一个表面发生。当焊合点强度高于两表面材料的强度时，会造成两表面同时磨损，两个相同材料的表面摩擦就会出现这种情况。

(二) 影响粘着磨损的因素

影响粘着磨损的因素有很多，下面就主要因素予以介绍：

(1) 金属互溶性的影响　一般规律是互溶性越好，粘着倾向越大。同种材料互溶性好，异种材料互溶性差，故同种材料对磨损比异种材料对磨损大得多。

(2) 金属点阵结构与硬度的影响　一般面心立方点阵的金属明显比其他点阵形式金属的粘着倾向大，而六方点阵表现了最小的粘着倾向。材料的硬度增加时，粘着的倾向减少。

(3) 载荷与速度的影响　当载荷较轻时，金属表面有氧化膜保护，不会发生粘着。当载荷或速度增大，微观接触点上的温度升高，氧化膜遭到破坏，就会发生严重粘着磨损现象。然而，当载荷较大或速度极高、摩擦表面温度很高时，磨损率反而显著下降，因为表露出的金属会在高温下迅速生成新的保护膜。

（三）减少粘着磨损的措施

(1) 合理润滑　建立可靠的润滑保护膜，隔离互相摩擦的金属表面，是最有效、最经济的措施。这一内容将在第三章中介绍。

(2) 选择互溶性小的材料配对　铅、锡、银、铟等在铁中的溶解度小，用这些金属的合金做轴瓦材料，抗粘着性能极好（如巴氏合金、铝青铜、高锡铝合金等），钢与铸铁配对抗粘性能也不错。

(3) 金属与非金属配对　钢与石墨、塑料等非金属摩擦时，粘着倾向小，用优质塑料作耐磨层是很有效的。

(4) 适当的表面处理　表面淬失、表面化学处理、磷化处理、硫化处理、渗氮处理、四氧化三铁处理以及适当的喷涂处理，都能提高金属抗粘着磨损的能力。有关表面处理的知识将在第五章专门介绍。

四、疲劳磨损

当摩擦副两接触表面作相对滚动或滑动时，周期性的载荷使接触区受到很大的交变接触应力，使金属表层产生疲劳裂纹并不断扩展、引起表层材料脱落，造成点蚀和剥落，这一现象称为表面疲劳磨损。

疲劳磨损主要发生在齿轮副、凸轮副、摩擦轮传动副及滚动轴承的滚动体与内外座圈之间。此外，轨轮式运输车辆的轮箍与钢轨及润滑良好的滑动摩擦副也可能发生疲劳磨损。

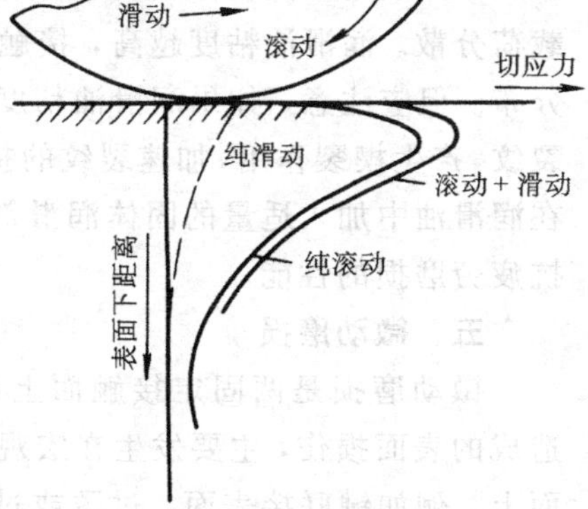

图 2-7　摩擦表面接触区的切应力分布图

（一）疲劳磨损的机理与特征

近年来，人们对疲劳机理的研究形成了一种新的、比较深入的理论，认为疲劳磨损主要是由于接触区切应力周期的出现和消长造成的。切应力的分布规律如图 2-7 所示。

由图可知，当一个表面在另一个表面作纯滚动或滚动加滑动时，最大切应力发生在亚表层。在它的作用下，亚表层内的材料将产生错位运动，错位在非金属夹杂物及晶界等障碍处形成堆积。由于错位的相互切割产生空穴，空穴集中形成空洞，进而变成原始裂纹。裂纹在载荷作用下逐步扩展，最后折向表面。由于裂纹在扩展过程中互相交错，加上润滑油在接触点处被压入裂纹产生楔裂作用，使表层产生点蚀或剥落。当原始裂纹较浅时，表现为点蚀（麻点状），若原始裂纹在表层以下大于 200μm 时，表层材料呈片状剥落（麻坑状）。疲劳磨损过程如图 2-8 所示。

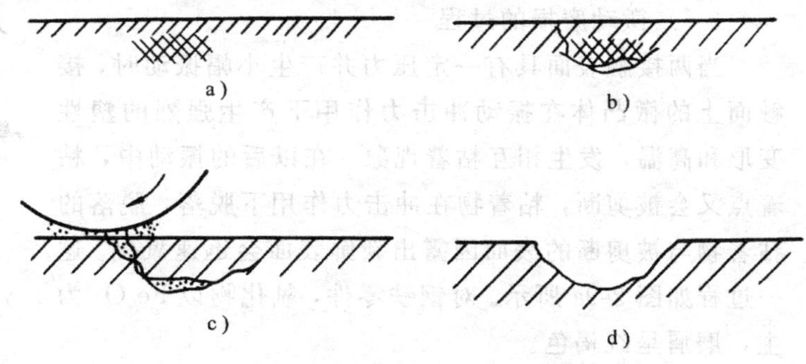

图 2-8　疲劳磨损过程示意图
a）亚表层变形堆积　b）亚表层空洞与裂纹
c）油楔的楔裂作用　d）形成剥落坑

（二）提高抗疲劳磨损的途径

凡是能阻止疲劳裂纹形成与扩展的措施都能减少疲劳磨损。具体可以考虑以下几条主要途径：

(1) 减少材料中的脆性夹杂物　脆性夹杂物边缘极易产生微裂纹，降低材料的疲劳寿命。硅酸盐类夹杂物对疲劳寿命危害最大。

(2) 适当的硬度　在一定的硬度范围内，材料抗疲劳磨损的性能随硬度升高而增大，对于轴承钢，抗疲劳的最佳峰值硬度为62HRC左右，钢制齿轮的最佳表面硬度为58～62HRC。此外，摩擦副适当的硬度匹配也是减少疲劳磨损的正确途径。

(3) 提高表面加工质量　降低摩擦表面粗糙度和形状误差，可以减少微凸体，均衡接触应力，提高抗疲劳磨损的能力。接触应力越大，对加工质量的要求也越高。

(4) 表面处理　一般来说，当表层在一定深度范围内存在残余压应力时，不仅可以提高弯曲、扭转疲劳抗力，还能提高接触疲劳抗力，减少疲劳磨损。当进行表面渗碳、淬火、表面喷丸、滚压处理时，都可使表层产生残余压应力。

(5) 润滑　润滑油的衬垫作用，可使接触区的集中载荷分散。润滑油粘度越高，接触区压应力越接近平均分布。但应注意，如果润滑油粘度过低，则越容易渗入裂纹，产生楔裂作用，加速裂纹的扩展和材料的剥落。如在润滑油中加入适量的固体润滑剂（如MOS2），能提高抗疲劳磨损的性能。

五、微动磨损

微动磨损是两固定接触面上出现相对小幅振动而造成的表面损伤，主要发生在宏观相对静止的零件结合面上。例如键联接表面，过盈或过渡配合表面，机体上用螺栓联接的表面等。

微动磨损的主要危害是使配合精度下降，紧配合的机体变松，更严重的是引起应力集中，导致零件疲劳断裂。

（一）微动磨损的过程

当两接触表面具有一定压力并产生小幅振动时，接触面上的微凸体在振动冲击力作用下产生强烈的塑性变形和高温，发生相互粘着现象。在以后的振动中，粘着点又会被剪断，粘着物在冲击力作用下脱落，脱落的粘着物与被剪断的表面因露出新鲜表面会迅速氧化。这一过程如图2-9a所示。对钢铁零件，氧化物以Fe_2O_3为主，磨屑呈红褐色。

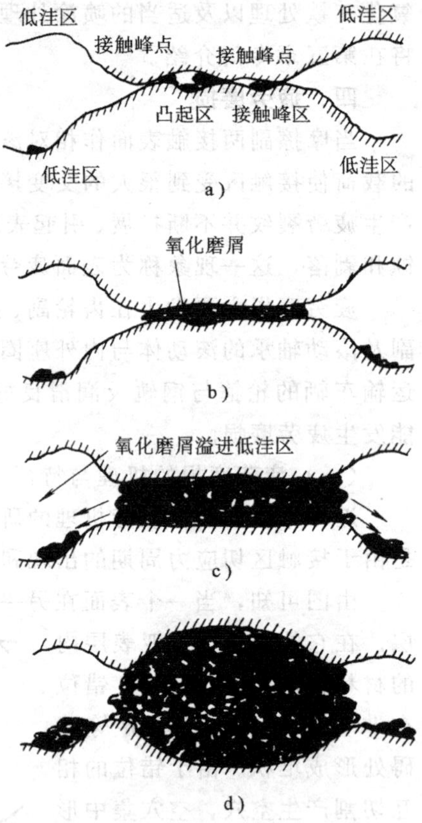

图2-9　微动磨损的过程
a) 凸起区粘着与氧化　b) 氧化物成为磨料
c) 磨损物转移　d) 形成麻坑

由于两接触表面之间没有宏观相对运动，配合较紧，故磨屑不易排出，留在接合面上起磨料的作用，磨料磨损取代了粘着磨损。这一过程如图2-9b所示。

随着表面进一步磨损和磨料的氧化，磨屑体积膨胀，磨损区间扩大，磨屑向微凸体四周溢出。见图2-9c。

最后，原来的微凸体转化为麻点抗，随着振动过程的继续，类似的过程也会在邻近区域发生，使麻点坑连成一片，形成大而深的麻坑。如图2-9d所示。

根据微动磨损的过程可知，微动磨损实质上是一种综合型的磨损。

当振动应力足够大时，微动磨损处可能出现疲劳裂纹，引起零件的疲劳断裂。如蒸气锤的锤头与锤杆是紧配合，常常由于微动磨擦而导致锤杆或锤头的疲劳断裂。

（二）微动磨损的影响因素分析

材料的性能、载荷、振幅的大小及温度的高低是影响微动磨损的主要因素。

（1）材料性能　提高材料硬度，选择适当的材料配副都可以减少微动磨损。因微动磨损是从粘着开始的，所以凡是能抗粘着磨损的材料和材料配副，必然对防止微动磨损有利。有关实验证明，钢的表面硬度与微动磨损的关系极大，当硬度从 180HBS 提高到 700HV 时，微动磨损可降低 50%。

（2）载荷影响　在一定条件下，微动磨损随载荷的增加而增加，但当载荷超过某一临界值时，微动磨损现象反而减少。其原因是：当载荷低于临界值时，随着载荷增加，微凸体塑性变形增加，使产生微动磨损的区域扩大，引起磨损速度增快；而当载荷超过临界值时，表层的塑性变形与次表层的弹性变形均增加，限制了表面之间的相对振幅，降低了冲击效应，即使发生了粘着也不容易剪断，中止了磨损过程。

在实践中，常常运用这一原理，用增大连接力或过盈量的方法来降低微动磨损。例如用螺栓连接的机架、箱体，可增大螺栓预紧力；固定联结的孔轴，可适当增大过盈量。

（3）振幅的影响　振幅较小时，微动磨损率也较低。

（4）表面处理的影响　经过适当的表面处理，可降低或消除微动磨损。如喷丸、滚压、磷化、镀镉、镀铜等都有良好效果，但对镀铬尚有争议。

六、冲蚀磨损

冲蚀磨损是指材料受到固定粒子、液滴或液体中气泡冲击时，表面出现的损伤现象。冲蚀磨损可以分为以下三种情况：

（一）硬粒子冲蚀

冲蚀机件的粒子小而松散，粒子平均直径小于 1mm，冲击速度在 500m/s 以内，粒子硬度高于被冲蚀材料的表面硬度，这是硬粒子冲蚀的主要特点。

作为硬粒子冲蚀的例子有：空气中的尘埃和砂粒会冲蚀损伤飞机的机翼和发动机；用气流输送的物料会冲蚀输送管道，特别是弯头；水中的砂粒会冲蚀水轮机及船用螺旋浆叶片等等。

关于硬粒子冲蚀磨损的机理，目前仍未建立比较完整的理论，但一般认为其基本原理与磨料磨损类似，并伴随着腐蚀现象。

（二）液滴冲蚀

液滴冲蚀是软粒子冲蚀中的一种特殊情况。当液滴高速冲击机件表面时，会造成机件表面的损伤，如穿过雨层的导弹或飞机壳体，就容易出现这种情况。

实验证明，当用速度为 720m/s 的水射流冲击钢的表面时，在直径为 1.3mm 的射流面积上，峰值载荷达到 6300N。因此，当高速水滴冲向机件平整的表面时，足可以冲出一个凹坑，当下一个液滴再冲向凹坑时，能量更加集中，在凹坑底部产生微射液，像锥子一样刺向深处，见图 2-10。表面受到这些破坏后，腐蚀现象也就接踵而至，加速了整个表面的损伤。

（三）气蚀

当零件与液体接触，并有振动或搅动时，液流中的气泡对零件表面造成的损伤称为气蚀。

气蚀的主要特征是：零件表面出现麻点、针孔，严重时表面呈峰窝状，小孔直径达 1mm 以上，深度可达 20mm。

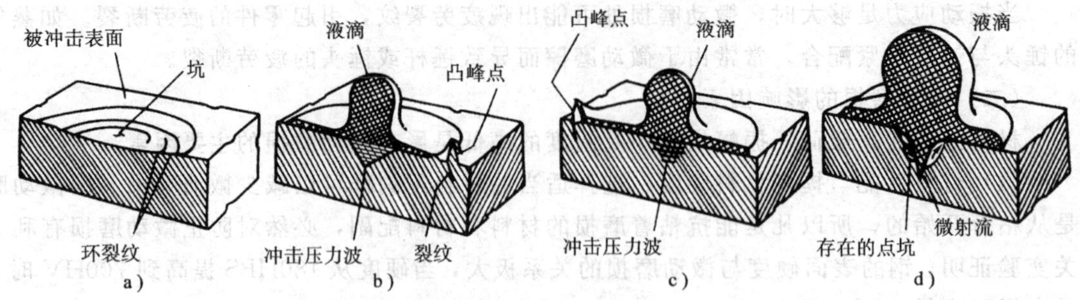

图 2-10 液滴冲蚀过程示意图

a）液滴冲击后的形貌 b）、c）液滴法向与切向冲击波 d）液滴的微射流作用

气蚀现象一般发生在发动机冷却水套、水泵泵壳与叶轮、热交换器管道及其他水力机械上。

1．气蚀破坏的机理

一般认为，气蚀破坏的机理与液滴冲蚀类似。其过程是：①当液体受到振动、搅动或其他因素影响时，局部的压力会发生波动；②当局部压力降低到某一值时，溶解在液体中的气体和液体蒸气会在液体中形成无数微小的气泡；③当压力向高压波动时，气泡会快速运动，其速度达 100～500m/s，并冲向机件表面而溃灭。溃灭时产生微射流，冲击压力达 30～200MPa；④表面材料在遭到不断的气泡冲击和溃灭冲击后，导致疲劳损坏而脱落；⑤气泡继续向纵深破坏，腐蚀过程伴随而来，最终导致零件失效。

2．减少气蚀危害的措施

1）减少液体内的压力波动，也就阻止了气泡的萌生与溃灭。具体方法可以采用减振措施，与液体接触的机件表面设计成流线型，防止液体产生涡流等。

2）选用强度高、抗腐蚀性能好的材料，如不锈钢、陶瓷、尼龙等。

3）零件表面覆盖高强度耐蚀层。

4）对封闭或循环系统内的液体可采取降温措施或添加缓蚀剂及防乳化油。

第三节 零件的断裂失效

机械零件在某些因素作用下分裂成两块或两块以上的现象称为断裂失效。零件断裂以后形成的新的表面称为断口。虽然零件发生断裂的原因是多方面的，但其断口总能真实地记录断裂的动态变化过程，通过断口分析，能判断出发生断裂的主要原因，从而为改进设计、合理修复提供有益的信息。

一、断裂的分类

在有关断裂失效分析的文献中，按研究断口的具体需要，对断裂有各种不同的分类方法。

（一）按断口宏观变形量分类

按断口宏观变形量可将断裂分为延性断裂和脆性断裂。延性断裂的断口发生显著的塑性变形，在断面上留有暗灰色纤维状特征。脆性断裂则不发生明显塑性变形（变形量＜5%），断口平整，有金属光泽，表现为冰糖状结晶颗粒。

（二）按断口微观形态分类

在显微镜下观察断口微观组织，可将断裂分为穿晶断裂和晶间断裂。裂纹穿过晶粒内部而发生的断裂谓之穿晶断裂，多数穿晶断裂为延性断裂。当裂纹沿结晶平面扩散，断面上的晶粒大多保持完整的，则称为晶间断裂（或解理断裂）。晶间断裂时，塑性变形量很小，故称为脆性断裂。

（三）按断裂的原因分类

按零件断裂的原因分类是机械设备工程学中常用的分类方法。它将断裂分为过载断裂、疲劳断裂、脆性断裂等。在断口分析时，如能正确判断断裂的主要原因，就有可能通过设计、制造、使用、环境保护等各个环节进行控制，从而减少或杜绝同类断裂事故的发生。

二、过载断裂

当零件外加载荷超过其危险截面所能承受的极限应力时，零件将发生断裂，这种断裂称为过载断裂。

零件强度设计不合理，结构上应力过度集中，操作失误，机械设备超负荷运行，使某些零件承受过大载荷，都可能导致过载断裂。

（一）过载断裂的主要特征

过载断裂的断口宏观特征与材料拉伸断口形貌雷同。当材料塑性较好时，宏观断口显示出较大的塑性变形，而材料较脆时，零件断口显示出脆性。

因为在常温时，晶界强度大于晶内强度，所以过载断裂通常是穿晶断裂。当断口显微显示为晶界断裂时，则说明晶界强度受某些因素影响被削弱，如晶界被腐蚀，合金偏折，有害气体在晶界上聚集等。因而，晶间断裂应归咎于脆性化断裂与环境断裂。

过载断裂的断口通常分为三个区域。当断口处无应力集中时，三个区域的分布如图 2-11 所示，分别称为纤维区 F、放射区 R 和剪切唇区 S。

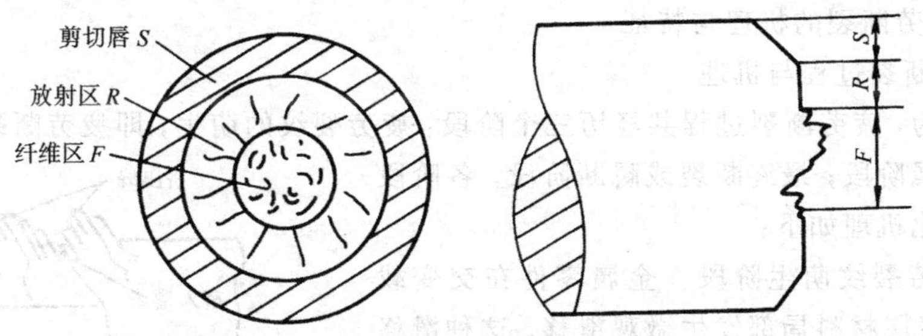

图 2-11　过载断口示意图（杯锥状）

纤维区 F 凹凸起伏，呈纤维状。纤维区受三向应力作用出现微小空穴，空穴不断扩大、聚集，形成所谓韧窝，留下纤维状特征。截面的断裂首先从纤维区中心开始，当纤维断裂区面积达到一定极限时，断裂裂纹便会迅速扩展。

放射区只是由纤维区裂纹迅速扩散而形成的区域，主要特征是有放射状花纹。材料塑性越大，放射状花纹也就越粗大。

剪切唇区 S 是由断裂最后阶段而形成的区域。这一区域的表面比较光滑，且与拉伸应力成 45°交角，是由最大切应力形成的切断型断裂。

（二）特殊情况下过载断裂特征

(1) 带应力集中槽的过载断裂　当裂口出现在应力集中槽部位时，则 F、R、S 三区完全颠倒，如图 2-12 所示。纤维区 S 分布在周围，即周围首先破断，然后裂纹向中央扩展，产生收敛形放射花纹区 R，最后在中央部位出现终断区 S。值得指出的是，如果零件的切槽为光滑圆弧，则断口形貌仍如图 2-11 所示。

(2) 纯塑性金属断裂　纯塑性金属过载断裂时，也可能出现一种全纤维状断口，没有放射区与剪切区，两对偶的断面均为内凹的杯状，即双杯状断口。

(3) 在冲击弯曲载荷作用下的断裂　这种过载断裂断口的显著特点是剪切唇不完整、宏观的塑性变形（缩颈）减小。

(4) 在扭转载荷作用下的过载断裂　扭转载荷过载断口分两种情况：当断口与扭转轴成 45°方向时，为拉断，断口形貌类似于图 2-11；当断口与扭转轴线垂直时，为剪断，周向剪应力较大，形成扭转状纤维区 F，中心部位为最后破断区，故其形貌类似于图 2-12。

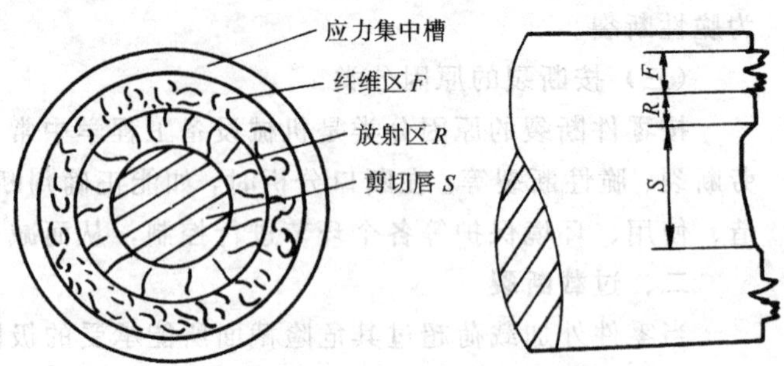

图 2-12　带有尖锐应力集中槽的过载断口

三、疲劳断裂

金属零件经过一定次数的循环载荷或交变应力作用后引发的断裂现象称为疲劳断裂，也称为机械疲劳。广义的疲劳断裂还包括腐蚀疲劳、热疲劳等，此处我们只讨论机械疲劳（腐蚀疲劳在第四节介绍）。

机械疲劳依载荷性质，可以分为拉压疲劳、振动疲劳、弯曲疲劳、扭转疲劳与复合应力疲劳。按断裂前应力交变次数又可分为高周疲劳和低周疲劳，当应力交变次数在 10^4～10^7 次以上时称为高周疲劳，而在 10^4 次以下时，称为低周疲劳。

（一）疲劳断裂的机理与特征

1. 疲劳断裂过程与机理

一般认为，疲劳断裂过程共经历三个阶段：疲劳裂纹的萌生，即疲劳断裂的形成阶段；疲劳裂纹的扩展阶段；最终断裂或瞬断阶段。各阶段的形成与变化机理如下：

(1) 疲劳裂纹萌生阶段　金属零件在交变载荷作用下，表层材料局部发生微观滑移。这种滑移积累以后，就会在表面形成微观挤入槽与挤出峰。如图 2-13 所示，在峰跟槽底，应力高度集中，极易形成微裂纹——疲劳断裂源。因最初的滑移是由最大剪应力引起的。故挤入槽与挤出峰及原始裂纹源均与拉伸应力成 45°角。

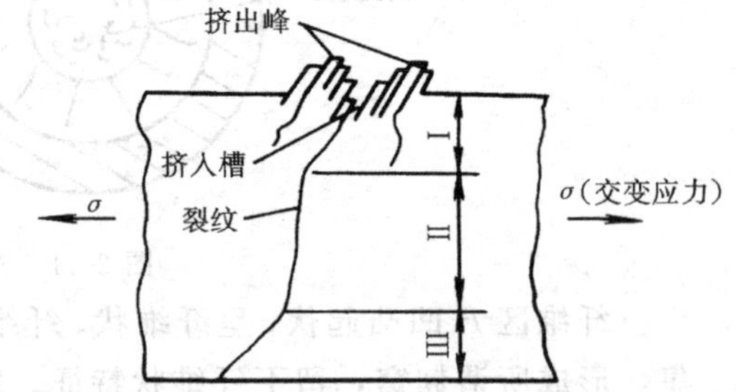

图 2-13　疲劳裂纹的萌生、扩展与断裂
Ⅰ—裂纹萌生与稳态扩展阶段　Ⅱ—亚稳态扩展阶段　Ⅲ—失稳态扩展阶段（瞬断）

形成疲劳裂纹源所需的应力循环次数为 N_0，N_0 与应力大小成反比，当应力较大（接近或超过材料的屈服点 σ_s）时，N_0 较小，为低周疲劳；当应力小于 σ_s 时，N_0 增大，为高周疲劳。但如果材料表面或内部本身有缺陷，如气孔、夹杂甚至磕碰、划伤痕迹，都可以大大减小 N_0。

(2) 疲劳裂纹的扩展阶段　当疲劳裂纹源在与拉应力成 45°角方向达到几微米或几十微米时，裂纹改变方向，朝着与拉应力垂直的方向扩展。在交变的拉伸、压缩应力作用下，裂纹不断开启、闭合，裂纹前端出现复杂的变形，加工硬化与撕裂现象，使裂纹一环接一环往前推进。应力集中、裂纹前端的反复变形，疲劳损伤，是裂纹得以正向扩展的重要条件。

（3）最终断裂（瞬断）阶段　当裂纹在零件断面上扩展达到一定值时，零件残余断面不能承受其载荷（即断面应力大于或等于断面的临界应力）。这时，裂纹由稳态扩展转化为失稳态扩展，整个断面的残余面积便会在瞬间断裂。

2. 疲劳断口的主要特征

典型的疲劳断口按照断裂过程有三个形貌不同的区域:疲劳核心区、疲劳裂纹扩展区和瞬断区。如图 2-14 所示。

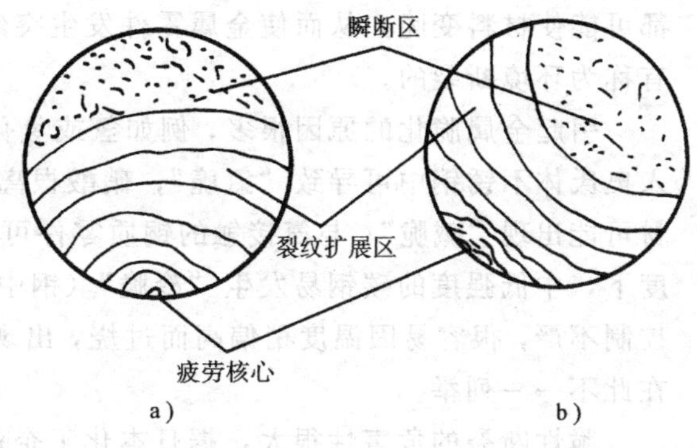

图 2-14　疲劳断口特征示意图（单向弯曲）

a）低碳钢　b）高碳钢

（1）疲劳核心区　用肉眼或低倍放大镜就能找出断口上疲劳核心位置。它是疲劳断裂的源区，一般紧挨表面，但如内部有缺陷，这个疲劳核心也可能在缺陷处产生。当疲劳载荷较大时，断口上也可能出现两个或两个以上的疲劳核心区。

在疲劳核心周围，存在着一个以疲劳核心为焦点的非常光滑、细洁、贝纹线不明显的狭小区域。这是由载荷作用，裂纹源反复张开闭合，使断口面磨光的缘故。

（2）疲劳裂纹扩展区　该区是断口上最重要的特征区，常呈贝纹状或类似于海滩波纹状。每一条纹线标志着载荷变化（如机器开动或停止）时，裂纹扩展一次所留下的痕迹。这些纹线以疲劳核心为中心向四周推进，与裂纹扩展方向垂直。

此外，对裂纹不太敏感的低碳钢，贝纹线呈收敛型（图 2-14a），而对裂纹敏感的高碳钢贝纹线则呈发散型（图 2-14b）。

（3）瞬断区　瞬断区是疲劳裂纹扩展到临界尺寸后，残余断面发生快速断裂而形成的区域。该区域具有过载断裂的特征，即具有放射区与剪切唇，但有时仅出现剪切唇而无放射区。对极脆的材料，瞬断区为结晶状脆性断口。

值得指出的是，图 2-13 所示的断口特征，是由单向弯曲载荷作用而出现的。随着载荷性质的变化，三个特征区的分布形态也会发生变化。对此，读者可参阅有关文献。

（二）疲劳断口分析

（1）疲劳核心的分析　疲劳核心区是疲劳裂纹的发源区。它总是在强度最低、应力最高的部位出现。承受弯扭载荷的零件，表面应力最高，一般疲劳核心在表面。如果表面经过了强化处理（如滚压、喷丸等），则疲劳裂纹可移至表层以下。零件在加工、贮运、装配过程中留下的伤痕，极有可能成为疲劳核心，因为这些伤痕既有应力集中，又容易被空气及其他介质腐蚀损伤。

此外，疲劳核心的数目与载荷大小有关，特别是对旋转弯曲和扭转交变载荷作用下的断口，疲劳核心的数目随着载荷的增大而增多。

（2）裂纹扩展区分析　疲劳断口上的裂纹扩展区越光滑，说明零件在断裂前，经历的载荷循环次数越多，接近瞬断区的贝纹线越密，说明载荷值越小。如果这一区域比较粗糙，表明裂纹扩展速度快，因而载荷也比较大。

（3）瞬断区分析　如果瞬断区面积很小，则零件承受的载荷也很小。瞬断区周边如有毛刺，即有塑性变形，说明材料韧性较好；瞬断区如呈结晶状，并有碎裂现象，则说明材料极脆。

四、脆性断裂

金属零件因制造工艺不太正确，或因使用过程中遭有害介质的侵蚀，或因环境温度不适，都可能使材料变脆，从而使金属零件发生突然断裂。这种性质的断裂一般称为脆性断裂，也有称为环境断裂的。

引起金属脆化的原因很多，例如氢或氢化物渗入金属材料内部可导致“氢脆”；氯离子渗入奥氏体不锈钢中可导致“氯脆”；硝酸根离子渗入钢材可出现“硝脆”；与碱性物接触的钢材可能出现“碱脆”；与氨接触的铜质零件可发生“氨脆”。此外，在10～15℃以下的环境温度下，中低强度的碳钢易发生“冷脆”（钢中含磷所致）。含铝的合金，如果在热处理时温度控制不严，很容易因温度稍偏高而过烧，出现严重脆性。诸如此类的脆性断裂原因很多很多，在此不一一列举。

脆性断裂的危害性很大，据日本化工企业调查，在563起设备事故中，由脆性断裂引起的占12.5%，其危害程度仅次于疲劳断裂。

（一）脆性断裂的主要特征

1）金属材料发生脆性断裂时，一般工作应力并不高，通常不超过材料的屈服强度，甚至不超过由某些规范确定的许用应力，所以脆性断裂又称为低应力脆断。

2）脆性断裂的断口平整光亮，呈粗瓷状，断口断面大体垂直于主应力方向。一般断口边缘有剪切唇，断口上有人字纹或放射状花纹。

3）断口附近没有缩颈现象，截面收缩很小，一般不超过3%。

4）脆性断裂也有裂纹源，裂纹源出现在表面的应力集中部位，损伤部位，内部的夹杂、空穴，及由轧制、锻压而产生的微小裂纹部位。

为了进一步了解脆性断裂的机理，下面用最典型的氢脆断裂为例来说明。

（二）氢脆断裂

由于氢作用而导致金属材料在低应力状况下的脆性断裂称为氢脆断裂，又称氢损伤。

氢损伤对高强度钢和多种合金在各种环境下都可能发生。它使材料拉伸延性降低，拉伸强度降低，并使材料在静载荷作用下出现延时断裂。断裂过程在瞬间发生，往往导致严重的破坏性事故。

1. 氢脆的分类

根据氢的来源不同，氢脆分为两大类：一类是内部氢脆。它是由于金属材料在冶炼、锻造、焊接、热处理、电镀、酸洗过程中，溶解和吸收了过量的氢而造成的；另一类称为环境氢脆。它是由零件周围环境中某些含氢或氢化物（如H_2S）的介质与零件自身的应力（工作应力与残余应力共同作用引起的一种脆性断裂）造成的。

一般认为，内部氢脆与环境氢脆在微观范围内，其本质是相同的，都是由氢或氢化物引起的材料脆化，但就宏观而言，则有差别，因为氢吸收过程，氢与金属的相互作用形态、断裂时的应力状态与温度、断口组织结构等均不相同。

2. 氢脆断裂的机理

氢脆断裂的机理目前尚无完整统一的理论，但一般可按以下几个方面来解释：

（1）氢压致断　金属材料在冶炼、热处理、锻压、轧制等高温过程中，对氢的溶解度很大，温度降低以后，材料中析出氢原子和氢分子，在内部扩散，并在材料中的微观缺陷处或薄弱处聚集，形成压力巨大的氢气气泡，并使材料在气泡处出现裂纹。随着氢扩散—聚集过程的继续，气泡进一步生长，裂纹进一步扩张，并相互连结、贯通，最后引起材料过早断裂。

(2) 晶格脆化致断　这种理论认为材料中的固溶氢和外界渗入的氢，通过晶界扩散，在晶界的薄弱处滞留、聚集，许多晶界的强度受到破坏。同时，氢原子的电子会挤入金属原子的电子层中，使金属原子之间相互排斥，同样降低了晶格之间的结合力。在较低的工作应力作用下，甚至在材料自身内应力作用下，材料就会发生脆断。这一理论对高强度钢的氢脆可以作出满意的解释。

(3) 氢腐蚀致断　当材料在热轧、锻造或热处理等高温（200℃以上）时，固溶氢与环境气体中渗入的氢会与金属材料中的夹杂物及合金添加剂起反应生成高压气体。例如与C起反应生成CH_4，使钢出现脱碳现象，而且这些气体在材料内部扩散转移，不断破坏晶界，最终导致脆性断裂。

3. 氢脆断口基本特征

氢脆断口与一般的脆性断口一样，平齐光亮。但如果仔细观察，氢脆断口上可发现白点。用特殊分析手段，可查出断面上的氢或氢化物。白点是氢泡留下的痕迹，白点外围有放射状撕裂纹，这是裂纹扩展的痕迹。

五、断裂失效分析的步骤

在工程实践中，一旦发生原因不明的零件断裂失效事故，有关技术人员应该通过对零件断口形貌的研究，了解断裂的类型，断裂的过程，判断出断裂的原因，以区分法律责任，经济责任，探讨有效的防止断裂的途径。分析的步骤大致如下：

1. 现场记载与拍照

重大的设备事故发生后，要迅速调查了解事故前后的各种情况，必要的需摄影、录像。除非有人员伤亡需要及时处理外，应尽可能保护好现场。待记录完成后才开始清理。

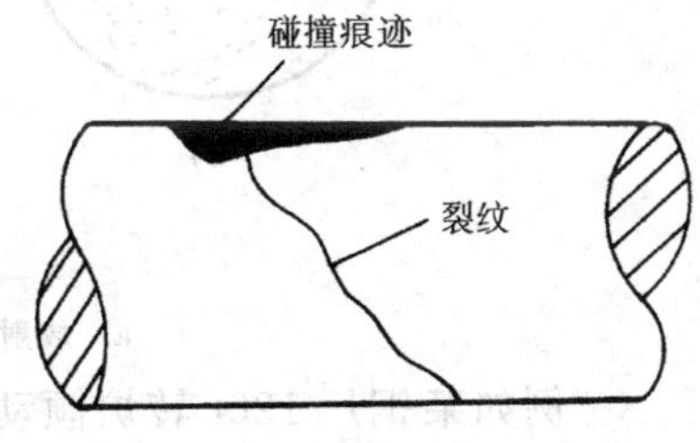

图 2-15　用排除法搜索主导裂纹

2. 分析主导失效件

一个关键零件发生断裂失效后，往往会造成其他关联零件及构件的断裂。出现这种情况时，要理清次序，准确找出起主导作用的断裂件，否则会误导分析结果。

3. 找出主导失效件上的主导裂纹

主导失效件可能已经支离破碎，应搜集残块，拼凑起来，找出哪一条裂纹最先发生，这一条裂纹即为主导裂纹。以下提供几种参考方法：

(1) 排除法　如果对偶的断件上有被碰撞的连续痕迹，则该处的裂纹可能是被碰撞所致，不是主导裂纹，如图2-15所示。

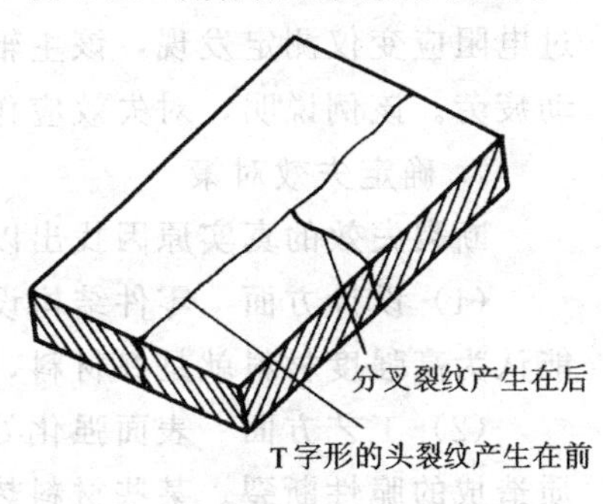

图 2-16　T形法搜索主导裂纹

(2) T形法　将断件拼凑后，如果出现“T”形裂纹，如图2-16所示，则T形的头裂纹应该发生在前，分叉的裂纹在后。

(3) 分叉法　残件拼凑时，如果发现如图2-17所示的裂纹分叉情况，则主干裂纹应该在前，分叉裂纹在后。

4. 寻找失效源区

主导裂纹找到以后，就可以在对应的断口上查找裂纹源区。

前面已对疲劳断口的源区作了介绍。脆性断口与其断口的源区如图2-18所示。当断口有放射棱线时，断口源区在放射中心（图 2-18a）；当断口有“人”字形纹路时，断口源区在两组人字汇合处(图 2-18b)；断口周边的剪切唇不连续的部位，极可能是断口源区（图 2-18c)。

5. 断口处理

如果需要对断口作进一步的微观分析，或者有必要保留证据，就应对断口进行清洗，一般用压缩空气或酒精清洗，洗完以后烘干。如果需要保存较长时间，可涂防锈油脂，存放在有干燥剂的密闭箱内。

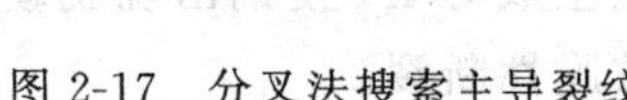

图 2-17　分叉法搜索主导裂纹

6. 确定失效原因

确定零件的失效原因时，应对零件的材质，制造工艺，载荷状况，装配质量，使用年限，工作环境中的介质、温度，同类零件的使用情况等作详细的了解和分析，再结合断口的宏观特征、微观特征，作出准确的判断，确定断裂失效的主要原因、次要原因。有些失效件的原因简单明了，但有些原因却复杂而隐蔽。

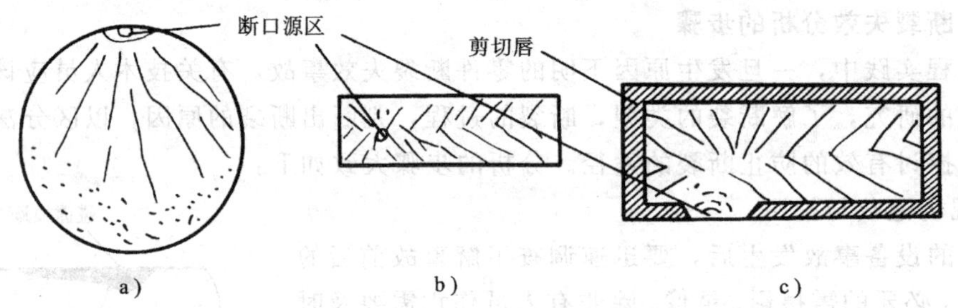

图 2-18　断口源区确定示意图

a）放射纹断口　b）“人”字纹断口　c）有剪切唇的断口

例如某钢厂 120t 转炉倾动机构主轴，在转炉倾动一次时承受一次应力循环，当循环 61 次以后，该主轴突然断裂，而从断口特征分析，是典型的疲劳断裂，这似乎很矛盾。但后来通过电阻应变仪测定发现，该主轴在未倾动时，也承受频繁的振动应力，断裂的主要原因是振动疲劳。该例说明，对失效应作科学、严谨、周密、细致的分析，才能找出真正的原因。

7. 确定失效对策

断裂失效的真实原因找出以后，对策也就不难了。具体可从以下几个方面考虑：

(1) 设计方面　零件结构设计时，应尽量减少应力集中。在选择材料时应有针对性，不能认为高强度材料就是好材料，应根据环境介质、温度、负载性质作适当选择。

(2) 工艺方面　表面强化处理可大大提高零件疲劳寿命。表面适当的涂层可防止有害介质造成的脆性断裂。某些材料热处理时，在炉中充入保护气体可大大改善其性能。

(3) 安装使用方面　第一要正确安装，防止产生附加应力与振动。对重要零件，应防止碰伤拉伤，因为每一个伤痕都可能成为一个断裂源。例如，一架飞机可以毁于螺旋桨上一个小小的检查标记；第二应注意保护设备的运行环境，防止腐蚀性介质的侵蚀，防止零件各部分温差过大。例如，冬季起动汽车时，需先低速空运转一段时间，待各部分预热以后才能负载运行；第三应防止设备过载，严格遵循设备的操作规程。有些设备只能空载起动的就不要负载起动，以防止过大的冲击载荷。

第四节　零件的腐蚀失效

金属零件在某些特定的环境中，会发生化学反应与电化学反应，造成表面材料损耗，表面质量破坏，内部晶体结构损伤，最终导致零件失效。这一失效形式称为零件的腐蚀失效。

一、腐蚀与腐蚀失效危害的严重性

金属腐蚀给人类带来的损失是巨大的。我们可以从以下几个方面来了解：

其一是金属材料的巨大损耗。据估计，全世界每年因腐蚀而报废的钢材与设备相当于年钢产量的30%。假如有2/3的钢材可回炉再生，仍有10%白白损耗。

其二是国民经济的巨大损失。据美国国家标准局（NBS）调查，1997年美国因腐蚀而造成的经济损失高达700亿美元，占国民生产总值的4.2%，相当于全年自然灾害的损失的5.6倍。而到1984年，全美腐蚀损失竟高达1680万美元。西欧、日本、俄罗斯的统计结果也非常惊人。我们国家还没有详尽的统计结果，并不等于腐蚀损失可以忽略。

其三是对人类生命财产与工业生态环境的巨大威胁。金属遭受腐蚀以后，会使组织变脆，容易断裂。如燃气、化工、核能、航天、运输等工业设备设施，一旦发生腐蚀断裂事故，往往会引起爆炸、火灾、环境污染等灾难性后果。1985年，日本一架波音747客机，就是因为关键零件腐蚀脆断而坠毁，数百人遇难。

因此，研究腐蚀失效，进行有效防护，对国民经济建设有着非常重要的意义。

二、金属的化学腐蚀与电化学腐蚀

1．化学腐蚀

金属零件表面材料与周围的干燥气体或非电解质液体中的有害成分直接发生化学反应，形成腐蚀层，这种腐蚀称为化学腐蚀。

与机械零件发生化学反应的有害物质主要是干燥空气中的O_2、H_2S、SO_2等及润滑油中的某些腐蚀性产物。铁与氧的化学反应是最普遍的化学腐蚀，其过程是：

$$4Fe+3O_2 \longrightarrow 2Fe_2O_3$$

$$3Fe+2O_2 \longrightarrow Fe_3O_4$$

腐蚀产物Fe_2O_3或Fe_3O_4一般都形成一层膜，覆盖在金属表面。这层膜如果致密，则金属表面“钝化”，使化学反应逐渐减弱，终止；这层膜如果疏松，化学反应（腐蚀）就会持续进行。

一般来说，单一的化学腐蚀是少见的，因为零件的工作环境中，总难免有水份存在。例如，空气中的水份就容易被零件表层氧化物及其他吸潮性物质吸收。水本身是电解质溶液，如水中溶解了腐蚀性物质，就成了较强的电解质溶液，电化学腐蚀也就伴随而来。

2．电化学腐蚀

电化学腐蚀是一种复杂的物理与化学腐蚀过程。金属发生电化学腐蚀需要几个基本条件，一是有电解质溶液存在；二是腐蚀区有电位差；三是腐蚀区电荷可以自由流动。下面就从这三个方面进行分析：

(1) 电解质溶液　电解质溶液是存在于金属表面的电化学腐蚀介质，包括水、酸碱盐物质的水溶液，熔化状态的盐液等。一般来说，金属零件表面如果没有得到专门的保护，空气中的水份就会吸附在零件上形成电解质溶液。

电解质溶液中含有极性分子（即分子有正负极之分）。这些极性分子在电场力的作用下可以分解为阳离子与阴离子，例如

$$H_2O \longrightarrow H^+ + OH^-$$

$$HCl \longrightarrow H^+ + Cl^-$$

这里，H_2O 与 HCl 都是极性分子，但 HCl 的离子化趋势比 H_2O 强得多，其离子对金属的腐蚀也就更强。

（2）金属在电解液中的电位　金属的晶体是由金属正离子和电子构成的，在正常情况下，正负电荷平衡。

某些活泼金属，当表面有电解液存在时，表层金属正离子容易被电解液中极性分子的负极结合，使金属母体中出现多余电子而显低电位，金属离子越活泼，其母体电位就越低。

相反，也有一些金属，表层上的正离子不那么活跃，而表层电子却相对较容易逸出，与极性分子的正极结合。结果，晶体中正离子较多，使金属母体显高电位。金属离子惰性越大，母体电位就越高。

影响金属电位高低的因素主要是金属离子的活动性与电解质的腐蚀性，因而：①在同一种电解液中，不同金属电位不同；②同一种金属在不同电解液中电位不同；③同一种金属，在同一种电解液中，不同的组织，不同的含杂量，不同的应变量，不同的应力状态，不同的表面温度，都会表现出不同的电位。

（3）腐蚀电池　当具有电位差两个金属极和电解质溶液相处一体时，就构成了所谓腐蚀电池。腐蚀电池的原理可用图 2-19 所示的情况来说明：在电解液（H_2SO_4）中，插入两个并在一起的金属板（锌板与铜板），由于锌板面表锌离子活跃，易逸出与硫酸根结合，锌板内出现富余电子成为低电位的一极。铜板表面的铜离子没有锌离子活泼，铜板上的电位较高，锌板内的自由电子会迅速流向电位较高的铜板，再由铜板释放到电解液中。

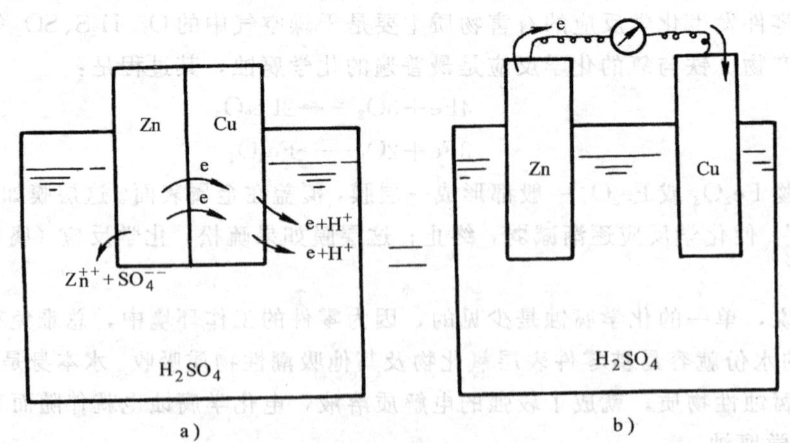

图 2-19　腐蚀电池原理

a）腐蚀过程　b）电池效应

由于低电位的一极在电解液中释放出来的是金属阳离子，故将该极标为阳极，而高电位的一极在电解液中释放电子，称之为阴极。

在阳极（锌）极表面，发生腐蚀反应

$$Zn \longrightarrow Zn^{++} + 2e$$

$$Zn^{++} + SO_4^{-} \longrightarrow ZnSO_4$$

在阴极（铜）极表面的Cu，因为得到锌板上的自由电子，不易形成铜离子而受到保护，同时，铜板向介质释放电子，使电解液中的H^+还原。

$$2H^+ + 2e \longrightarrow H_2\uparrow$$

如果将图 2-19a 中的两极移开，接上外电路，就可以用毫安计测出电流值，见图 2-19b。电流越大，腐蚀越强。电流形成的原理与电池完全一致。以电池的形态进行腐蚀，是电化学腐蚀的最大特点。正是因为两极之间有电荷流动，才使腐蚀过程得以持续进行。

（4）宏电池与微电池　图 2-19 中的腐蚀电池可以用肉眼分辨两极，这种电池称为宏电池。当金属零件表面上两相邻的微观区域存在电位差，且表面存在电解质溶液时，电化学腐蚀同样可以在这两个微观区域表面进行，这种电池称为微电池或局部电池。例如，晶体与晶界可以构成两极，使晶界（低电位极）受到腐蚀；微裂纹壁面与周围组织可以构成两极，使裂纹遭受腐蚀而扩展；表面不同合金元素可以构成两极，使其中的一极受到腐蚀，等等。

无论是宏电池还是微电池，其腐蚀的原理是完全一致的，只不过微电池对金属零件的腐蚀更为普遍。

综上所述，可以将电化学腐蚀大致的定义为：电化学腐蚀是具有电位差的两个金属极，在电解质溶液中发生的，具有电荷流动特点的连续不断的化学腐蚀。

三、腐蚀失效主要表现形态

1. 均匀腐蚀

当金属零件或构件表面出现均匀的腐蚀组织时，称为均匀腐蚀。均匀腐蚀可在液体、大气或土壤中产生。

机械设备最常见的均匀腐蚀是大气腐蚀。在工业区，大气中含有较多的CO_2、SO_2、H_2S、NO_2和Cl_2等，这些气体均是腐蚀性气体。特别是SO_2，它会被氧化为SO_3，然后与空气中的水作用生成H_2SO_4，在零件表面吸附形成电解液膜，引起强烈的电化学腐蚀。

空气中的灰尘含有酸、碱、盐类微粒，当这些微粒粘在零件表面时，也会吸收空气的水份形成电解液造成零件表面腐蚀。

2. 点腐蚀（穴点腐蚀）

当零件表面的腐蚀集中在局部，呈尖锐小孔形态时，称为点腐蚀。

如果金属零件表面局部凝聚电解液或金属表面防腐层局部遭到破坏时，就会遭受点腐蚀。

点腐蚀是最危险的腐蚀形态之一。这主要是因为点腐蚀在发展过程中不易检测与发现。一方面，当点腐蚀与均匀腐蚀共同发生的，点腐蚀穴易被均匀腐蚀产生的疏松组织（对钢而言）所掩盖；另一方面，某些点腐蚀穴的直径很小，但其深度甚至可以贯穿整个零件，直到发生事故才发现点腐蚀破坏。

3. 缝隙腐蚀

缝隙腐蚀发生在金属结构表面的缝隙处，例如金属板之间的缝隙，金属板与非金属板之间的缝隙，或金属宏观裂纹缝隙。

如果腐蚀介质是水，则水会溶解空气中的氧，在缝隙外的水，氧浓度高。而缝隙内的水氧含量低（因氧扩散到缝隙内需要时间）。由于缝隙内外电解液浓度不一样，就使得这两个区

域的金属出现电位差，形成所谓“浓差电池”，如图 2-20 所示。缝隙外为阴极，逸出电子，其反应为

$$O_2+2H_2O+4e \longrightarrow 4(OH)^-$$

缝隙内为阳极，出现铁离子，并在水中腐蚀，其反应是

$$2(OH)^-+Fe^{2+} \longrightarrow Fe(OH)_2$$

$$4Fe(OH)_2+O_2+H_2O \longrightarrow 4Fe(OH)_3$$

腐蚀产物 $Fe(OH)_2$、$Fe(OH)_3$ 即是铁锈。

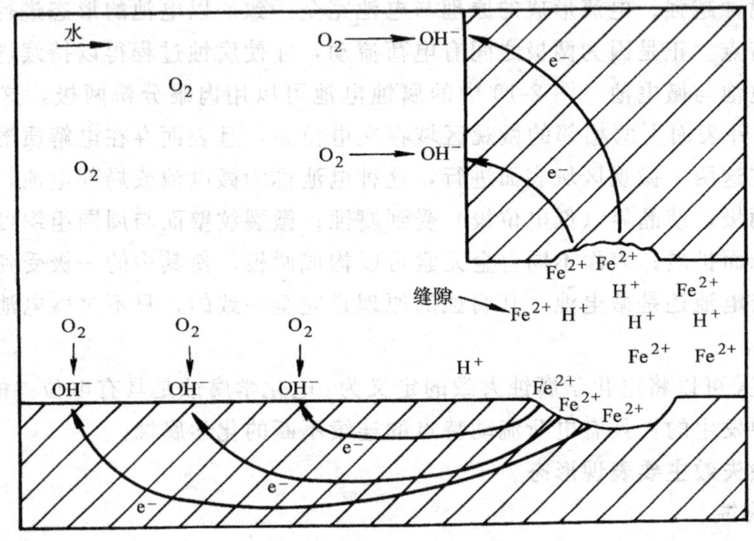

图 2-20　铁的缝隙腐蚀

4．晶间腐蚀

晶间腐蚀即是晶界及晶界附近组织与晶体之间通过微电池的形式发生的电化学腐蚀。晶间腐蚀发生以后，金属的力学性能下降。腐蚀严重时，机件可能突然脆断，酿成事故。而且这种腐蚀具有隐蔽性，没有明显的宏观形貌特征。容易发生晶间腐蚀的材料主要有不锈钢、镍合金、铝、镁合金及钛合金等。

金属结晶时，晶界处的原子排列疏松而紊乱，因而晶界区域易于富集杂质原子，易于产生晶界沉淀。例如不锈钢的晶间腐蚀，常常是因为碳化铬在晶界析出，使晶界成为阳极，而晶粒本身成为阴极，与电解质溶液一道构成“异类电池”（即两极材质不同），从而使晶界严重腐蚀，如图 2-21 所示。如果腐蚀产物为可溶性金属盐，晶界腐蚀就会不断向纵深发展，削弱金属机件的强度，导致腐蚀性脆断。当金属机件本身有拉应力存在时，断裂的速度就会大大加快，这种情况称为应力腐蚀开裂。

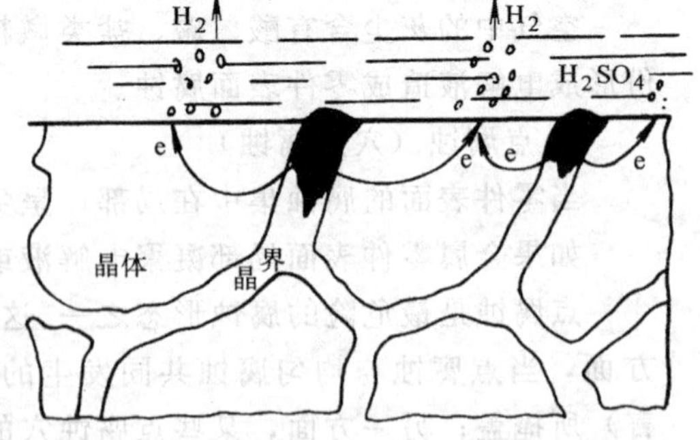

图 2-21　晶间腐蚀（异类）电池示意图

5．氢损伤

大多数电化学腐蚀都会电离出氢离子，析出氢分子。氢的渗透与扩散能力极强，当它沿

晶界进入金属内部以后，会产生氢脆效应，其破坏原理已在上一节中叙述。

6．腐蚀疲劳

承受低交变应力的金属机件，在腐蚀环境下发生的断裂破坏称为腐蚀疲劳或腐蚀疲劳断裂。腐蚀疲劳的寿命比机械疲劳寿命小很多。不具有抗腐蚀性的材料都可以发生腐蚀疲劳。

当机件表面在交变应力作用下出现挤出峰与挤入槽时（图 2-13），腐蚀介质乘虚而入，在这些微观部位出现化学腐蚀与电化学腐蚀。腐蚀加速了裂纹源的形成，加快了裂纹的扩展速度，也在一定程度上损坏了金属组织，最终导致机件瞬间断裂。

在这一破坏过程中，介质的腐蚀性越强，腐蚀疲劳的寿命越短；温度越高，腐蚀作用越强。在腐蚀疲劳的断口上，疲劳源区有严重的腐蚀锈斑等痕迹，疲劳裂纹扩展区受到腐蚀而丧失了光泽，终断区的腐蚀比较轻微。

7．腐蚀磨损

腐蚀磨损是指在腐蚀性介质中工作的摩擦副受到腐蚀与摩擦的综合作用所造成的表面破坏。

腐蚀磨损的基本过程是：腐蚀介质侵蚀摩擦表面，形成腐蚀产物，在摩擦过程中腐蚀物脱落，露出新的金属表面，旋而又被迅速腐蚀，生成新的腐蚀层，如此反复，表层不断磨耗。在这一过程中，腐蚀与磨损交互作用。

(1) 腐蚀对磨损的影响　在腐蚀磨损过程中，腐蚀会使材料的力学性能受到影响，降低材料耐磨性。如果发生晶间腐蚀，表层材料变脆，在磨损过程中容易碎裂。碎裂的颗粒加上腐蚀产物一道成为磨料，加速了磨损过程。

(2) 磨损对腐蚀的影响　表面磨损，使表面氧化膜破坏，局部露出新鲜金属，加上温度效应、变形效应、电极效应，使得腐蚀速度剧增。摩擦表面与非摩擦表面相比，腐蚀速度一般增加 2～4 个数量级，最大可达 6～8 个数量级。

大多数耐蚀金属之所以能抵抗腐蚀，是因为其表层具有一层致密的氧化膜（纯化膜），将腐蚀介质与金属表面隔离开来。但在腐蚀磨损过程中，最耐蚀的表面膜也会受到不同程度的破坏，使金属暴露出来，从而不断受到介质的腐蚀。

在机械设备的磨损副中，腐蚀性介质可能来自于空气中的有害成分，环境中的腐蚀性液体，变质的润滑油等，因此，应重视对设备的环境保护和日常保养。

四、设备维修工程中的防腐技术

为了防止或降低腐蚀失效，需要采用既实用又经济的预防与改进措施。防腐措施很多，应针对腐蚀的原因，采用适当方法。

(一) 表面覆盖防腐

在需要保护的零件表面覆盖金属层、非金属层、化学或电化学钝化层等，使金属表面与周围介质隔离，这就是表面覆盖防腐的原理。

表面覆盖层的防腐效果取决于覆盖层的完整性（无宏观孔洞）、紧密性（无微观孔洞）、牢固性（与基体结合牢固）及覆盖层本身的抗蚀性。

1．表面覆盖金属层

通过电镀、热喷漆、热镀等方法，可以将抗腐蚀性较好的金属结合在需要保护的零件表面，形成抗腐的金属膜或金属层。

用电镀的方法可以镀锌、镀铬、镀镍、镀铜及其他合金。热喷涂几乎可以喷涂所有的材料，它的原理是将金属或非金属熔化后喷在零件表面。关于电镀及热喷涂的工艺技术将在零件修复技术一节中介绍。

热镀又称热浸镀，其原理是将抗腐蚀性较好的低熔点金属熔化，再将需要保护的钢制件浸入熔池中，在表面形成浸镀层。最常用的热浸镀材料是锌和铝，因而热浸镀层一般不适宜于保护摩擦表面。

2. 表面覆盖非金属层

常用的非金属保护层材料有油漆、塑料、橡胶、沥青、搪瓷、玻璃、玻璃钢等。工艺方法有刷涂、喷涂、粘贴、压贴、缠绕等。

3. 表面氧化与磷化

表层氧化又称为发蓝处理。表面发蓝处理与磷化是采用化学自理的方法使金属表面形成保护性氧化膜。其优点是设备简单、易操作。

（1）氧化处理　钢铁零件的氧化处理通常是在苛性钠（约 650g/L）及氧化剂硝酸钠、亚硝酸钠的沸腾溶液中进行的。其处理温度约为 135～145℃。表面经这种处理后生成一层黑蓝色的氧化膜，主要成分是微小的 Fe_3O_4 晶体，其厚度为 0.6～0.8μm。这种氧化膜硬度低，抗磨性差，抗腐蚀性较弱，通常用于较干燥的大气中。

（2）磷化处理　将钢铁零件置于 96～98℃ 的磷酸锰盐溶液中，经 35～50min 的处理，就能在零件表面形成一层磷酸盐膜。该膜呈暗灰色，有极细的结晶构造。厚度为 7～50μm，具有良好的抗蚀性和电绝缘性，可耐 600℃ 的高温。在大气中或在水中，此种保护膜均有效，但在酸碱溶液中会遭到破坏。

（二）缓蚀剂防腐

如果在腐蚀介质中加少量某些物质，就能消除或降低介质对金属的腐蚀作用，这些物质就叫做缓蚀剂。

缓蚀剂防腐主要适应于静态或循环介质系统，如循环冷却系统，蒸汽锅炉，化工容器等。此外，它在金属零件与制品酸洗除锈过程中也得到广泛应用。缓蚀剂种类繁多，一般分两大类：无机缓蚀剂和有机缓蚀剂。

1. 无机缓蚀剂

无机缓蚀剂分氧化型和非氧化型两种。氧化型缓蚀剂在介质中无氧存在时也能起缓蚀作用，如硝酸钠、铬酸盐等；非氧化型缓蚀剂在介质中无氧时，就不能起缓蚀作用，如硅酸盐、磷酸盐等。有机缓蚀剂的保护机理是：使介质中的金属表面生成一层致密的钝化膜，从而阻止了介质对金属表面的腐蚀。

2. 有机缓蚀剂

有机缓蚀剂常见的有乌洛托品（氨与甲醛聚合而成的化合物）、若丁（二甲苯基硫脲）、炔醇类化合物等。有机缓蚀剂的保护机理是：缓蚀剂在金属表面通过物理吸附与化学吸附，形成连续的吸附层，将介质与金属隔离。

在使用缓蚀剂防腐时，应特别注意其类型、浓度及有效时间。特别是氧化型缓蚀剂，如果用量不足，不能使金属表面生成完整的钝化膜，反而会使腐蚀加速。

（三）电化学保护

在前面我们也了解到，在电化学腐蚀过程中，阳极（低电位极）金属表层出现阳离子而受到腐蚀，阴极（高电位极）吸收了充裕的电子而受到保护。电化学保护就是利用这一原理来实现对金属的保护。

1．阴极保护

阴极保护是：使被保护对象成为阴极、外加一个阳极，从而达到保护的目的。这种方法广泛应用于各种地下金属管道、海水与淡水中的金属设备、工业冷凝器与热交换器等。具体方法有两个：

（1）牺牲一个阳极的阴极保护　这种方法也称为护屏保护。其原理可用图 2-22 表示。图中，A 与 B是设备或零件上发生电化学腐蚀的两个极，是保护对象。C 是加入的第三极。第三极的电位比原来的两极更低（即金属离子活跃，更容易被电解液腐蚀，内部出现多余电子），其电子同时向 A、B 转移，使 A、B 同时成为阴极而受到保护。

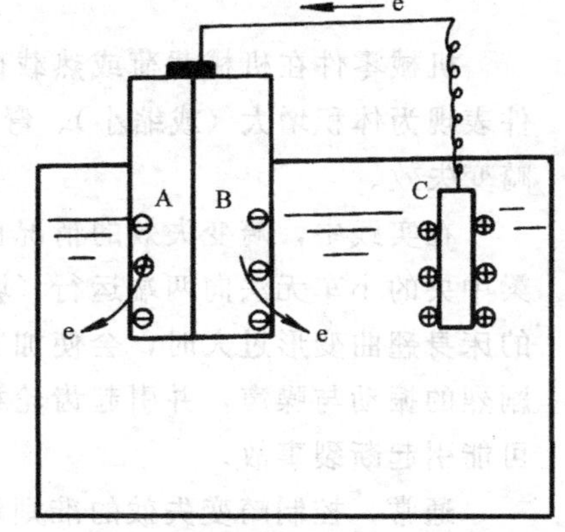

图 2-22　护屏保护示意图

A、B—被保护对象　C—阳极

作为阴极保护的应用，可在地下、水中、潮湿气体中或其他腐蚀介质中的钢结构与锌板连接。锌板与钢结构件的面积比为 1/150～1/1000。这样就使重要的钢结构免遭腐蚀。至于锌板腐蚀，以后只要适时更换就行了。

（2）利用外加电流的阴极保护　这种方法是把需要保护的金属构件用导线联结在外加电源的负极，把另一辅助阳极接到电源的正极，如图 2-23 所示。图中 A 是被保护的钢结构，B 是直流电源，C 是外加阳极。由于大量电子注入到钢结构中，使之成为阴极而受到保护。

这种方法要求介质具有良好的导电性。外加阳极的材料可以用废钢，或不溶于介质中的合金材料（可长期使用）。

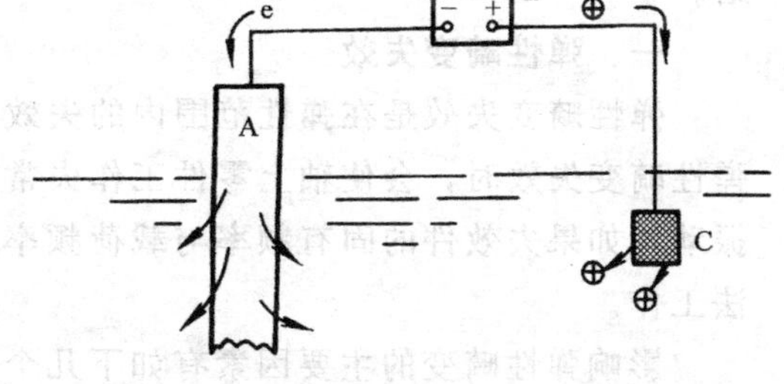

图 2-23　外加电流阴极保护原理

A—被保护对象　B—直流电源　C—外加阳极

2．阳极保护

阳极保护是将金属设备或零件作为阳极（将图 2-23 中的电源反接），当阳极电位足够高时，需要保护的钢铁表面即生成均匀的 $Fe(OH)_3$ 或 Fe_2O_3 薄膜，因而隔开了腐蚀介质。这一过程是钝化过程。

并非所有的金属都能进行阳极保护，只有在阳极电流作用下能建立钝态的金属才适用。实践证明，碳钢、不锈钢制件在硫酸、磷酸、有机酸等氧化性介质中工作时，阳极保护效果较好。

（四）防腐蚀结构

从防腐蚀角度，有时候把结构稍作修改，就可能取得很明显的预期效果。具体应注意以下几个方面：

1）应防止电位差很大的金属零件互相接触，否则容易产生电化学腐蚀。例如，铝、镁合金不应和铜、镍、钢铁等材料接触。当必须接触时，必须用绝缘材料隔开，隔断腐蚀电流。

2）钢结构中不应有积液、积尘结构，对不可避免的沟槽应有排泄孔，以随时清除腐蚀性介质。

3）尽量不用铆接结构、单面焊接结构和断续焊接结构，以防止缝隙腐蚀。

4）输送腐蚀性介质的管道应尽量防止流速、压力的突变，防止产生涡流，以防止产生局部腐蚀和气蚀。

5）某些防腐涂层如果容易破裂，不如不涂保护层，因为局部点腐蚀的危害甚于均匀而缓慢的全面腐蚀。

第五节 零件的畸变失效

机械零件在机械载荷或热载荷作用下发生影响零件功能的变形称为畸变。发生畸变的零件表现为体积增大（或缩小）、弯曲、翘曲等。当发生畸变的零件丧失了规定功能时，就称为畸变失效。

在实践中，畸变失效的情况也很多。例如，当桥式起重机的横梁挠度过大时，不仅会使梁中央的小车无法向两端运行（坡度太大），还会使横梁两端的车轮“啃轨”或卡死；当机床的床身翘曲变形过大时，会使加工精度丧失而降级或报废；齿轮轴弯曲变形过大时，会引起剧烈的振动与噪声，并引起齿轮载荷分布不均匀造成折齿及支承结构的损坏。同时，畸变也可能引起断裂事故。

通常，控制畸变失效的准则可用刚度准则，即

$$y \leqslant [y]$$

式中 y——广义的变形量（弯曲量、扭转角等），由理论计算、实测、实验或工程估算而定；

$[y]$——广义的许用变形量，根据不同条件，由计算法、类比法或实验法确定。

当零件的广义变形量满足上式时，不能认为它失效。

一般将畸变失效分为三类：弹性畸变失效、塑性畸变失效及翘曲畸变失效。下面逐一介绍。

一、弹性畸变失效

弹性畸变失效是在弹性范围内的失效，一般与零件的强度无关，是刚度问题。轴类零件弹性畸变失效时，会使轴上零件工作失常及支承过载；对箱体类零件而言，就会造成系统的振动。如果失效件的固有频率与载荷频率成整数倍数关系时，就会引进共振，使设备根本无法工作。

影响弹性畸变的主要因素有如下几个：

(1) 结构因素 零件截面的结构对其刚度影响最大。有时候，在一个焊接构件上增加几根加强肋，其刚度就尤为改观。对型钢来说，在材料截面积相等的情况下，工字钢刚度最大，槽钢次之，方形钢最次。如果载荷是扭转载荷，则环形截面优于实心截面。

(2) 弹性模量 E 的影响 材料的弹性模量 E 越大，则抗弹性畸变的能力最强。

(3) 温度的影响 在通常情况下，弹性变形量与温度成正比，因为温度升高时，弹性模量 E 也随着降低。但温度过高时，材料屈服强度降低，在载荷作用下，材料会发生显著塑性变形。

二、塑性畸变失效

当零件在宏观上出现了明显的塑性畸变，并超过了允许值时，即为塑性畸变失效。

金属在发生弹性变形的过程中总是伴随着微小的塑性变形，并且会积累下来。例如，压缩弹簧在经历一定次数的弹性变形以后，在宏观上会出现缩短的现象，这是一种类型的塑性

畸变。

金属的另一种塑性畸变是在恒定应力的长期作用下连续不断地发生的，这种塑性畸变亦称为蠕变。蠕变又分为三种：①在再结晶温度以下发生的蠕变——对数蠕变；②在再结晶温度区内发生的蠕变——回复蠕变；③在接近熔点温度时发生的蠕变——扩散蠕变。

对数蠕变的特点是随着塑性变形的增加，材料内部出现加工硬化效应。在恒定应力作用下，变形速率直线下降。

回复蠕变发生时，材料内部同时出现再结晶过程，没有加工硬化现象，故在恒应力作用下，塑性变形速度恒稳，变形过程不断进行，直至断裂。

扩散蠕变因温度高，发生分子扩散现象，在低载荷作用下会很快断裂，这种失效形式工程上不常见。

温度、载荷、材质性能是影响塑性畸变失效的主要因素，除此之外，下列因素也不可忽视：

(1) 材质缺陷　材质缺陷主要是指因热处理不良造成的组织缺陷。例如作弹簧用的冷拉高碳钢丝经铅浴淬火，其组织应为细珠光体，如淬火工艺不良，易出现小量的过共析铁素体，使硬度与屈服强度降低约10%，以致在正常载荷与工作温度高于150℃时，弹簧工作圈出现塑性畸变失效。对合金结构钢，淬火温度过高或过低，都不能获得期望的力学性能。加热不均匀，也会造成铁素体组织与马氏体组织共存现象。

(2) 设计不当　设计精度过低，对载荷估计不足，会造成接触副的干涉、偏载及过载现象。对温度估计过低，势必影响合理选材。

(3) 使用维护不当　因使用维护不当而造成的塑性畸变失效时有发生。操作失误（加载过大，速度过高）会使主要零件严重过载。检修设备时，不合理的拆装方法、零件位置的装配错误、细长轴类零件不适当的存放方法都可能导致零件塑性畸变失效。

三、翘曲畸变失效

形状比较复杂的零件出现大小和方向都不均匀的变形、出现翘曲状外形，使形位精度丧失，这种情况称为翘曲畸变失效。

翘曲变形主要是由于发生了不同性质的变形（弯曲、扭转、拉压等）和不同方向的变形（空间 x、y、z 轴的方向）。其根源是零件或构件内部出现了复杂的且不平衡的应力状况，因而影响翘曲变形的因素有如下几点：

(1) 温度变化的不均匀性　这一因素包括两个方面，一是零件或构件在热处理时，各部位不均匀的升温过程与降温过程，会使内部产生不均匀的残余应力、热应力或相变应力，导致原有的应力平衡状态破坏，零件翘曲；二是零件在工作过程中或局部焊修过程中，各部位的温升出现差异时，局部应力发生改变，打破了零件内部原有应力系统的平衡而导致翘曲。

(2) 零件结构的复杂性　零件断面形状越复杂，断面尺寸变化越大，发生翘曲变形的趋势就越强，在加工和热处理过程中越难以控制。

(3) 设备安装不良　机械设备在安装时，如果基础不平，各支承点的支承力不合理、地脚螺栓紧固不均匀，就相当于机身增加了额外载荷，会使支承件发生不均匀蠕变而翘曲。

四、畸变失效分析

下面用一实例来说明畸变失效的分析过程：某液压系统中柱塞阀发生卡死失效，工程技术人员所进行分析的过程如下：

(1) 分析的目标　找出柱塞运动受阻（卡死）的原因，并提出对策以保证系统正常工作。

(2) 失效件失效状态调查　正常件应是中间阀柱（阀心）与阀体孔为第一种间隙配合，但失效阀已丧失相对滑动的可能。卸开后测得阀体孔已为负公差，阀柱正常，但两圆柱表面稍有擦痕，可见阀体柱孔已发生塑性畸变。据查，该阀体为低合金钢并经气体渗碳淬火。失效阀体孔与正常阀体孔表面硬度低约15%，因而有必要进行显微组织调查，以找出柱孔塑变与软化的原因。

(3) 显微组织对比分析　取失效阀体内孔处组织与正常工作阀体内孔处组织作金相试样对比分析。正常阀体渗碳层的显微组织是清晰的马氏体，其间有少量分散的奥氏体（浸蚀后为白色区域），而失效阀体的渗碳层组织含有相当多的残余奥氏体，特别是在近表面处更多。

(4) 结论　在失效件表层具有不稳定性的残余奥氏体数量相当多。在阀柱高压接触和卸压过程中，残余奥氏体转变为马氏体。在残余奥氏体转变为马氏体过程，体积增大造成圆柱的孔尺寸畸变乃至孔变小为负公差并引起柱塞被挤紧而不能正常工作。至于残余奥氏体过多，则是由于失效件渗碳时，碳势调得太高所造成。

(5) 对策　改变渗碳气体的成分，控制渗碳零件在热处理时不要保留过量的奥氏体。

反馈试验证明对策是正确的。

第三章　机械设备的润滑与保养

摩擦造成能源的大量浪费，而磨损又使机械及其零部件的使用寿命降低，因而促进了人们对摩擦、磨损与润滑、保养的研究。一些工业较发达的国家积极推进了这项研究工作，采取了一些有效措施，取得了显著效益。例如，据日本1977年的统计，由于采取了科学的润滑与保养措施，一年产生效益达72200亿日元，约为当年日本国民生产总值的3.2%。又据在一次国内“摩擦学润滑技术与节能”学术会议上的介绍，大庆油田通过搞好设备的润滑与减磨，每年可节约2亿人民币。可见，深入研究润滑的减磨机理，采用有效的保养方法，提高设备的效率和可靠性，具有很重要的意义。

机械设备润滑与保养工作是设备维护管理工作中极其重要的组成部分和关键环节。现代机械设备具有大型、高速、连续、自动化的特点。润滑系统被称为机器的血脉。润滑及保养工作的质量不仅影响到机器设备的寿命，而且关系到机器设备的安全连续运转。为了实现有效的润滑，就必须根据摩擦副的工作条件，正确地选用润滑材料、润滑方式和润滑装置，并进行合理的维护保养。

第一节　润滑基础知识

所谓润滑，广义地讲，就是在两机件相对运动的摩擦表面之间，加入某种润滑介质（如润滑油、润滑脂、固体润滑剂等），从而在某种程度上把原来直接接触的干摩擦表面分隔开来，在相互摩擦的表面中间形成具有一定厚度的润滑膜，以减少机器的摩擦与磨损。

一般而言，润滑的作用有：减少摩擦，减少磨损，冲洗，冷却，阻尼振动，防锈，密封（如润滑脂）等。润滑的这些作用是彼此依存、互相影响的。如果不能有效地减少摩擦与磨损，就会产生大量的摩擦热，造成摩擦表面及润滑介质的破坏。

一、润滑状态

根据两机件相对运动的摩擦表面之间的润滑情况，润滑状态分为无润滑、液体润滑、边界润滑、半液体润滑和半干润滑等。摩擦机理不同，摩擦、磨损的大小和速度也不相同。

（一）无润滑（干摩擦）

摩擦表面之间没有任何润滑介质的润滑，称为无润滑，即两机件相对运动表面直接接触，处于干摩擦状态。其摩擦力的大小根据库仑定律用摩擦因数 f 表示，即

$$f = F/F_N$$

式中　F——摩擦力，单位为N；

F_N——作用在摩擦表面之间的正压力，单位为N。

干摩擦因数一般在0.1～0.5之间或更高。干摩擦的磨损也比较强烈。在相对运动的机件间，除需要制动外，是不允许没有润滑的，但由于润滑系统的故障，润滑油、脂的失效，可能会出现这种情况。

（二）液体润滑（液体摩擦）

在摩擦表面间形成足够厚度和强度的润滑油膜，这层润滑油膜将摩擦表面凹凸不平的峰谷完全淹没，相对运动的摩擦表面被完全分隔开来，使原来两摩擦表面之间的“外摩擦”转变为润滑膜内部液体分子之间的“内摩擦”，而完全改变了摩擦的性质，这种润滑被称为液体润滑。

液体润滑时，摩擦力的大小可按彼得洛夫公式计算，即

$$F = \eta Av/h$$

式中 F——液体摩擦力；

η——润滑油的动力粘度；

A——相对运动的摩擦表面积；

v——相对运动速度；

h——润滑油膜的厚度。

液体润滑时的内摩擦因数，就是油液的粘度。为了便于与其他润滑状态进行比较，若计算外摩擦因数，其值一般在0.001～0.01范围内或更小。

从理论上讲，液体润滑时没有磨损，是理想的润滑状态。但是，即使专门设计的液体润滑摩擦副，在机器起动、制动以及在载荷和速度变化等情况下，其液体润滑的条件也会遭到破坏，仍然存在着磨损，但与其他润滑状态相比磨损还是很小的。

（三）边界润滑（边界摩擦）

摩擦表面上仅存在一层很薄的油膜。这层油膜靠静电吸引和分子吸引牢固地吸附在金属表面上，不能自由运动，其厚度甚至不到0.1μm，是有润滑与无润滑的最后分界，所以称为边界润滑。

边界润滑时的边界油膜（注意区别于液体润滑时的油膜）虽然极薄，但每平方厘米能承受数十千牛的压力而不破坏，并使摩擦副的摩擦和磨损大为降低，摩擦因数一般只有0.03～0.1。因此，边界润滑在润滑中也占有相当重要的地位。

（四）半液体润滑和半干润滑（半液体摩擦和半干摩擦）

液体润滑的油膜部分遭到破坏时，油膜破坏的部位就会出现摩擦表面的直接接触，处于干摩擦或边界润滑状态。如果这时液体润滑仍占主要地位，则称为半液体润滑；如果油膜大部分遭到破坏，则称为半干润滑。

半液体润滑和半干润滑时，液体润滑的油膜是不连续的，摩擦表面之间可能同时存在液体润滑、边界润滑和干摩擦三种情况，其摩擦因数和磨损的大小在很大范围内变化。摩擦因数和磨损的大小取决于液体润滑油膜遭到破坏的程度、液体润滑油膜遭到破坏的部位是处于边界的润滑状态还是处于干摩擦状态，以及遭到破坏的油膜恢复的能力等。

二、润滑原理

在机械运转中，纯干摩擦通常是不允许的，而较多的是通过边界润滑、液体润滑来实现对机器的润滑。在某些特殊摩擦副中，也采用固体润滑和气体润滑。

（一）边界润滑原理

边界润滑在干摩擦副表面形成不到0.1μm的边界润滑膜。这层膜极薄，即使局部地方被压破，只要润滑剂能得到及时补充，膜就会很快地恢复。

在边界润滑状态下，摩擦因数的大小并不主要决定于润滑油的粘度，而主要是与边界膜的特性有关。边界润滑膜大致可划分为吸附膜和化学反应膜两大类。它们的生成条件和作用

机理各不相同。

1. 物理吸附膜

润滑油中的极性分子，特别是长链极性分子，在静电引力和分子引力的作用下，能够牢固地吸附在金属的表面形成一层吸附膜，这种现象称为物理吸附。

润滑油是由无数包含大量分子的小分子团组成的。在各分子团内部的分子相互平行并有一定的方向性，或者叫做有序排列，而各分子团之间则是无序的，也没有方向性，如图 3-1 所示。在润滑油与金属的界面上，这些分子团由于与金属表面的分子之间的分子引力的作用而构成吸附层后，所有极性分子就形成垂直于金属表面的定向排列分子栅结构。图 3-2 所示为单层和多分子层吸附后的定向排列结构。当单层吸附饱和后，极性分子在金属表面紧密排列，使分子间的内聚力增大，使吸附膜具有一定的承载能力，能有效地防止两摩擦表面直接接触，起到润滑作用。

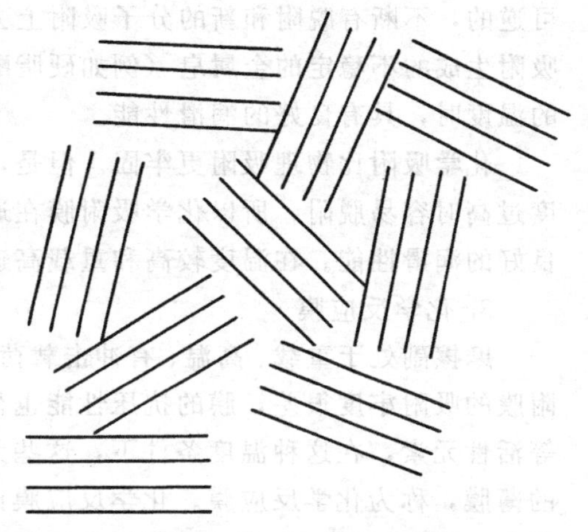

图 3-1 润滑油分子的定向结构

图 3-3 给出了摩擦副对偶表面吸附层相对滑动的模型。当发生相对滑动时，表面吸附的极性分子会朝运动的相反方向倾斜并略呈弯曲，恰似两把刷子作相对运动一样，可见边界润滑时的摩擦发生在两表面吸附的极性分子油膜之间。

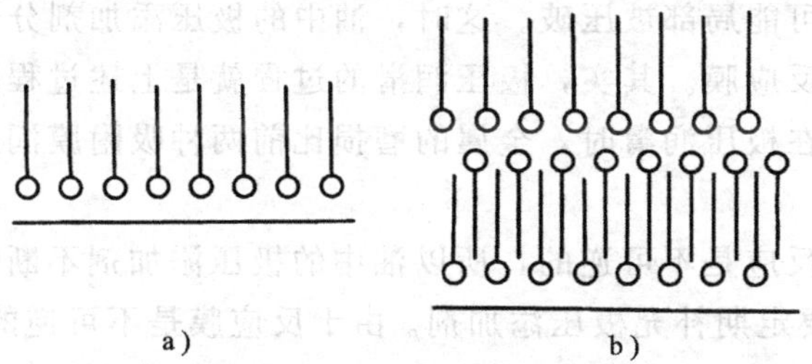

图 3-2 边界层的定向排列结构

a) 单层分子吸附膜的定向结构

b) 多层分子吸附膜的定向结构

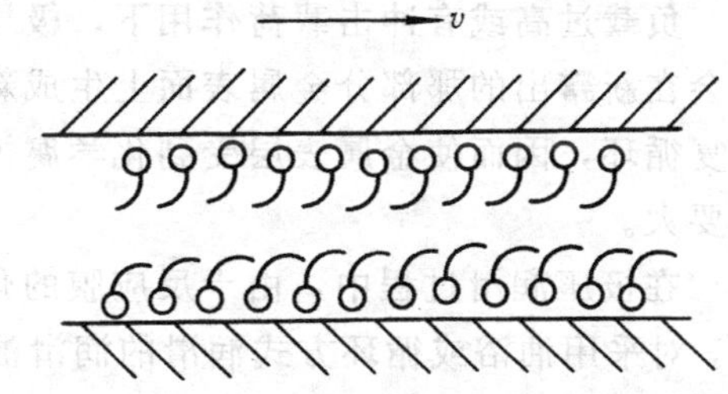

图 3-3 单分子层吸附膜的润滑作用模型

润滑过程中，极性分子能在金属表面形成良好吸附膜的这种性能，称为“油性”。润滑油的油性好坏，与油中极性分子的含量和极性分子的分子链长短有关。极性分子含量多、分子链长的，则油性好。一般，动物脂肪的油性最好，植物油次之，矿物油最差。这是因为动物脂肪中的脂肪酸中含有机酸，其分子吸附力强，而矿物油中不含脂肪酸，它靠不饱和氢化合物，如烃类化合物分子起吸附作用，因而不如有机酸分子吸附得牢固，所以，用矿物油作边界润滑时，要考虑加入油性添加剂。油性并不单纯决定于油中极性分子的种类和数量。不同的金属对极性分子的吸附能力也不同。化学性活泼的金属比不活泼的金属更容易吸附极性分子。

物理吸附对温度很敏感。当温度升高时，分子的活性增加，从而使吸附牢度下降。所以，物理吸附膜只能在摩擦副工作温度较低、相对滑动速度不高的一般载荷条件下起到润滑作用。

2. 化学吸附膜

极性分子首先物理吸附在金属表面上，然后通过电子价的交换与摩擦副表面的金属或金属氧化物生成金属皂，这个过程叫化学吸附。这时，一方面，金属离子仍保持在原来的晶格上，仍然保留着一部分原有分子的理物性能。另一方面，皂分子中的有机部分仍保留着其原来的类似硬脂酸分子的长链，所以，化学吸附同完全的化学反应不一样，而且，这种吸附是可逆的，不断有脱附和新的分子吸附上去。这也是同完全的化学反应不一样的地方。由化学吸附生成的不稳定的金属皂（例如硬脂酸铁）是一种具有低剪切力的固体物，在低于皂熔点的温度时，具有良好的润滑性能。

化学吸附比物理吸附更牢固。但是，化学吸附需要能量，故温度升高，吸附增强，但温度过高时容易脱附，所以化学吸附膜在通常的工作温度、载荷及相对滑动速度条件下，具有良好的润滑性能。在温度较高和重载高速的条件下，皂膜不易保持。

3. 化学反应膜

摩擦副处于重载、高温、有冲击载荷条件下工作的状态称为极压状态。在极压状态下，吸附膜的吸附牢度很差，膜的抗压性能也很差，极易被压破。但是，如果油中含有硫、磷、氯等活性元素，在这种温度条件下，这些元素能与金属表层发生化学反应，生成一层金属盐类的薄膜，称为化学反应膜。化学反应膜比吸附膜稳定得多，抗重载、高温、高速的性能也好得多。换句话说，化学反应膜是在极压条件下，当摩擦副的局部油膜被压破而发生金属表面直接接触时，才起润滑作用，从而避免了局部出现干摩擦。在极压状态下，化学反应膜的摩擦因数小，能有效地防止摩擦副对偶表面局部的直接接触。

负载过高或有冲击载荷作用下，极压膜可能局部被压破。这时，油中的极压添加剂分子又会在新露出的那部分金属表面上生成新的反应膜。其实，极压润滑的过程就是上述过程的反复循环，因而使金属表层受到化学腐蚀。在极压润滑时，金属的磨损比前两种吸附膜润滑时要大。

在极压润滑过程中，由于反应膜的化学反应是不可逆的，所以油中的极压添加剂不断消耗，对采用油浴或循环方式润滑的润滑油，要定期补充极压添加剂。由于反应膜是不可逆的，所以极压添加剂对摩擦副有化学腐蚀作用，因而添加剂的用量要适当。少了达不到预期的效果，过多反而会加速金属表面的腐蚀。对于非极压状态，不要随意采用有极压添加剂的润滑油，因为在这种状态下，不易生成反应膜，会浪费极压添加剂。

4. 改善边界润滑的措施

（1）减小表面粗糙度值　金属表面各处边界膜承受的真实压强的大小与金属表面状态有关。摩擦副对偶表面粗糙度值愈大，则真实接触面积愈小。在同样的载荷作用下，接触处的压强愈大，边界膜愈易被压破。减小表面粗糙度值，可以增加真实接触面积，降低负荷对油膜的压强，使边界油膜不易被压破。

（2）合理选用润滑剂　根据边界油膜的工作温度高低、负载的大小和是否工作在极压状态，对润滑油的品种和添加剂的类型进行合理选择，以改善边界膜的润滑特性。

（3）采用固体润滑剂等新型润滑材料，改变润滑方式　如对某些振动冲击大的重载低速的摩擦副，可考虑采用添加有固体润滑剂的新型半液体润滑脂进行干油喷溅润滑。

（二）液体润滑原理

根据液体润滑膜的产生方式，可分为动压液体润滑和静压液体润滑两类。

1．动压液体润滑原理

1886 年，雷诺应用流体力学中纳维—斯托克斯方程，推导出计算流体润滑油膜压力分布的方程——雷诺方程，从而为流体动压润滑理论奠定了基础。该理论假设：

1）体积力可略而不计，即流体不受附加力场（如磁力、重力）作用。

2）沿油膜厚度方向压力不变。动压流体润滑所研究的油膜厚度仅为 20～50μm。

3）由于摩擦副表面的曲率半径比油膜厚度大得多，因此，即使对回转摩擦副，也无需考虑表面速度的方向改变。

4）流体与摩擦副表面的接触界面无相对滑动，即界面的流体层速度等于摩擦副表面速度。

5）润滑剂为符合牛顿粘性流动定律的牛顿流体，即流体的应力与剪切力成正比。

6）流动为层流。

7）流体的惯性力忽略不计。

8）粘度沿油膜厚度不变。

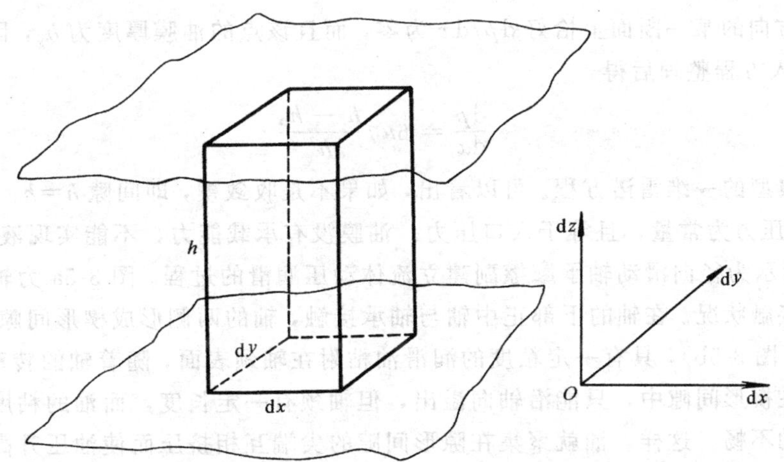

图 3-4　流体润滑膜压力分布示意图

由此得到流体润滑膜压力分布的普遍雷诺方程（参考图 3-4）

$$\frac{\partial}{\partial x}\left(\frac{\rho h^3}{\eta}\frac{\partial p}{\partial x}\right)+\frac{\partial}{\partial y}\left(\frac{\rho h^3}{\eta}\frac{\partial p}{\partial y}\right)=6\left[\frac{\partial}{\partial x}(u_1-u_2)\rho h+\frac{\partial}{\partial y}(v_1-v_2)\rho h+2\frac{\partial(\rho h)}{\partial t}\right]$$

式中　u_1、u_2——在 x 方向上当 $z=h$ 和 $z=0$ 时的流速；

v_1、v_2——在 y 方向上当 $z=h$ 和 $z=0$ 时的流速；

ρ——流体密度；

η——流体的动力粘度；

h——流体膜厚度；

p——摩擦副中的流体压力。

根据假设，并通过对 x、y 轴坐标变换，使 x 轴平行于流体运动方向，则方程式右边第二项为零。考虑到通常相对滑动的表面之一是静止的，（$u_1=u$，$u_2=0$），方程式右边可化简为

$$6\left[\frac{\partial}{\partial x}(u_1-u_2)\rho h+2\rho\frac{\mathrm{d}h}{\mathrm{d}t}\right]=6\left[u\rho\frac{\mathrm{d}h}{\mathrm{d}x}+2\rho\frac{\mathrm{d}h}{\mathrm{d}t}\right]$$

式中的 $\mathrm{d}h/\mathrm{d}t$ 是流体膜厚度对时间的变化率。在稳定运转的轴承中，油膜厚度不变，即 $\mathrm{d}h/\mathrm{d}t$ 为零，因而可以忽略不计。那么

$$\frac{\partial}{\partial x}\left(\frac{h^3}{\eta}\frac{\partial p}{\partial x}\right)+\frac{\partial}{\partial y}\left(\frac{h^3}{\eta}\frac{\partial p}{\partial y}\right)=6u\frac{\mathrm{d}h}{\mathrm{d}x}$$

这就是通常引用的雷诺方程。方程左边第一项是油膜压力沿 x 方向的变化率，第二项是油膜压力沿 y 方向的变化率。在大多数情况下，可以近似地把轴承视为“无限长”（沿 y 轴方向），而只考虑其中间部分，这就是说油膜压力沿 y 方向不变，即对 y 的导数均为零。方程变为

$$\frac{\partial}{\partial x}\left(\frac{h^3}{\eta}\frac{\partial p}{\partial x}\right)=6u\frac{\mathrm{d}h}{\mathrm{d}x}$$

积分一次得

$$h^3\frac{\mathrm{d}p}{\mathrm{d}x}=6u\eta h+C$$

式中　C——积分常数。

在油楔沿 x 方向的某一断面上恰好 $\mathrm{d}p/\mathrm{d}x$ 为零，而且该点的油膜厚度为 h_0，因此可求出 $C=-6v\eta h_0$，代入方程整理后得

$$\frac{\mathrm{d}p}{\mathrm{d}x}=6u\eta\frac{h-h_0}{h^3}$$

这就是典型的一维雷诺方程。可以看出，如果不是收敛楔，即间隙 $h=h_0$ 为常量，则 $\mathrm{d}p/\mathrm{d}x=0$。油膜压力为常量，且等于入口压力。油膜没有承载能力，不能实现液体润滑。

图 3-5 所示为径向滑动轴承摩擦副建立流体动压润滑的过程。图 3-5a 为轴承静止状态时轴与轴承的接触状况。在轴的下部正中轴与轴承接触，轴的两侧形成楔形间隙。起动开始时，轴滚向一侧（图 3-5b），具有一定粘度的润滑油粘附在轴颈表面，随着轴的转动，油被带入楔形间隙。油在楔形间隙中，只能沿轴向溢出，但轴颈有一定长度，而油的粘度使其沿轴向溢出受阻而流动不畅。这样，油就聚集在隙形间隙的尖端互相挤压而使油压升高。随着轴的转速升高，楔中油压也升高，形成一个压力油隙逐渐把轴抬起（图 3-5c）。但此时轴尚处于不稳定状态，轴心位置随着轴被抬起的过程而逐渐向轴承中心的另一侧移动，当达到一定转速后，轴就趋于稳定状态（图 3-5d）。此时，油楔作用于轴上的压力总和与轴的负载相平衡，轴与轴承表面完全被一层油膜隔开，便把轴在轴承中“浮起”，实现了液体润滑。

液体动压润滑轴承油膜径向及轴向的压力分布如图 3-6 所示。在楔形间隙出口处，油膜厚度最小。根据雷诺方程，可导出最小油膜厚度公式

$$h_{\min}=\frac{d^2n\eta}{18.36qsc}$$

$$q=F_{\mathrm{p}}/dl$$

$$c=(d+l)/l$$

式中　η——流体的动力粘度，单位为 Pa·s；

n——轴的转速，单位为 r/min；

q——轴承在与载荷垂直的投影面积上的单位载荷，单位为 $\mathrm{N/m^2}$；

F_{p}——作用在轴承上的载荷，单位为 N；

d——轴承名义直径，单位为 mm；

l——轴颈有效长度，单位为 mm；

s——轴承顶间隙，单位为 mm；

c——考虑轴颈长度有限对漏油的影响系数。

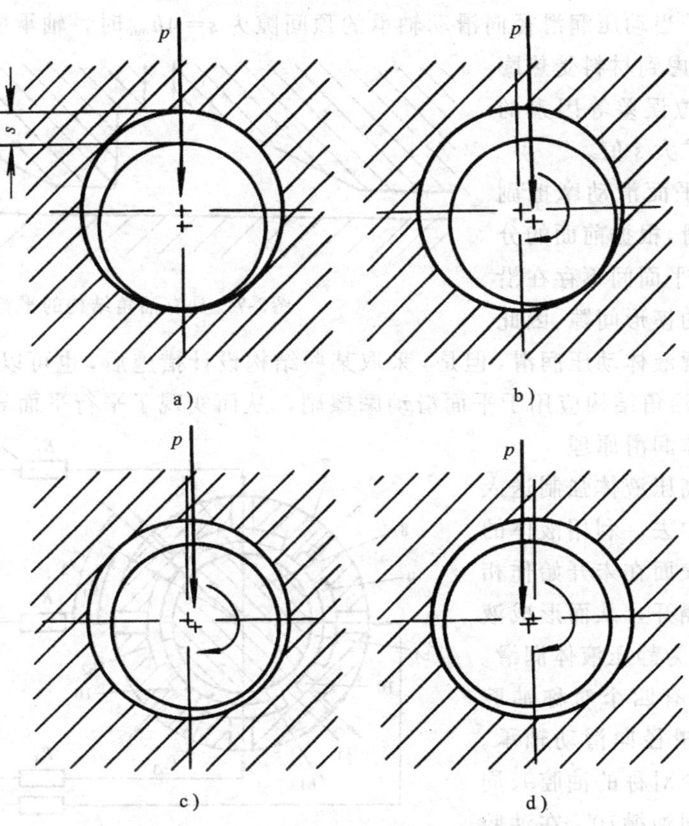

图3-5 径向滑动轴承动压润滑油膜建立过程

a）静止状态 b）开始转动 c）不稳定状态 d）平衡状态

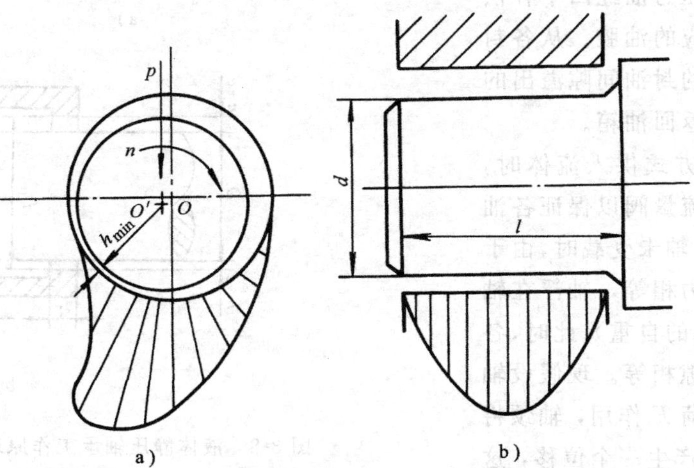

图3-6 径向滑动轴承液体动压润滑油膜压力分布

a）径向压力分布 b）轴向压力分布

实现液体动压润滑的条件是动压油膜必须将两摩擦表面可靠地分隔开，即

$$h_{\min} > \delta_a + \delta_b$$

式中　δ_a、δ_b——轴颈与轴承表面的最大表面粗糙度，单位为mm。

根据实验，当动压润滑径向滑动轴承的顶间隙为 $s=4h_{\min}$ 时，轴承中的摩擦因数最小。在轴承设计时，考虑到材料受热膨胀和零件的形位误差等因素的影响，需适当扩大 s 值。

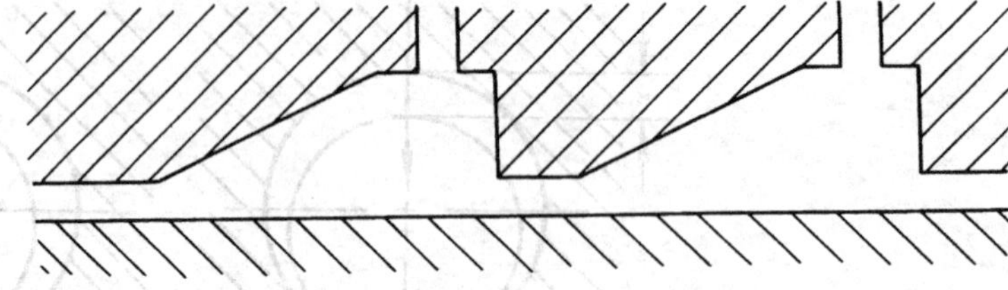

图3-7　具有油角结构的平行平面

对于平行平面滑动摩擦副的液体动压润滑，根据前面的分析可知，两平行平面间不存在沿运动方向收敛的楔形间隙，因此也就不可能实现液体动压润滑，但是，采取某些结构设计措施后，也可以实现动压润滑。例如，将图3-7所示的油角结构应用于平面滑动摩擦副，从而实现了平行平面导轨的液体动压润滑。

2. 静压液体润滑原理

从外部将高压液体强制送入摩擦副的油腔中去，利用液体的压强使两摩擦表面在未开始作相对运动前就被隔开，从而形成液体润滑状态，称为静压液体润滑。

图3-8为具有四个对称油腔的流体静压润滑径向滑动轴承。轴承上开有四个对称的油腔9、周向封油面11和回油槽10，在油腔的轴向两端均有封油面12。从供油系统送来的压力油经四个补偿器分别供给相应的油腔。从各封油面与轴颈间的封油间隙溢出的流体经回油槽返回油箱。

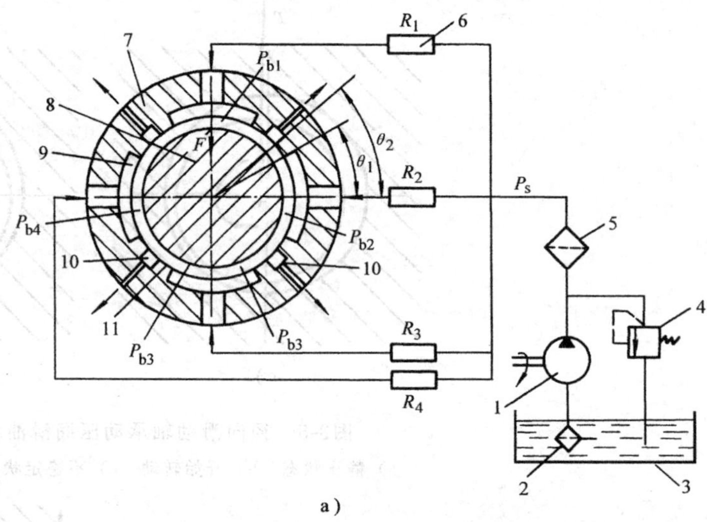

a)

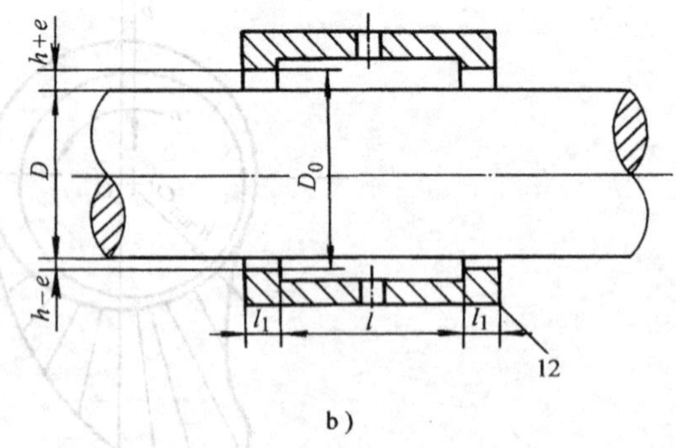

b)

图3-8　液体静压轴承工作原理示意图

1—液压泵　2—粗过滤器　3—油箱　4—溢流阀　5—精过滤器　6—补偿器　7—轴承套　8—轴颈　9—油腔　10—回油槽　11—周向封油面　12—轴向封油面

采用定量方式供入流体时，补偿器采用定流量阀以保证各油腔的流量恒定。轴未受载时，由于各油腔的静压力相等，轴浮在轴承中央(忽略轴的自重)。此时，各油腔的泄油间隙相等。现假设轴颈受到一外载荷 F 作用，轴颈将沿 F 作用方向产生一个位移，这时下部油腔周围的泄油区域平均间隙(即油膜厚度 h)减小，而上

部油腔泄油平均间隙将增大，根据流体力学平行平板缝隙流量公式

$$q_V = \frac{b\delta^3 \Delta p}{12\eta l} \times 10^{-6}$$

式中 q_V——通过缝隙的流量，单位为L/s；

b——缝隙宽度，单位为mm；

η——流体的动力粘度，单位为Pa·s；

l——沿流动方向的缝隙长度，单位为mm；

δ——缝隙高度，单位为mm；

Δp——缝隙前后的压力差，单位为Pa。

在这里，Δp 可用 p_b 代替，因为缝隙前即油腔中的压力为 p_b，而缝隙后即回油槽的压力可视为零。其次，δ 在这里指平均油膜厚度。当流量和油腔的结构尺寸一定时，公式中的其他量均为常量，可用一个常数 k 代替。经如此变换后，公式变为如下形式

$$q_V = k\delta^3 p_b$$

由于定量方式供油保持了流量 q_V 不变，也就是说 p_b 与 δ^3 成反比，即下油腔的压力增量将随油膜厚度减少量的立方值而增大，上油腔压力却按同样规律减少。这样在轴颈的上下方就产生了一个与外负荷平衡的力，而保持轴颈“浮”在润滑油中，处于液体润滑状态。

3. 液体静压润滑的优缺点

与流体动压润滑相比，流体静压润滑有如下优点：

1）应用范围广、承载能力高。因液体膜的建立和保持与摩擦副对偶表面的相对速度无关，故可用于各种相对速度的摩擦副。承载能力决定于供油压力，故可有较高的承载能力。

2）摩擦因数比其他形式的润滑都低并且稳定。

3）几乎没有磨损，所以寿命极长。

4）由于对偶表面不直接接触，所以对轴承材料要求不高，只需比轴颈稍软即可。

其缺点是需要一整套昂贵的供油系统，液压泵长期工作增加了动力消耗。流体静压轴承的另一个缺点是，操作人员担心高压管路的工作可靠性和寿命，因为一旦断油将立即导至重大事故。

第二节 润滑材料

凡是能够在作相对运动的、相互作用的对偶表面间起到减少摩擦降低磨损的物质，均可以称作润滑材料。润滑材料大致可以划分为四大类：

（1）液体润滑材料 主要是矿物油和各种植物油、乳化液和水等。近年来性能优异的合成润滑油发展很快，如硅酸、氟油、脂肪酸脂及合成烃等。

（2）塑性体及半流体润滑材料 这类材料主要是由矿物油及合成润滑油稠化而成的各种润滑脂和动物脂，以及近年来试制的半流体润滑脂等。

（3）固体润滑材料 如石墨、二硫化钼、二硫化钨、氮化硼及塑料基或金属基自润滑复合材料等。

（4）气体润滑材料 如气体轴承中使用的空气、氮气和二氧化碳等气体。

通常，制造厂对其生产的设备在说明书上都附有润滑保养规程，其中包括对润滑材料的规定。但是，当设备的安装使用条件改变时，原规定的润滑材料就不一定适用了。随着科学技术的发展，特别是近年来摩擦学的研究和发展，新型的润滑材料不断涌现。这就要求我们掌握各种润滑材料的性能、选用和使用方法。本节重点介绍工矿企业常用的润滑油和润滑脂。

一、润滑油

润滑油是目前最重要的一种润滑材料，占润滑剂总耗量的90%以上，主要是利用石油提炼中蒸馏出的高沸点物质再经精炼制成的。润滑油的物理化学性能及主要质量指标如下：

1. 粘度

粘度反映了润滑油的稀稠程度。粘度愈高流动性愈差，不易渗入间隙较小的摩擦副中去，但也不易被从摩擦面间挤出来，因而油膜承载能力强。高粘度油的摩擦阻力大，油温易升高，设备的功率损耗也高。粘度低的润滑油则正好相反。所以，粘度是润滑油的一项很重要的指标。在选择润滑油时，通常以粘度为主要依据。

粘度可以用绝对粘度（动力粘度、运动粘度）和相对粘度来表示。

（1）动力粘度　在面积各为1cm^{2}且相距为10mm的两层液体中，以10mm/s的速度相对运动时，所产生的内部阻力称为动力粘度（或动力粘度系数，或该液体的内摩擦粘性系数），用符号η表示（单位是Pa·s）。

（2）运动粘度　在同一温度下，流体的动力粘度与密度的比值称为运动粘度，用符号υ（单位为m^2/s）表示

$$\upsilon=\eta/\rho$$

式中　η——动力粘度，单位为Pa·s；

ρ——流体的密度，单位为kg/m^3。

运动粘度的工程实用单位为mm^2/s。过去国内规定测定运动粘度的标准温度为50℃和100℃，现在采用ISO国际标准，规定为40℃。

（3）相对粘度　相对粘度也称条件粘度。各国采用的测定相对粘度的粘度计不同，因而条件粘度有恩氏、赛氏、雷氏粘度等几种。我国采用恩氏粘度。在规定的温度下，让体积为200mL的液体从恩氏粘度计流出所需的时间与同体积蒸馏水在20℃时从恩氏粘度计流出所需时间的比值即为恩氏粘度，用符号°E表示。°Et表示测量温度为t（单位为℃）时的恩氏粘度。

2. 润滑油的其他性能指标

（1）闪点　在规定条件下加热润滑油，当油蒸气与空气的混合气体与火焰接触时发生闪火现象的最低温度称为闪点。闪点是润滑油的一项安全指标，要求润滑油的工作温度低于闪点20～30℃。

（2）凝点　润滑油在规定条件下冷却到失去流动性时的最高温度称为凝点。我国北方冬季，特别是那些安装在露天的设备，应注意选择凝点比环境温度低的润滑油。

（3）抗乳化性　润滑油与水接触并搅拌后，能迅速分离的能力称为抗乳化度。对工作在潮湿环境和可能有水进入摩擦副的润滑用油，应考虑此项指标。

(4) 抗氧化安定性　润滑油在使用和储存过程中，抵抗氧化变质的能力，称为抗氧化安定性。油受到氧化会使颜色变深，粘度、酸值增大，并析出胶质沉淀，使油的润滑性能变坏。

(5) 热氧化安定性　润滑油膜在较高的工作温度下易与空气中的氧化合，生成胶质膜，使油迅速变质。热氧化安定性反映了润滑油在高温下抑制胶质膜生成的能力。

二、润滑脂

润滑脂是在润滑油（基础油）里加入能起稠化作用的物质（稠化剂），把油液稠化成具有塑性的膏状的润滑剂。从一定意义说，它兼有液体和固体润滑剂的优点。在常温和静止状态下，润滑脂粘附在摩擦表面上像固体一样不流动，而在温度升高和运动状态下，热和机械作用使润滑脂变稀，能像液体一样润滑摩擦表面，当热和机械作用消失后，又逐渐恢复到一定的稠度。

基础油一般为各种粘度的石油润滑油或合成润滑油。在一般工作温度及负荷条件下，用较低粘度的润滑油作基础油；在较高温度及较高负荷条件下，用较高粘度的石油润滑油或合成润滑油作基础油。稠化剂为各种金属的脂肪酸皂、地腊、膨润土、硅胶和某些新型合成材料，不过，用得最多的还是各种脂肪酸金属皂。

与润滑油比较，使用润滑脂的主要优点如下：

1) 在摩擦表面的粘附性好，不易流失或飞溅，不会产生漏油现象。

2) 可起到密封作用，防止尘土等进入摩擦面。

3) 比润滑油的减振性强，可减少噪声和振动。

（一）润滑脂的主要物理化学性能

(1) 锥入度　锥入度是用来表示润滑脂软硬程度的一种指标。它是用质量为150g的标准圆锥体在5s内沉入加热到25℃的润滑脂试样的深度来测定的。锥入度愈大，则润滑脂愈软；反之，愈硬。较软的润滑脂，泵送性好，但容易从摩擦表面被挤出来，而硬的润滑脂不易进入与充满摩擦表面，同时因其内摩擦阻力较大，增加运动时的动力消耗。因此，锥入度的数值是选用润滑脂的一项重要指标。

(2) 滴点　滴点是润滑脂的抗热指标。其测定方法是将润滑脂装在试管中，在规定的加热条件下，开始滴下第一滴油时的温度称为滴点。在选择润滑脂时，必须使润滑脂的滴点比工作机件的实际温度高20～30℃，最低也应高出10℃以上。

(3) 稠化剂　润滑脂采用不同的稠化剂，则具有不同的性能。如采用钙皂作稠化剂制成的钙基脂，高温熔化后仍不失其润滑性，但不耐水；钠基脂耐水性好，但不耐高温；而钙钠基脂具有二者的优点。在润滑脂中稠化剂含量愈多，则锥入度愈小（即润滑脂愈硬），熔点愈高。

润滑脂的其他性能指标还有水分、抗水性、安定性和抗磨性等，一般在国标和有关部标中均有规定。

（二）润滑油脂添加剂

为改善润滑脂的某些性能及满足对各种特殊润滑的要求，常在油脂中添加某些物质。这类添加物质即叫添加剂。添加剂不能单独使用，一般只占基础油脂的很少数量（约0.01%～5%）。添加剂的基础油脂种类不同，其效果也不同。

(1) 油性添加剂　油性添加剂是一种极性很强的物质，能在金属表面形成牢固的吸附膜，从而减少磨损。

在低速及中等载荷以上的各种摩擦副摩擦表面之间，不易形成油膜。在机器起动、制动以及载荷改变时，原有油膜又常遭到破坏，如在润滑油脂中加入油性添加剂，能增加润滑油脂的吸附和楔入，保证边界油膜的强度。这种添加剂常用于精密机床及重要的运动机构，防止工作台在导轨上爬行。油性添加剂适用于中等负荷及摩擦表面温度在120～200℃以下的情况，高温时将分解失效。

常用油性添加剂有猪油、鲸鱼油、油酸、三甲酚磷酸脂等。

(2) 耐极压及抗磨添加剂　含硫、磷、氯等活性元素的化合物在较高温度条件下，可以在金属表面生成化学反应膜，起到润滑作用。但是，这种反应是不可逆的。所以对金属有腐蚀作用，随着使用时间的增长，油中的极压添加剂含量减少，润滑性能下降，有时需要在现场定期补加。极压抗磨添加剂主要有硫化鲸鱼油、二甲基本磷酸脂、氯化石蜡、二烷基二硫化磷酸锌等。

(3) 抗泡沫添加剂　在循环润滑系统中，由于泡沫会使油路发生断油故障，通常加入二甲基硅油或苯甲基硅油消泡。一般加入的质量分数为0.0001%～0.001%，加入前，先用煤油稀释后再加入搅匀。

其他添加剂种类繁多，主要有粘度指数改进剂、抗氧化添加剂、防锈添加剂、抗乳化剂、抗凝剂（起降低凝点的作用）和清净分散剂（起抑制油中漆膜生成和防止金属表面积垢）等等。

第三节　润滑油、脂的选用

在工矿企业的设备事故中，润滑事故占很大的比重，而润滑材料选用不当又是引起这些事故的一个重要因素。如某厂压力机的32344型大型轴承，由于润滑脂选用不当，一年就损坏八套，换用适合的润滑脂后，一套轴承两年还未见到显著的磨损。可见正确选用润滑材料的重要性。但是，对机械设备的各种摩擦副来说，由于工作条件千差万别，如负荷的大小、是否存在冲击振动、工作温度、相对速度以及工作环境是否潮湿和有无腐蚀性介质、润滑材料的泄漏是否影响产品质量等等。因而必须具体情况具体分析，这里只能提出一些原则性的建议。近年来，随着国内一批性能优良的新型润滑油脂和固体润滑材料的问世，解决了设备润滑中的许多难题，值得推广和应用。

一、润滑材料种类的选择

在各种润滑材料中，润滑油的内摩擦较小，形成油膜比较均匀，特别是对摩擦副具有冷却和冲洗作用，清洗换油和补充加油又比较方便，废油还能再生利用，所以对多数摩擦副应优先选用润滑油。

对长期工作而又不易经常换油、加油的部位或不易密封的部位，应尽可能选用润滑脂，摩擦面处于垂直或非水平方向要选用高粘度润滑油或选用润滑脂，摩擦表面粗糙的特别是冶金和矿山的开式齿轮传动应优先选用润滑脂。

对不适于采用润滑油脂的地方，如负荷过重或有剧烈的冲击、振动，工作温度范围较宽或极高、极低，相对运动速度低而又需要减少爬行现象，真空或有强烈辐射等这些极端或苛刻的条件下，最适合采用固体润滑材料。近年来的经验证明，在许多设备上都可以采用固体润滑材料来代替润滑油脂而取得更好的润滑效果。

二、润滑油、脂的选择原则

(1) 润滑材料的选择　在有关手册（如机械零件手册、机修手册）的润滑材料表上，均对润滑油脂的使用范围作了说明。在选择润滑油脂时，首先要了解其性能和应用范围，有专用名称的润滑油脂，一般都适用于该种机械或摩擦副的润滑，也可用于其他工件条件类似的摩擦副的润滑。

(2) 负荷大小及负荷特性　一般来说，润滑油的粘度愈大或润滑脂的锥入度愈小，则油膜承载能力愈强，但在重负荷、有振动冲击的情况下，还要求润滑油脂的油性和极压性能要好。

(3) 运动速度　速度高易形成动压油膜，选低粘度的油可以减少内摩擦损耗从而减少动力消耗；而速度低常与重载相联系，所以应选高粘度的润滑油。高速转动的滚动轴承，易因离心力作用将油甩出而不能保证良好的润滑，应适当提高油的粘度。如用润滑脂，则速度愈高要求脂的锥入度愈大；速度低，锥入度应小。

(4) 工作温度　高温条件下工作的摩擦副应选用粘度高、闪点高的润滑油，或锥入度小、滴点高的润滑脂，同时还应考虑油脂的极压性、抗热氧化安定性。对在低温下工作的润滑油，要选凝点低于工作温度10℃左右的润滑油。

(5) 周围环境　在有水或潮湿的环境条件下，应考虑润滑油的抗乳化度和选用抗水性好的润滑脂。有腐蚀介质存在的环境还要求润滑油、脂具有良好的防腐性能。

(6) 摩擦副的结构特点及润滑方式　摩擦副间隙小，要求润滑油的粘度小和润滑脂的锥入度大，以利于进入间隙小的摩擦副；摩擦表面愈粗糙，就要求油膜愈厚，选用的润滑油的粘度就愈高，润滑脂的锥入度也愈小；对稀油循环润滑系统，要求采用精制的、杂质少和抗氧化安定性好的润滑油；对飞溅和油雾润滑，油接触空气的机会多，要求油的抗氧化性能要好。对于油集中循环润滑系统，则要求润滑脂具有良好的可泵送性，故应选锥入度较大的润滑脂。一台机械设备，采用集中或集中循环润滑时，应根据主要机构的需要来选择润滑材料。

三、润滑油的代用

由于某种油品供应偶尔短缺而又必须保证生产照常进行的情况下才临时采用代用油，同时应尽快恢复原来的油品。润滑油的代用原则是：

1) 代用油的粘度应与原用油的粘度相等或稍高。

2) 代用油的性能应与原用油的性能相近，特别是高温代用油要求有足够高的闪点、良好的氧化安定性与油性；低温代用油应有足够低的凝点；宽温度范围代用油应有良好的粘温性能；含有动植物油的复合油不允许用在循环系统或有显著氧化倾向的地方；对极压润滑油的摩擦副，代用油应具有相同或更高的极压性能。

四、润滑脂的代用原则

通常，代用润滑脂主要考虑锥入度和滴点，应使代用脂的锥入度与原用脂相等或锥入度稍小，滴点更高；对潮湿的环境，应考虑代用脂的抗水性；代用脂最好是性能更好的润滑脂，如用锂基脂代替钙基脂和钠基脂，用加入了极压添加剂的脂代替未加极压添加剂的脂，而不宜反过来代用。如果原来的脂具有抗极压性而又暂时找不到这样的润滑脂，可考虑在低性能的脂中加入极压添加剂（如加入质量分数为5%的二硫化钼粉等）。

第四节　润滑方法与装置

将润滑剂按规定要求送往各润滑点的方法称为润滑方式。为实现润滑剂按确定润滑方式供给而采用的各种零、部件及设备统称为润滑装置。

在选定润滑材料后，就需要用适当的方法和装置将润滑材料送到润滑部位，其输送、分配、检查、调节的方法及所采用的装置是设计和改善维修中保障设备可靠性和维修性的重要环节。其设计要求是：保护润滑的质量及可靠性；合适的耗油量及经济性；注意冷却作用；注意装置的标准化、通用化；合适的维护工作量等。

常见的润滑方法及润滑装置如下：

(1) 手工润滑　方法简单，应用普遍。一般由操作工人用油壶或油枪向油孔、油嘴、油杯加油。要求认真操作，按时、按量加油。

(2) 滴油润滑　利用各种滴油油杯，只供一次润滑的少量润滑油，油量受油杯中油位和油温的影响。需要经常检查其作用是否正常，油位低于1/3时需要加油，针阀和滤网需定期清洗。此法需要人工照顾，不完全可靠，停机时要关闭针阀。优点是结构简单，可以较均匀、连续地供油，便于检查。

(3) 油绳和毡块润滑　利用毛绳、毛毡的吸油，毛细管、虹吸作用供油，并有一定过滤作用。多用于低速轻载处。

(4) 强制送油润滑　机械强制润滑装置能按需要的量均匀地发送润滑油。装置一般由单向阀、活塞、弹簧等组成，也可以是柱塞泵、叶片泵，由传动轴或主轴上的凸轮、偏心轮、棘轮、摆杆、齿轮或带轮带动。由于是运行机器本身所带动，可靠性好、维护工作量小、油量可调整、耗油量中等。但装置较复杂，常受到空间位置的限制，适用于少数机械。

(5) 油雾润滑　利用悬浮在空气中的成为雾状的微小油粒进行润滑。一般利用压缩空气或蒸气吹散润滑油而成为雾状，送到摩擦表面上，形成必需的极薄的油膜。其优点是耗油量小，能保证连续供给；有一定压力，渗透力强，能保证润滑效果。缺点是较为复杂，制造成本较高，只适用于有气源的地方，且有污染。

(6) 几种自带油润滑　应用机件本身和动力来供油，如油池或溅油润滑，主要应用于闭式齿轮、链条及内燃机曲轴箱等。这些润滑方法可靠，几乎不需维护，防污节油。但流量不易调节，搅拌和热损失较大。又如自动吸油润滑，主要应用于整圆形的滑动轴承上。其原理是利用快速的旋转轴颈在轴承的无荷低压区带走油，形成局部真空，通过接油池的吸油管吸入润滑油供润滑。这种方法简单可靠、来油均匀连续。起动时必先点动吸油，这种方法只适于高转速、负荷方向不变的轴承。再如离心甩油润滑，利用圆锥表面离心力变化从小端向大端送油，或利用圆锥滚子轴承高速旋转可对垂直高速主轴供油。这种方法结构简单可靠，油可循环使用、冷却良好，但只能在一定条件下应用。

(7) 几种简单的机件润滑　包括油环润滑、油轮润滑、油链润滑、油滚润滑等。结构简单，自动可靠，但均有速度限制，油量不易调节。

(8) 喷油润滑　这种润滑方式直接将油喷至高速旋转的齿轮、轴承等摩擦副上，通过喷油嘴可使润滑油均匀分配，润滑油冷却效果好。对高速和较高温度下工作的轴承还可采用注入润滑法。

（9）压力循环润滑　对于负荷较大、速度较高、产热量较多、润滑点集中的重要设备，采用压力循环润滑是最有效的办法。其润滑充分可靠，冷却和冲洗效果好。压力循环润滑有单泵式、双泵式和重力式三种。需要设置过滤和冷却装置，显示和保护仪表，结构较复杂。

（10）润滑系统装置　包括由润滑油液净化装置、油箱、液压泵、冷却器或热油器、显示控制仪表和反馈安全装置等组成的可靠润滑系统。其优点是压力供油，及时对多润滑点润滑，冷却及冲洗作用好，油耗小，操作自动化。润滑系统的功能及复杂程度根据设备的需要而设计。

润滑脂润滑的方式有：不常拆卸部分的滚动轴承，可在装置装配时涂敷和填充，用人工或自动地由脂杯、脂枪供应润滑油；现代大型、复杂设备上设油脂集中润滑系统，定时、定量地发送润脂到指定的润滑点，特点是准确可靠而无浪费。

常见的润滑油润滑方式如图 3-9 所示，润滑脂的润滑方式如图 3-10 所示。

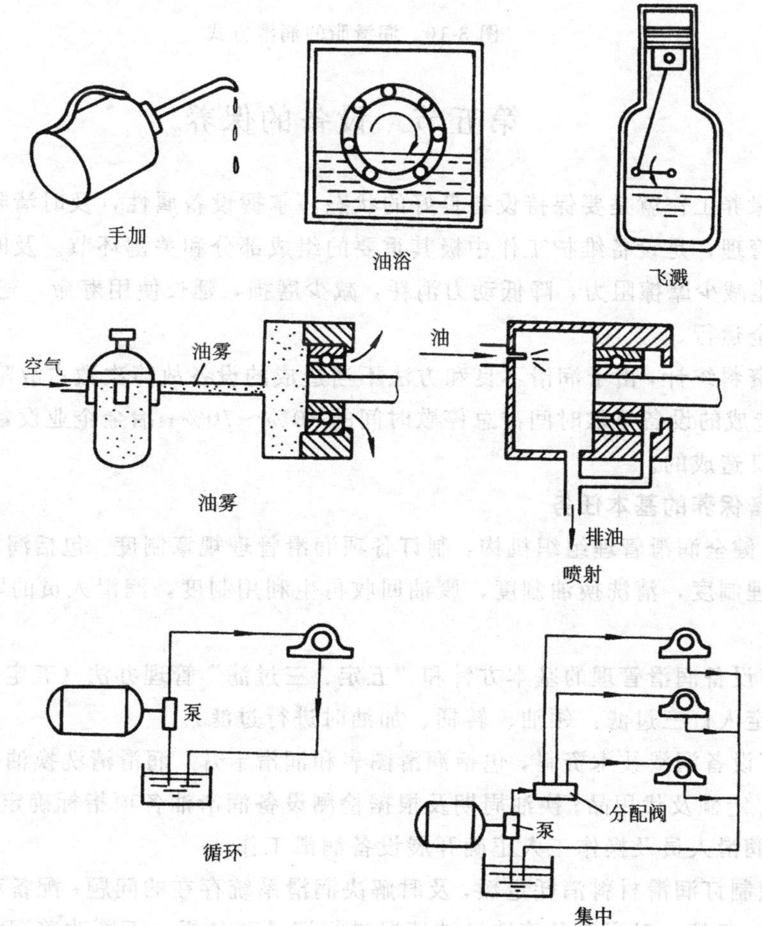

图 3-9　润滑油的润滑方式

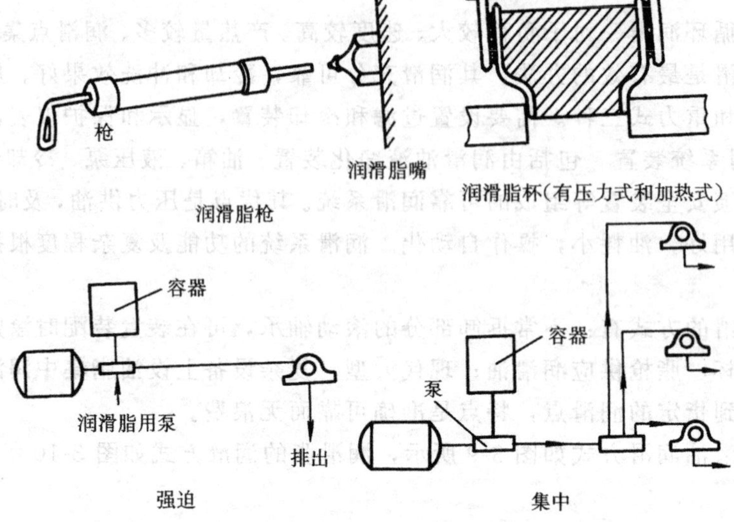

图 3-10 润滑脂的润滑方式

第五节 设备的保养

设备的保养工作就是要保持设备良好的状态，掌握设备属性，及时清除隐患等。加强设备的润滑及管理，是设备维护工作中极其重要的组成部分和关键环节。及时、正确、合理地润滑设备，能减少摩擦阻力，降低动力消耗，减少磨损，延长使用寿命，充分发挥设备效能，并有助于安全运行。

据某些资料统计，由于润滑不良和方法不当造成的设备故障次数占故障总次数的30%～40%；因此造成的设备停歇时间占总停歇时间的30%～70%；冶金企业设备事故中的30%是由于润滑不良造成的。

一、设备保养的基本任务

1）建立健全润滑管理组织机构，制订各项润滑管理规章制度，包括润滑油、切削液的检验及油库管理制度，清洗换油制度，废油回收再生利用制度，润滑人员的职责条例和工作细则。

2）贯彻设备润滑管理的基本方针和“五定、三过滤”管理办法（五定：定员、定质、定量、定期、定人；三过滤：领油、转桶、加油时进行过滤）。

3）制订设备润滑技术资料，包括润滑图表和润滑卡片，润滑清洗换油操作规程；使用润滑剂的种类、定额及代用品；换油周期及根据检测设备润滑油各项指标确定换油的标准等，用以指导设备润滑人员及操作工人正确开展设备润滑工作。

4）组织制订润滑材料消耗定额，及时解决润滑系统存在的问题；配备和更换损坏的润滑零件、装置、工具；对润滑及清洗换油情况进行记录和分析，不断改善润滑管理。

5）采取措施防止设备泄漏；在治漏中要抓好“查、治、管”三个环节，达到主管部门规定的治漏标准。

6）组织废油的回收及再生利用。

7）做好设备润滑管理的宣传教育工作，组织各级润滑人员的技术业务培训。

8）组织研究推广有关设备润滑的新油脂、新添加剂、新密封材料、新耐磨材料、新润滑装置等新技术的试验与应用；组织学习国内外有关设备润滑的科学管理系统，开展同行业竞赛。

二、设备保养工作的“五定”

设备保养“五定”是我国多年来润滑技术管理实践经验的总结。它把日常润滑工作规范化、制度化，简单易记，内容精炼。切实贯彻“五定”管理能使设备及时、正确合理地润滑，防止发生缺油、漏油等问题，保证设备处于良好技术状态。

（1）定点　确定设备的润滑部位、润滑点（用图形表示），明确规定加油方法。设备操作人员及润滑工均须熟悉各供油部位。

（2）定质　正确确定设备各润滑部位、润滑点加什么牌号的润滑剂，油料应有检验合格证，如系掺配代用油料，必须符合有关规定，润滑装置、油路及器具必须保持清洁完好。

（3）定量　确定设备各润滑部位的加油数量及消耗定额，做到计划用油、合理用油、节约用油。

（4）定期　确定设备各润滑部位及润滑点的加油间隔期。同时应根据设备实际运行情况及油质情况，合理地调整加（换）油周期，保证正常润滑。

（5）定人　确定设备各润滑部位、润滑点分别由谁负责加（换）油，明确润滑工作的责任者，定期换油应做好记录。

第四章 机械设备的故障诊断

机械故障诊断技术是70年代以来，随着电子测量技术、信号处理技术以及计算机技术的发展逐步形成的一门综合技术。应用故障诊断技术对机器设备进行监测和诊断，可以及时发现机器的故障和预防设备恶性事故的发生，从而避免人员的伤亡、环境的污染和巨大的经济损失；应用故障诊断技术可以找出生产系统中的事故隐患，从而对机械设备和工艺进行改造，以消除事故的隐患。故障诊断技术最重要的意义在于改革设备维修制度。现代的机械设备日益向大型化、连续化、高速化、复杂化和自动化的方向发展，现在多数工厂采用的定期维修制度，不论设备是否有故障都按人为计划的时间定期检修，很难预防各种随机因素引起的事故，也不可避免地产生过剩维修，造成很大的浪费。由于诊断技术能诊断和预报设备的故障，因此在设备正常运转没有故障时可以不停车，在发现故障前兆时能及时停车，按诊断出故障的性质和部位，可以有目的地进行检修，这就是预知维修或状态维修。把定期维修改变为预知维修，可大大提高机器运行的安全性、可靠性和机器的利用率，节约大量的维修时间和费用，产生巨大的经济效益。

第一节 故障诊断基础知识

一、机械设备故障诊断技术的方法及分类

所谓机器故障诊断就是根据机械设备运行过程中产生的各种信息来判断机械设备是正常运转还是发生了异常现象，也就是识别机器是否发生了故障。其含义是：定量地掌握设备状态，如设备的性能参数、零件的应力状态、设备性能的劣化和零部件损伤的程度等等；预测设备的可靠性；如果存在异常，则对其原因、部位、危险程度等进行识别和评价，决定修理方法。

自从机器问世以来，人们就非常关心它的“健康”——能否正常工作。对于运行中的机器，人们总是用手摸，以测定它的温度是否过高，振动是否过大；用耳听，以判断运动部件是否有异声等等。这种凭人们的感觉、听觉和人们的经验对机器设备的状态进行诊断的方法，在很早之前就有了，可以说几乎与机器的发明同时出现，我们把它叫做传统的诊断技术，或叫做原始的诊断技术。这种简单的诊断技术，在当前科学技术飞速发展的时代已远不够用了。现代的诊断技术是指应用与开发现代化仪器设备和电子计算机技术来检查和识别机械设备及其零部件的实时技术状态，是诊断它是否“健康”的技术。通常我们所说的诊断技术就是指这种现代诊断技术。

由于机器运行的状态、环境条件各不相同，因此采用的诊断方法亦不相同。大体可分为：

（一）功能诊断和运行诊断

对于新安装或刚维修好的机械设备需要诊断它的功能是否正常，并根据检查和诊断的结果对它进行调整，这就是功能诊断；而对正常运行的机器或设备则进行状态的诊断，监示其故障的发生和发展，这就称为运行诊断。

（二）定期诊断和在线监测

定期诊断是指间隔一定时间对工作的机器进行一次检查和诊断，也叫做巡回检查和诊断，简称巡检。在线监测则是采用现代化仪表和计算机信号处理系统对机器或设备的运行状态进行连续监测和控制。

（三）直接诊断和间接诊断

直接根据关键零部件的信息确定这些零部件的状态叫做直接诊断，例如对轴承间隙、齿面磨损、轴或叶片的裂纹等进行直接观察和诊断。由于受到机器结构和运行条件的限制而无法进行直接诊断时，只好采用间接诊断。如在机器设备运行过程中，对轴承的间隙和磨损、轴的裂纹发生和扩展都很难直接测量，我们可间接测出机械设备运行时的噪声、振动、油液中的磨损碎粒、轴承的温度和声波等二次信息来判断机器工作是否正常。但这种间接诊断方法往往要汇集多方面的信息，反复分析验证，才能避免误诊。

（四）常规诊断和特殊诊断

在常规工况也就是机器正常运行条件下进行的诊断叫做常规诊断。大多数诊断都属于这一类。但在个别情况下需要创造特殊的运行条件来采集信息，例如动力机组的起动和停车过程中要通过转子的几个临界转数，这就需要采集起动和停车过程中的振动信号，而这些信号在常规诊断中是得不到的。

（五）简易诊断和精密诊断

简易诊断一般是由现场工作人员对机械设备“健康”状态作出概括性评价的诊断方法。精密诊断的目的是对简易诊断判定的“大概有点异常”的机械设备进行专门的精确诊断，由专门人员实施。

对于具体的机械设备，究竟采用哪些诊断方法，需要根据设备的重要程度、设备故障的危害程度和运行中故障产生和发展的速度等，综合进行考虑，选择最佳的和经济可行的诊断方法。

二、诊断参数的选择和判断标准的确定

（一）诊断参数的选择原则

对机器进行状态监测，必须测出与机器状态有关的信息参数，然后与正常值、极限值进行比较，才能确定目前机器的状态。因此，诊断的置信程度与诊断参数的选择、测量误差以及评价标准有密切关系。为了对机器进行准确、快速诊断，诊断参数的选择是主要工作任务之一。由于诊断目的和对象的不同，参数也可能是多种多样的。诊断参数是指为达到诊断目的而设定的特征量。信息参数是表征诊断对象状态的所有参数。选择诊断参数应遵循以下几个原则：

（1）诊断参数的多能性　一个参数的多能性应理解为它能全面地表征诊断对象状态的能力。机器中的一种故障可能引起很多状态参数的变化，而这些参数均可以作为诊断的信息参数，最终要从它们当中选出包含最多诊断信息、具有多性能的诊断参数。

（2）诊断参数的灵敏性　选取的参数在机器发生故障时随着故障趋势而变化，该参数的变化较其他参数更为明显。例如，发动机汽缸活塞副磨损后，即使磨损比较严重，输出的参数中，功率下降只有5%～7%，而压缩空气泄漏率可达40%～50%，则选择后者为诊断参数更适宜。

（3）诊断参数应呈单值性　随着故障的发展，诊断参数的变化应该是单值递增或递减，即

诊断参数值的大小与故障的严重程度有较确定的关系。

(4) 诊断参数的稳定性　在相同的测试条件下，所测得的诊断参数值的离散度要小，即重复性好。

(5) 诊断参数的物理意义　诊断参数应具有一定的物理意义，且能量化，即可以用数字表示且便于测量。

(二) 诊断周期的确定

诊断工作伴随着机器的整个寿命周期。在使用阶段，根据机器的运行状况可对机器实行正常运行诊断和服务于维修的定期诊断。对定期诊断的机器，需要确定其诊断周期。

确定诊断周期时，最重要之点是对劣化速度进行充分的研究。测量周期一般根据机器两次故障之间的平均运行时间确定。为了获得理想的预测能力，在一个平均运行周期内至少应该测 5～6 次。还要指出，所能确定的测量周期毕竟只是基本测定周期，如果一旦发现测定数据出现加速变化趋势时，就应该缩短测定周期。例如，高速旋转体畸变后可能立即造成机器的故障，则需进行实时监测。对于劣化速度缓慢的参数例如磨损、疲劳等等，可以采用较长的诊断周期。总而言之，诊断周期必须充分反映机械劣化程度。

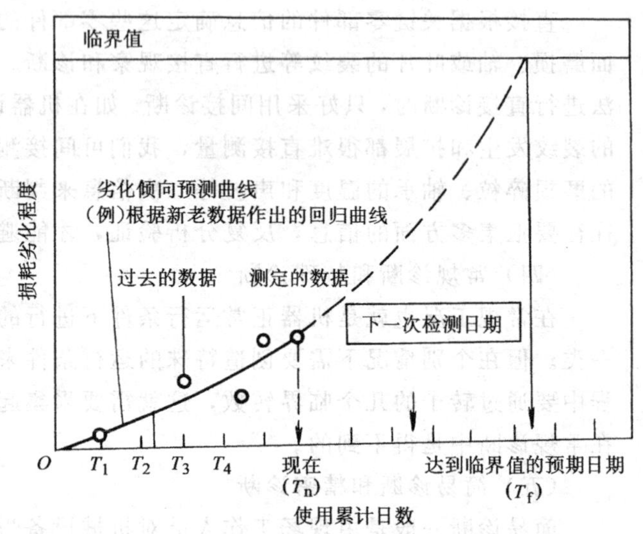

图 4-1　确定检测日期实例

此外，根据当前的测定值和过去测定值确定下一次检测时间的“适时诊断”是比较好的方法。图 4-1 表示适时诊断的实例。这种一面进行劣化预测，同时定量地确定下次检测日期的方法是值得借鉴的。

(三) 诊断标准的确定

在测得诊断参数后，就需要判断所测出的值是正常还是异常。其方法是将实测数据与标准值进行比较。判断标准共有三种，需按诊断对象来确定采用哪一种。

(1) 绝对判断标准　绝对判断标准是根据对某类机器长期使用、观察、维修与测试后的经验总结，并由企业、行业协会或国家颁布，作为一种标准供工程实践使用。和任何其他标准一样，诊断标准有其制定的前提条件和适用范围，使用时必须注意。

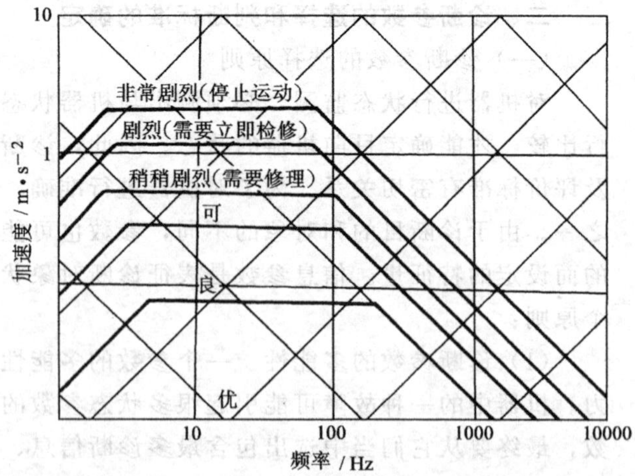

图 4-2　高频振动轴承加速度标准

例如，图 4-2 是高频振动轴承加速度测量标准，它适应于高频振动的判断。表 4-1 为判断机床振动的标准，此标准与机床的加工精度有密切关系，振动参数取振动位移峰值，测点选在主轴前轴承座上且方向指向切削深度方向。

表 4-1 机床振动标准

内　容	标准值/μm	内　容	标准值/μm	内　容	标准值/μm
螺纹磨床	0.25～1.5	平面磨床	1.27～5.0	车　床	5.00～25.4
仿形车床	0.76～2.0	无心磨床	1.00～2.5		
外圆磨车	0.76～5.6	镗　床	1.52～2.5		

(2) 相对判断标准　相对判断标准是对机器的同一部位定期测定，并按时间先后进行比较，以正常情况下的值为初始值，根据实测值与该值的比值来进行判断的方法。如果我们把新机器某点的初始振动值 a_0 作为基准，以 a_0 的 n 倍（n 一般取 10）作为允许的极限值，当该点的振动值超过 na_0 时，即认为该设备已发生故障，需要立刻维修。图 4-3 表示在机器投入使用到大修之间允许幅值变化 10 倍为维修极限的判断标准。

(3) 类比判断标准　类比判断标准是指数台同样规格的机器在相同条件下运行时，通过各台机器的同一部位进行测定和互相比较来掌握其劣化程度的方法。图 4-4 是这种标准的实例。

从维修角度出发，最好是兼用绝对判断标准和相对判断标准，从两方面进行研究。

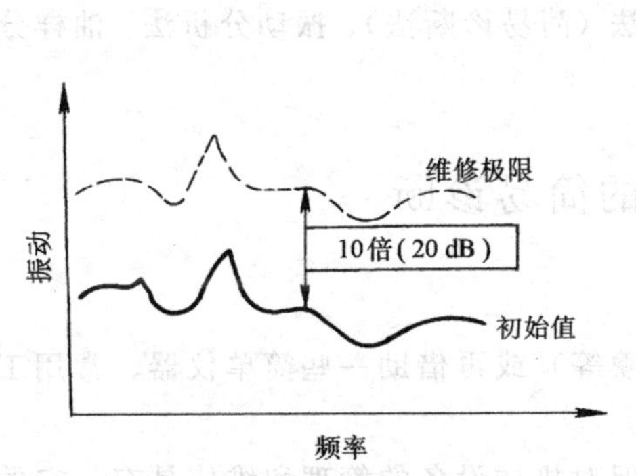

图 4-3　相对判断标准

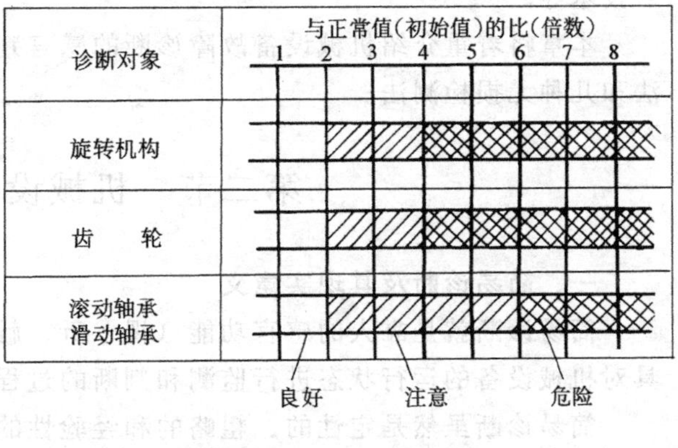

图 4-4　类比判断标准

三、故障诊断信号的采集

(一) 感觉判定法

现场人员根据积累的经验，可以利用感觉器官，通过视、听、嗅、触等方式，直接对机器状态作出判断，获得第一手资料。但这种方法是定性的，或者说是较粗略的，其应用范围受到限制。为此，往往需要采用一些简单的仪器来扩大人体感官判断的能力。如用于照明机器内部暗处的光纤探头内窥仪、光学内孔检查仪、铸件内表面检查仪、红外线测温仪、热敏涂料以及探测表面微小裂纹用的着色渗透剂等等。

(二) 噪声和振动测量法

机器在运行过程中的噪声和振动是诊断的重要信息。通过对噪声或振动信号的测试和分析，能有效地识别机器的状态。一般来说，在用该方法诊断机器状态时，总是首先进行噪声或振动总的强度测定，从总体上评价机器运行是否有问题；若有问题，则再作深入分析，如进行频谱分析等。

(三) 磨损残余物测定法

机器零件，例如轴承、齿轮、活塞环、缸套等在运行过程中的磨损残余物可以在润滑油中找到。磨损残余物直接反映了零件的磨损状态，是诊断故障的一种重要信息。通过对油样中磨损残余物粒径分布、成分等特征的分析，可以判断机器是否正常运行，并预报故障的发生。

（四）整机性能测定法

该方法用测量机器的输出或输出与输入的关系来判断机器运行状态是否正常。如测量机床加工精度变化、粉碎机粉碎物粒度变化、泵的效率、柴油发电机组的耗油量与输出功率的关系等。

（五）零件性能测定法

对于机器可靠性起决定影响的关键零件的状况，除主要依靠直接观察、振动与噪声测量以及磨损残余物测定等一些方法外，还需有一些特殊的方法来确定。例如，采用电阻应变片、声发射等非破坏性检验方法来监测机器零件的状况，采用非接触式电子探头测量轴心的位置，用热电偶测量轴承中摩擦发热的情况，安装专用的传感器测量汽缸衬套的磨损状况等等。

（六）其他方法

除了上述各种方法外，还有温度测量和监测技术、红外技术、声和超声监测技术、声发射技术等。

本章将着重介绍机械设备故障诊断的感官判定法（简易诊断法）、振动分析法、油样分析法和几种无损检测法。

第二节　机械设备的简易诊断

一、简易诊断及其现实意义

简易诊断就是靠人的感官功能（视、听、触、嗅等）或再借助一些简单仪器、常用工量具对机械设备的运行状态进行监测和判断的过程。

简易诊断虽然是定性的、粗略的和经验性的，但对机械设备的管理和维修具有一定的现实意义。首先，在我国，代表先进水平的精密诊断技术的应用还不普及，其开发和推广应用还需一段较长的时间。其次，在普通机械设备上应用过于复杂的高价值诊断仪器很不合算。再说，即使科学技术高度发展了，人的感官监测诊断技术也不可能由现代化的精密诊断技术完全取代。因此，从实际出发，推广应用简易监测诊断技术是非常必要的，特别是对于普通机械设备尤为必要。

二、常用的简易诊断方法

常用的简易状态监测方法主要有听诊法、触测法和观察法等。

（一）听诊法

设备正常运转时，伴随发生的声响总是具有一定的音律和节奏。只要熟悉和掌握这些正常的音律和节奏，通过人的听觉功能就能对比出设备是否出现了重、杂、怪、乱的异常噪声，判断设备内部出现的松动、撞击、不平衡等隐患。用手锤敲打零件，听其是否发生破裂杂声，可判断有无裂纹产生。

电子听诊器是一种振动加速度传感器。它将设备振动状况转换成电信号并进行放大，工人用耳机监听运行设备的振动声响，以实现对声音的定性测量。通过测量同一测点、不同时期、相同转速、相同工况下的信号，并进行对比，来判断设备是否存在故障。当耳机出现清脆尖细的噪声时，说明振动频率较高，一般是尺寸相对较小的、强度相对较高的零件发生局部缺陷或微小裂纹。当耳机传出混浊低沉的噪声时，说明振动频率较低，一般是尺寸相对较大的、强度相对较低的零件发生较大的裂纹或缺陷。当耳机传出的噪声比平时增强时，说明故障正在发展，声音越大，故障越严重。当耳机传出的噪声是杂乱无规律地间歇出现时，说明有零件或部件发生了松动。

（二）触测法

用人手的触觉可以监测设备的温度、振动及间隙的变化情况。

人手上的神经纤维对温度比较敏感，可以比较准确地分辨出80℃以内的温度。当机件温度在0℃左右时，手感冰凉，若触摸时间较长会产生刺骨痛感。10℃左右时，手感较凉，但一般能忍受。20℃左右时，手感稍凉，随着接触时间延长，手感渐温。30℃左右时，手感微温，有舒适感。40℃左右时，手感较热，有微烫感觉。50℃左右时，手感较烫，若用掌心按的时间较长，会有汗感。60℃左右时，手感很烫，但一般可忍受10s长的时间。70℃左右时，手感烫得灼痛，一般只能忍受3s长的时间，并且手的触摸处会很快变红。触摸时，应试触后再细触，以估计机件的温升情况。

用手晃动机件可以感觉出0.1～0.3mm的间隙大小。用手触摸机件可以感觉振动的强弱变化和是否产生冲击，以及溜板的爬行情况。

用配有表面热电偶探头的温度计测量滚动轴承、滑动轴承、主轴箱、电动机等机件的表面温度，则具有判断热异常位置迅速、数据准确、触测过程方便的特点。

（三）观察法

人的视觉可以观察设备上的机件有无松动、裂纹及其他损伤等；可以检查润滑是否正常，有无干摩擦和跑、冒、滴、漏现象；可以查看油箱沉积物中金属磨粒的多少、大小及特点，以判断相关零件的磨损情况；可以监测设备运动是否正常，有无异常现象发生；可以观看设备上安装的各种反映设备工作状态的仪表，了解数据的变化情况，可以通过测量工具和直接观察表面状况，检测产品质量，判断设备工作状况。把观察的各种信息进行综合分析，就能对设备是否存在故障、故障部位、故障的程度及故障的原因作出判断。

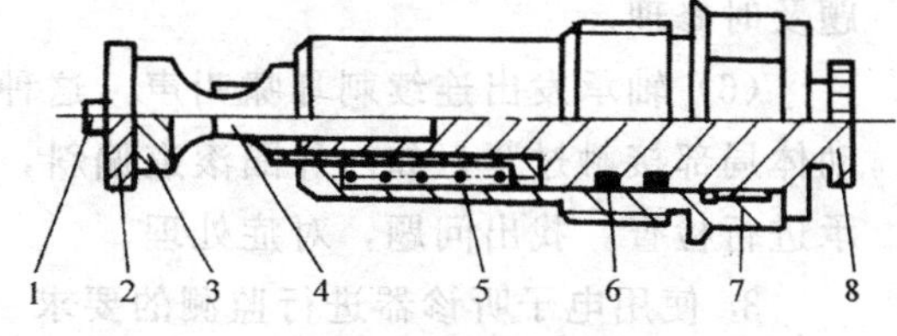

图 4-5　磁塞结构示意图

1—螺钉　2—挡圈　3—自闭阀　4—磁钢　5—弹簧　6—密封圈　7—磁塞座　8—磁塞心

通过仪器，观察从设备润滑油中收集到的磨损颗粒，实现磨损状态监测的简易方法是磁塞法。它的原理是将带有磁性的塞头插入润滑油中，收集磨损产生出来的铁质磨粒，借助读数显微镜或者直接用人眼观察磨粒的大小、数量和形状特点，判断机械零件表面的磨损程度。用磁塞法可以观察出机械零件磨损后期出现的磨粒尺寸较大的情况。观察时，若发现小颗磨粒且数量较少，说明设备运转正常；若发现大颗磨粒，就要引起重视，严密注意设备运转状态；若多次连续发现大颗粒，便是即将出现故障的前兆，应立即停机检查，查找故障，进行排除。

磁塞主要由磁钢、非导磁材料制成的磁塞座、磁塞心以及更换磁塞时利用弹簧作用能堵住润滑油的自闭阀组成。其结构如图4-5所示。

三、滚动轴承的简易诊断

(一）用听诊法对滚动轴承进行监测

用听诊法对滚动轴承工作状态进行监测的常用工具是木柄长螺钉旋具，也可以使用外径为 ϕ20mm 左右的硬塑料管。相对而言，使用电子听诊器进行监测，更有利于提高监测的可靠性。

1. 滚动轴承正常工作状态的声响特点

滚动轴承处于正常工作状态时，运转平稳、轻快，无停滞现象，发生的声响和谐而无杂音，可听到均匀而连续的“哗哗”声，或者较低的“轰轰”声。噪声强度不大。

2. 异常声响所反映的轴承故障

(1) 轴承发出均匀而连续的“咝咝”声　这种声音由滚动体在内外图中旋转而产生，包含有与转速无关的不规则的金属振动声响。一般表现为轴承内加脂量不足，应进行补充。若设备停机时间过长，特别是在冬季的低温情况下，轴承运转中有时会发出“咝咝沙沙”的声音，这与轴承径向间隙变小、润滑脂工作针入度变小有关。应适当调整轴承间隙，更换针入度大一点的新润滑脂。

(2) 轴承在连续的“哗哗”声中发出均匀的周期性“嗬罗”声　这种声音是由于滚动体和内外圈滚道出现伤痕、沟槽、锈蚀斑而引起的。声响的周期与轴承的转速成正比。应对轴承进行更换。

(3) 轴承发出不连续的“梗梗”声　这种声音是由于保持架或内外圈破裂而引起的。必须立即停机更换轴承。

(4) 轴承发出不规律、不均匀的“嚓嚓”声　这种声音是由于轴承内落入铁屑、砂粒等杂质而引起的。声响强度较小，与转数没有联系。应对轴承进行清洗，重新加脂或换油。

(5) 轴承发出连续而不规则的“沙沙”声　这种声音一般与轴承的内圈与轴配合过松或者外圈与轴承孔配合过松有关系。声响强度较大时，应对轴承的配合关系进行检查，发现问题及时修理。

(6) 轴承发出连续刺耳啸叫声　这种声音是由于轴承润滑不良或缺油造成干摩擦，或滚动体局部接触过紧，如内外圈滚道偏斜，轴承内外圈配合过紧等情况而引起的。应及时对轴承进行检查，找出问题，对症处理。

3. 使用电子听诊器进行监测的要求

1）监听过程中，尽可能选用同类监测点，或者工作状况接近的监测点进行声响对比，发现异常都应作为有缺陷看待，必须进行深入检查。对于单台设备，为了克服无可比性的缺点，可以将监测点在正常状态下的声响录音，作为以后监测的对比依据。

2）要正确选择监测点的部位，待测的振动方向应与传感器的敏感方向一致，使测量方向为振动强度最大的方向。传感器与被测面应成直角，误差要求控制在10°以内。

3）要求测量面干净平整，做到无锈迹、无油漆，并将下凹部分打磨，使之光滑平整。

4）压向探针的测量力以10～20N为宜。

(二）用磁塞法对滚动轴承进行监测

1. 使用磁塞对滚动轴承进行监测的要求

磁塞只适合于对用润滑油，并且通过专用管道回油的关键性的主轴承进行监测。

磁塞要尽量安装在被监测的主轴承附近，处于回油的主通道上，中间没有过滤网、液压泵及其他液压件的阻隔。

2. 正常情况下磨损磨粒的形态特征

滚动轴承在跑合期或正常运转期内，所产生的磨粒碎片尺寸大小为0.01～0.015mm，并混有一些金属粉末。新轴承在跑合期内产生的磨粒碎片的数量较正常运转期要多。进入正常运转期后磨粒碎片及金属粉末的数量会显著减少。磨粒碎片在显微镜下呈现细而短的形状，有着不规则的断面。

3. 故障性磨损磨粒的形状特征

滚动轴承的主要失效形式是疲劳点蚀和滚动疲劳，剥落下来的磨粒碎片尺寸大小一般为0.025～0.05mm，有时还有尺寸更大的碎片，并混有一些金属粉末。滚动轴承钢球磨粒碎片通常呈现大致为圆形的、沿径向分开的玫瑰花瓣形状，滚道的磨粒碎片呈现大致为圆形的、表面破碎的形状，滚子轴承的滚子磨粒碎片通常呈现长度等于2～3倍宽度的卷曲状矩形，滚道的磨粒碎片一般呈现不规则的长方形。

（三）用测量法对滚动轴承进行监测

通过测量轴承运转中的温升情况，一般很难监测轴承所出现的疲劳剥落、裂纹或压痕等局部性损伤，特别是在损伤的初期阶段几乎不可能发现什么问题。当轴承在长期正常运转以后，出现温度升高现象时，一般所反映的问题不但已经相当严重，而且会迅速发展，造成轴承损坏故障。这时候，间断性的监测往往会造成漏监情况。监测中若发现轴承的温度超过70～80℃，应立即停机检查。

对于新安装或者重新调整的滚动轴承，通过测温法，监测其在规定时间内的温升情况，可以判断轴承的安装与调整质量，尤其间隙过紧时会出现温升过高的现象。发现问题及时调整，有利于延长滚动轴承的使用寿命。

四、齿轮传动的简易诊断

（一）用直接观察法对齿轮进行监测

1. 齿轮磨损状况的估计

通过测量间隔一段较长时间以后的齿侧隙游移量的增大情况，就可以确定被测齿轮的磨损程度。

如果设备的齿轮为开式齿轮，数量比较少，只有一、两对齿轮，可以用塞尺直接测量齿的侧隙值，并进行记录，以便与下一次测量值进行比较。如果设备的齿轮为闭式齿轮，数量又比较多，若用塞尺直接测量，花费的时间就比较多，而且还需要拆开主轴箱盖，工作量比较大，显然是不合适的。这种情况下，可以将主轴箱的输出轴固定，来回扳动带轮或输入轴，用千分表测量各级齿轮侧隙游移量的总和，也可以采用划线测量的方法进行确定。然后再按下面所述的方法估计齿轮磨损状况。

当齿轮箱中有m级齿轮减速传递动力时，从输入轴到输出轴的各级齿轮，因磨损产生的侧隙游移量，在被动齿轮固定，扳动主动齿轮的条件下，所产生的角度值，依次可设为e_1，e_2，…，e_m。

若各级齿轮的小齿轮与大齿轮的转数比依次为i_1，i_2，…，i_m，则各级齿轮因磨损产生的侧隙游移量反映在输入轴或带轮上的总量角度值为

$$E=e_1+e_2i_1+\cdots+e_m(i_1\times i_2\times\cdots i_{m-1})$$

由于齿轮的磨损量虽然与很多因素有关，但是啮合齿之间相对滑动速度比较小的齿面，所承受的载荷相对而言却比较大，这两者又都是影响齿轮磨损状况产生差异的主要因素。因此，在齿轮结构、材料及热处理条件相同的情况下，为了便于处理问题，我们可以认为各级齿轮

因磨损所产生的侧隙游移量角度值近似相同，即 $e_1 \approx e_2 \cdots \approx e_m$。用 e_m 值体现平均值的概念。这样则有：

$$E \approx e_m [1 + i_1 + i_1 i_2 + \cdots + (i_1 i_2 \cdots i_{m-1})]$$

因此就有：

$$e_m \approx \frac{E}{1 + i_1 + i_1 i_2 + \cdots + (i_1 i_2 \cdots i_{m-1})}$$

根据这个公式估计的齿轮磨损量角度值是一个平均值。用它与每个齿轮的实际情况相比，有时误差较大。但是，对于普通机械中的齿轮磨损状况，进行基本估计则具有简单可行、实用的特点。

从而，在估计齿轮的磨损状况时，就可以先将带轮或输入轴处测量的各级齿轮侧隙游移总量，相对初始状态时的变化值换算成角度值，再根据上式进行近似计算，求出各级齿轮因磨损所产生的侧隙游移量角度平均值，通过对比就可以判断出磨损的发展速度。为了估计磨损层厚度，还可以根据主动齿轮节圆直径的大小，将侧隙游移量角度平均值换算成线性值。这样，就估计出了齿轮副的磨损层厚度，即相啮合的两个轮齿，各自的两个齿面磨损层的厚度之和。然后再根据速比情况，按比例进行分配，就可以近似估计出单个齿的磨损情况。

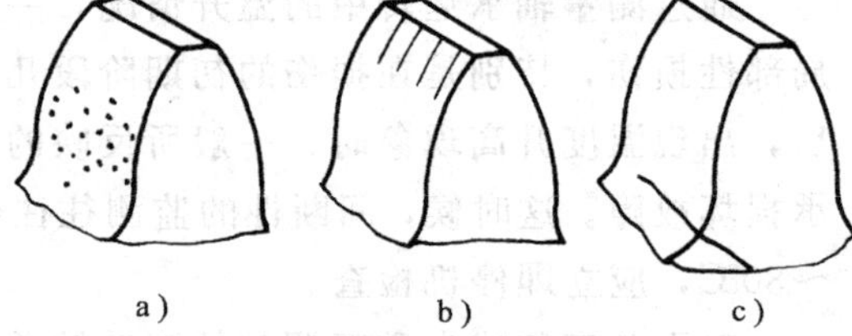

图 4-6 轮齿表面主要失效形式的形态

a) 疲劳点蚀 b) 表面粘着 c) 轮齿折断

2. 轮齿表面的检查

检查轮齿表面可以及时发现各种不同的失效形式，并监测其发展情况，以便采取合适的措施，防止突发性事故发生。

轮齿表面主要失效形式的形态如图 4-6 所示。

(1) 疲劳点蚀的形态特点 疲劳点蚀是闭式齿轮最为常见的齿面失效形式，主要发生在靠近节线处齿根面的部位。它是由于齿面在交变接触应力的反复作用下，发生接触疲劳，造成表层金属一小片一小片地剥落，从外观上看起来呈现麻点状态。开始时，麻点还比较少，也比较小，随着继续使用，在齿面的有效受力面积不断减小的情况下，会引起点蚀的进一步发展，麻点增多，麻坑增大，直到使整个齿面破坏。其形态如图 4-6a 所示。

对于开式齿轮，由于润滑条件差一些，齿面磨损较快，往往齿面表层材料还未发生点蚀现象时，就被磨损掉了，因此几乎看不到点蚀这种失效形态。

(2) 齿面粘着的形态特点 齿面粘着主要发生在高速或重载齿轮传动之中。当轮齿在啮合处发生咬焊现象的时候，沿滑动方向就形成了咬焊后撕裂划伤的沟槽。由于轮齿间的相对滑动速度越大，越容易发生粘着现象，所以这种失效形式通常都出现在靠近齿顶的齿面部位。其形态如图 4-6b 所示。

(3) 轮齿折断的形态特点 轮齿受载时，齿根处的弯曲应力最大，而且有应力集中。重复受载后，轮齿的齿根部位有时会产生疲劳裂纹，并逐步扩展使轮齿断裂。其裂纹的位置特点如图 4-6c 所示。监测观察中，若发现轮齿产生疲劳裂纹，应及时进行更换或者修理。此外，有时还会由于短期过载或受到过大的冲击载荷，轮齿突然发生断裂现象。这种情况发现容易，预测困难。

(二) 用磁塞法对齿轮进行监测

齿轮在正常运行期间，所产生的磨粒碎片的形态大都呈现出不规则断面，细微和发丝状，很短，并混有一些金属粉末，表面组织粗糙，显深灰色。而且细如发丝的磨粒碎片往往会团在一起，吸附在磁钢端头上时，显现出较厚实的状态。

当轮齿表面出现故障性损伤时，磨粒碎片大都呈现片状不规则形状。表面由于轮齿之间的压擦研磨而带有压印刻痕。外表较轴承磨粒碎片要粗糙一些，显灰暗色而带亮点，有时还伴有热变色。

用磁塞法进行状态监测，显然只适用于那些用粘度较低的油润滑的闭式齿轮的监测。尤其适用于润滑油循环使用的主轴箱中的齿轮的监测。这样，将磁塞安装在回油总出口附近，有利于尽量多地收集齿轮产生的磨损磨粒，提高监测的准确性。

（三）用听诊法对齿轮进行监测

普通机械设备中正常运行的齿轮副一般在低速下无明显声响，随着转速增高而发出一定音频的轰鸣声，音色和谐纯正。由听诊法判断可以听到平稳的“哗哗”声，声响强度较低，没有异常噪声。

当轮齿严重均匀磨损时，轮齿的弯曲强度会明显下降。在相同工作情况下，必然使一对齿啮合与两对齿啮合之间的弯曲差增大，同时，由于齿的弯曲增大，还会导致周节误差增大。这种情况下，齿轮的啮合频率及其谐波分量一般保持不变，但幅值都会不同程度地增大，尤其高次谐波幅值增大较多。这时如果通过听诊法进行监测，可以发现，虽然仍然是平稳的“哗哗”声，但是与未磨损时的状况相比，声响强度增大，音色要清亮一些。

当齿轮出现疲劳点蚀、齿面粘着、轮齿折断等不均匀性缺陷时，齿轮产生的振动就会受到失效轮齿变形量发生变化的影响，而导致振幅变化，出现振幅调制现象。而且在产生调幅现象的同时，也会造成扭矩的波动，导致角速度的变化而引起频率调制。这样，由听诊法判断就可以明显听到在“哗哗”声中，带有时域振动波发生周期调制所引起的周期性“嗬罗”声，或者“咯噔”声。

用听诊法监测齿轮状态的时候，为了提高监测的可靠程度，可以采用电子听诊器录音对比法进行监测。通过与齿轮正常工作状态下产生的声响强度和音色进行对比，以便发现经过长期运转的齿轮有无重、杂、怪、乱的异常声响发生，判断齿轮的工作状态是否正常。当然，在有条件时，对重要的齿轮，也可以将电子听诊器采集的振动信息输入到示波器等记录显示仪器之中进行对比判断。

第三节　振动诊断技术

机器运转时总是伴随着振动。当机器状态完好时，其振动强度是在一定的允许范围内波动的；当机器出现故障时，其振动强度必然增强，振动性质也会因之而变化。因此，振动信号中携带着大量有关机器运行状态的信息。通过测量并分析机械振动信号，可以在不解体的情况下，检测机械的工作状态和诊断机械故障的程度、部位等，从而实现预知维修。振动诊断技术是目前应用最广泛、最普遍的诊断技术之一，且已取得较好的效果。振动信号的采集、传输和分析用的仪器近年来又有了很大的发展并已达到相当高的水平，无疑又促进了该项技术在各个领域中的应用和发展。

振动诊断一般分为两个步骤：简易诊断和精密诊断。简易诊断是测定总的振动强度，即测量机械振动参数（位移、速度和加速度）的幅值（如有效值、峰值等），将它与标准值或经验值比较，可初步判断机械有无故障。若有故障，则需进行精密诊断，进一步判明故障的原因、部位及危险程度等。简易诊断也常作为现场维修人员监测机械设备状态的手段。

本节重点介绍精密诊断。精密诊断是将测得的机械振动参数随时间变化的时域信号，进行各种分析处理，最终得到振动的特征参数或其图像，将它与机械正常运转时的特征参数或图像进行比较，从而判断机械故障的原因、部位和程度。诊断系统的组成及诊断过程如图 4-7 所示。机器产生的振动信号由传感器转换为电量，该电量经信号预处理仪器进行放大、滤波、隔直等加工处理，再通过 A/D 转换器将其转换为数字信号后，送入计算机进行记录、计算和显示诊断的特征参数及其图像。剩下的工作，也是一个极其重要、难度较大的环节，就是由专门人员根据计算机计算和显示的结果，分析、判断机器的故障。

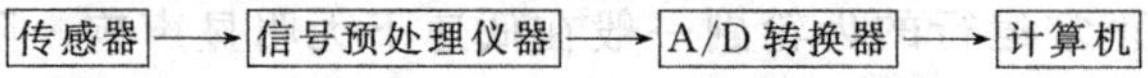

传感器 → 信号预处理仪器 → A/D 转换器 → 计算机

图 4-7　诊断系统的组成

振动诊断的特征参数主要有振动幅值、概率密度函数、自相关函数和自功率谱密度函数等。它们从不同的侧面，反映了机械振动的性质、特点和变化规律，成为故障诊断的依据。下面将分别介绍这些特征参数及其在故障诊断中的应用。

一、振动幅值

信号的幅值是从总体上反映信号大小（即强弱）的特征参数。由于实测的机器振动往往是随机信号，因此用均值、方差、有效值等统计平均值来表示其幅值。

1．均值 μ_x

设信号的样本函数为 $x(t)$。$x(t)$可以是位移、速度或加速度。观察时间为 T，则其均值定义为

$$\mu_x = \lim_{T\to\infty}\frac{1}{T}\int_0^T x(t)\mathrm{d}t \tag{4-1}$$

均值表示信号的常值分量（或直流分量）。

2．方差 σ_x^2

方差描述信号的波动分量，是 $x(t)$偏离均值 μ_x 的平方的均值，即

$$\sigma_x^2 = \lim_{T\to\infty}\frac{1}{T}\int_0^T [x(t)-\mu_x]^2\mathrm{d}t \tag{4-2}$$

方差的正平方根叫标准差 σ_x。

3．有效值 x_{rms}

有效值描述信号的强度。其计算公式为

$$x_{rms} = \sqrt{\lim_{T\to\infty}\frac{1}{T}\int_0^T x^2(t)\mathrm{d}t} \tag{4-3}$$

x_{rms}的平方称为均方值，用 ψ_x^2 表示。

均值、方差和有效值的相互关系是

$$\sigma_x^2 = x_{rms}^2 - \mu_x^2 \tag{4-4}$$

当 $\mu_x=0$ 时，则 $\sigma_x^2 = x_{rms}^2$。

实际遇到的振动信号，其均值 μ_x 往往为零，即使均值不为零，也总是首先采取隔直措施，使其均值为零，然后再进行处理分析。这样，实际上造成了方差与均方值相等，或标准差与有效值相等。

在振动测试和故障诊断中，常用有效值的大小来评价机器的总体振动水平，或用有效值与标准值进行比较，从总体上衡量机器运转是否正常。

二、概率密度函数

概率密度函数是表示信号幅值落在指定区间内的概率。对于图 4-8a 所示的信号，$x(t)$ 值落在 $(x,\ x+\Delta x)$ 区间内的时间为 T_x

$$T_x=\Delta t_1+\Delta t_2+\cdots+\Delta t_n=\sum_{i=1}^{n}\Delta t \tag{4-5}$$

当样本记录的观察时间 T 趋于无穷大时，T_x/T 的比值就是幅值落在 $(x,\ x+\Delta x)$ 区间内的概率，即

$$P[x<x(t)\leqslant x+\Delta x]=\lim_{T\to\infty}\frac{T_x}{T} \tag{4-6}$$

定义幅值概率密度函数 $p(x)$ 为

$$p(x)=\lim_{\Delta x\to 0}\frac{P[x<x(t)\leqslant x+\Delta x]}{\Delta x} \tag{4-7}$$

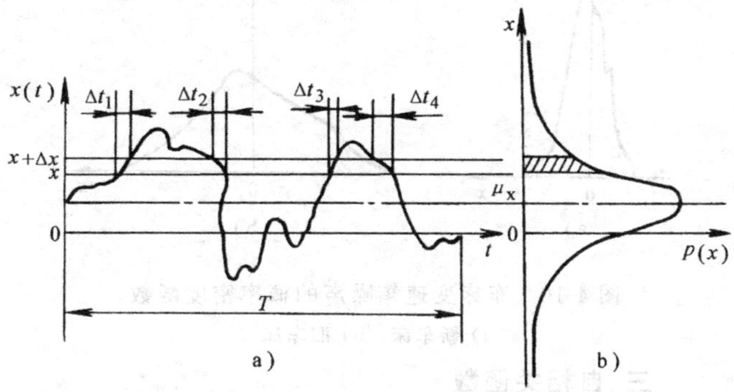

图 4-8 概率密度函数的计算

概率密度函数提供了信号沿幅值域分布的信息。如图 4-8b 所示，坐标 x 表示信号 $x(t)$ 值的大小，而阴影部分的面积则表示信号 $x(t)$ 的值落在 $(x,x+\Delta x)$ 区间内的概率，因而概率密度函数曲线与 x 轴所包围的面积是 1（即 100%）。不同信号有不同的概率密度函数图形，可以借此识别信号的性质。图 4-9 是常见的四种信号的概率密度函数图形。

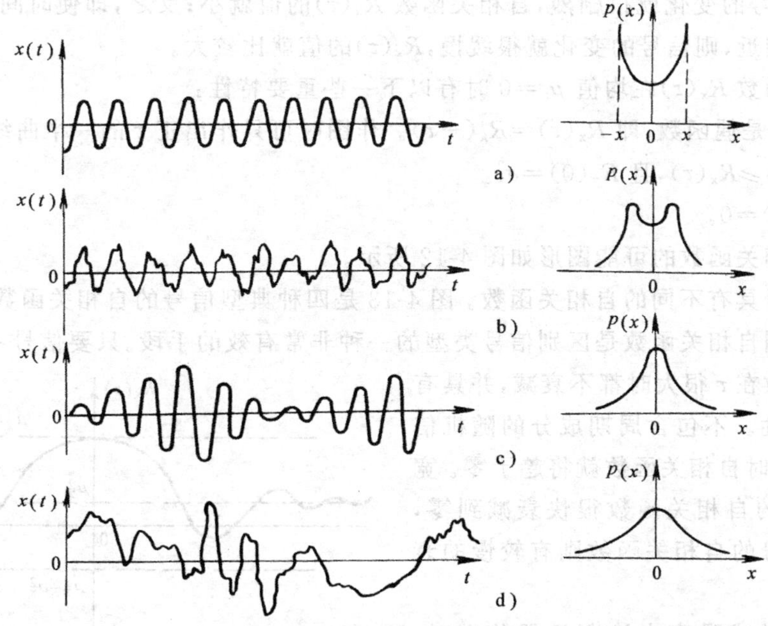

图 4-9 四种信号的概率密度函数

a) 正弦信号 b) 正弦信号加随机信号 c) 窄带随机信号 d) 宽带随机信号

概率密度函数可以直接用于机器的故障诊断。图 4-10 是车床变速箱的噪声分布规律。新旧两台变速箱的分布规律有着明显的差异。新车床的概率密度函数图形呈“窄而高”的形态，而旧车床的图形呈“宽而矮”的形态。显然旧车床噪声的幅值大于新车床的幅值，但当其幅值大到一定程度，就需要进行修理。

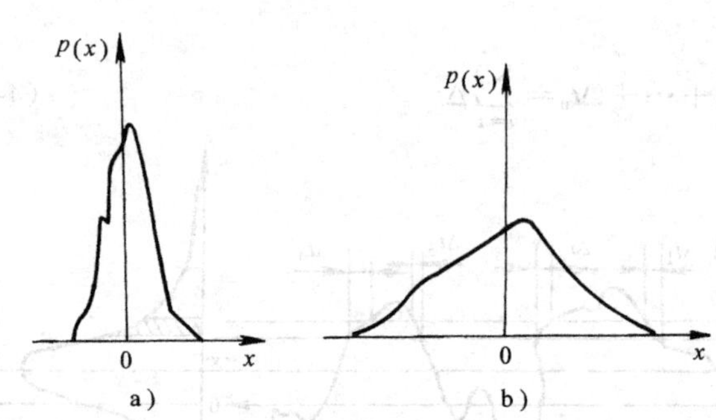

图 4-10　车床变速箱噪声的概率密度函数
a) 新车床　b) 旧车床

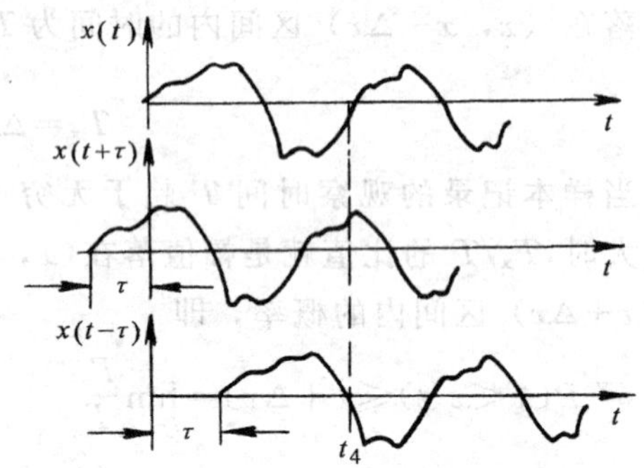

图 4-11　自相关函数的确定

三、自相关函数

设 $x(t)$是信号的一个样本函数，$x(t+\tau)$是 $x(t)$前移 τ 后的样本(图 4-11)，则定义自相关函数 $R_x(\tau)$为

$$R_x(\tau)=\lim_{T\to\infty}\frac{1}{2T}\int_{-T}^{T}x(t)x(t+\tau)\mathrm{d}t \tag{4-8}$$

自相关函数表示信号幅值变化的剧烈程度。如果时间间隔 τ 很小时幅值之间的差异就很大，则这一信号的变化就很剧烈，自相关函数 $R_x(\tau)$的值就小；反之，即使时间间隔 τ 很大时幅值一般仍很接近，则信号的变化就很缓慢，$R_x(\tau)$的值就比较大。

自相关函数 $R_x(\tau)$在均值 $\mu_x=0$ 时有以下一些重要特性：

1) $R_x(\tau)$是偶函数，即 $R_x(\tau)=R_x(-\tau)$。作图时可只作出正 τ 的一半曲线。

2) $R_x(0)\geqslant R_x(\tau)$，且 $R_x(0)=\sigma_x^2$。

3) $R(\infty)=0$。

因此自相关函数的可能图形如图 4-12 所示。

不同信号具有不同的自相关函数。图 4-13 是四种典型信号的自相关函数的图形。稍加对比就可以看到自相关函数是区别信号类型的一种非常有效的手段。只要信号中含有周期成分，其自相关函数在 τ 很大时都不衰减，并具有明显的周期性。不包含周期成分的随机信号，当 τ 稍大时自相关函数就将趋于零。宽带随机信号的自相关函数很快衰减到零，窄带随机信号的自相关函数则有较慢的衰减特性。

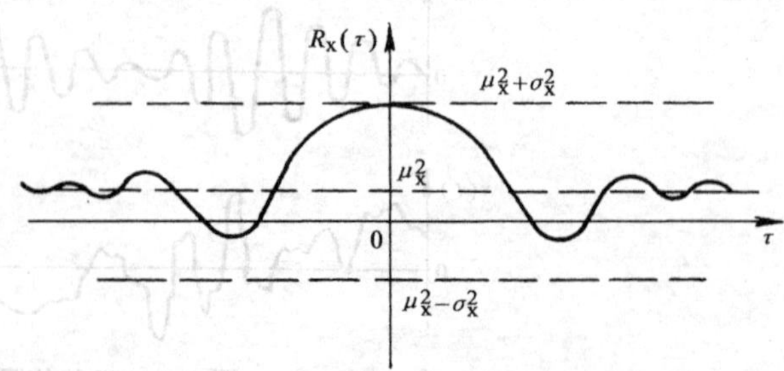

图 4-12　自相关函数的特征图

当用振动或噪声来诊断机器状态时，正常运行下的机器，其振动或噪声是大量

的、无秩序的、大小接近相等的随机信号；当机器运行状态下正常时，在随机信号中将出现有规则的、周期性的脉冲，其大小要比随机成分大得多。因此，采用自相关分析法可有效地诊断机器故障。不仅可以判断出信号中有无隐藏的周期成分，而且通过对自相关函数的幅值和波动频率的进一步分析，可以查出机器缺陷之所在。

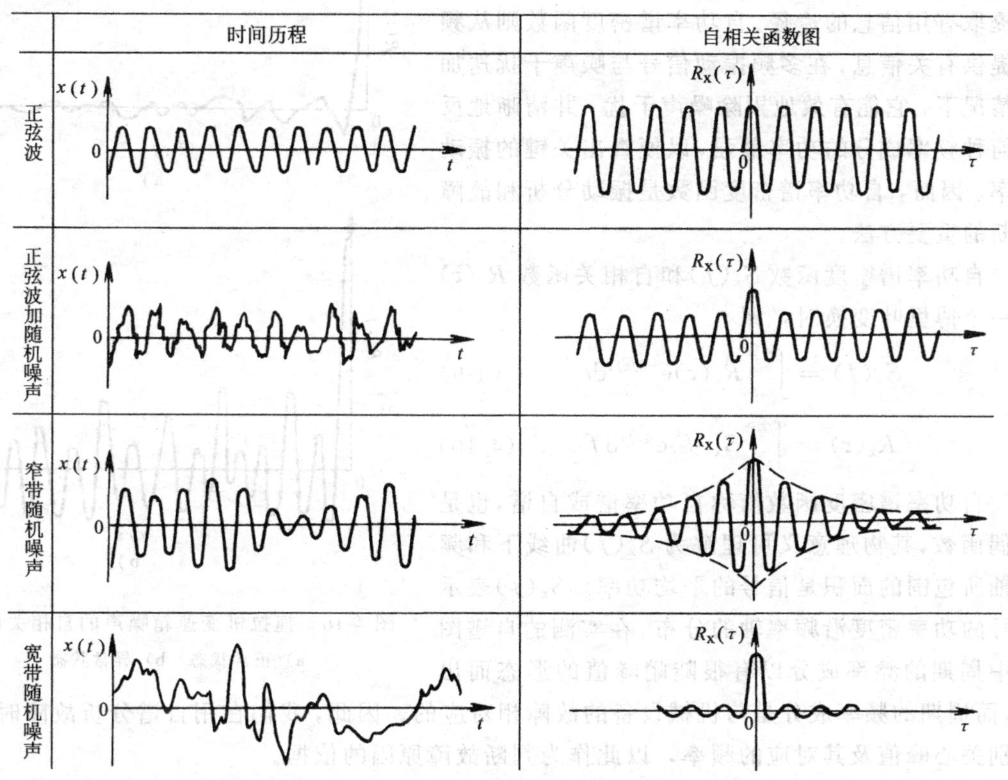

图 4-13　四种典型信号的自相关函数的图形

图 4-14 所示是两台 C6163 型车床变速箱噪声的自相关函数。图 a 为正常状态，图 b 为异常状态。将变速箱各根轴的转速与 $R(\tau)$ 的波动频率进行比较，可以确定这一缺陷的位置。检查变速箱的状况，完全证实了噪声分析作出的判断。

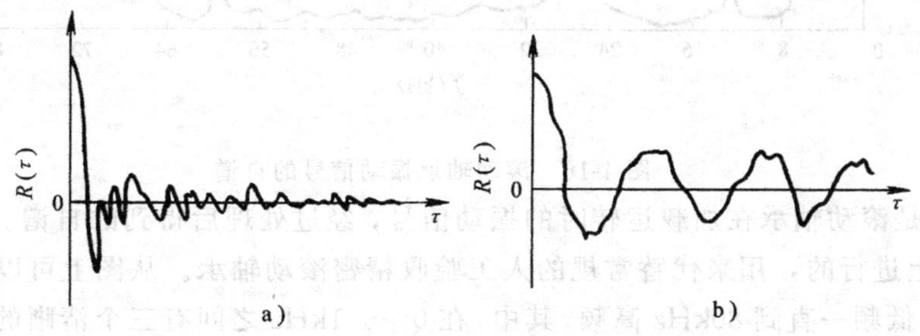

图 4-14　C6163 型车床主轴箱噪声的自相关函数

a）正常状态　b）异常状态

图 4-15 所示是拖拉机变速箱噪声的自相关曲线。其中，图 a 是正常状态下的自相关函数，当 $\tau=0$ 时，$R(\tau)$ 有一峰值；随着 τ 的增大，其自相关函数迅速趋近横坐标。这说明变速箱的振

动是随机振动。相反，在图 b 中，变速箱的随机振动中夹杂有周期振动，当 τ 增大时，自相关曲线并不向横坐标衰减，这种情况标志着运动状态不正常。

四、自功率谱密度函数

自相关分析从时域的角度提供了在噪声背景下提取有用信息的途径。自功率谱密度函数则从频域提供有关信息，在多频振动信号与噪声干扰迭加的情况下，它能有效地剔除噪声干扰，并清晰地反映何种频率成分的功率最强，以便查出关键的振动频率。因而，自功率谱密度函数是振动分析和故障诊断的重要方法。

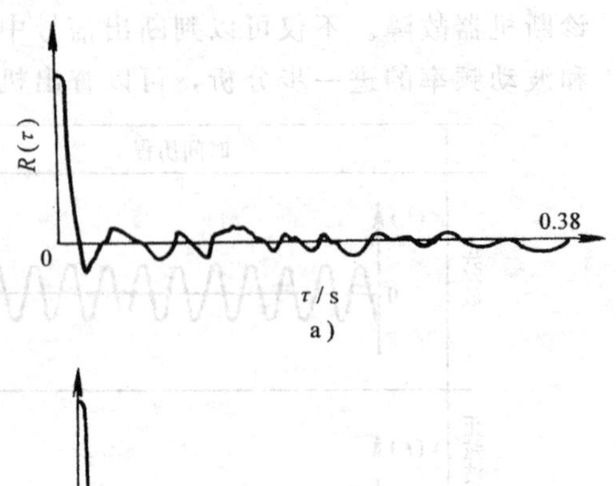

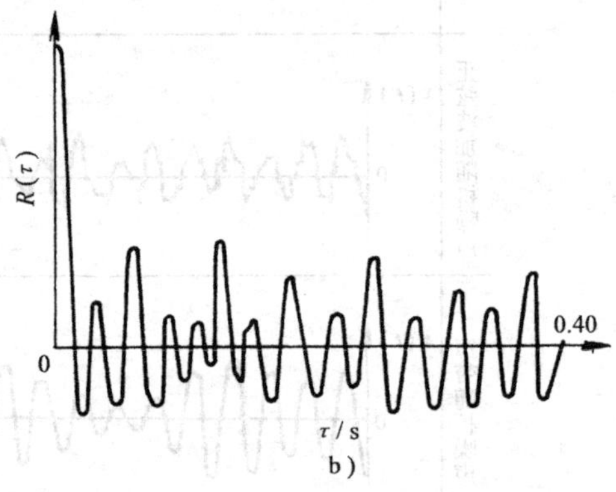

图 4-15　拖拉机变速箱噪声的自相关函数

a）正常状态　b）异常状态

自功率谱密度函数 $S_x(f)$ 和自相关函数 $R_x(\tau)$ 是一个傅里叶变换对，即

$$S_x(f)=\int_{-\infty}^{+\infty}R_x(\tau)e^{-j2\pi f\tau}dt \tag{4-9}$$

$$R_x(\tau)=\int_{-\infty}^{+\infty}S_x(f)e^{j2\pi f\tau}df \tag{4-10}$$

自功率谱密度函数简称自功率谱或自谱，也是实偶函数，其物理意义可理解为 $S_x(f)$ 曲线下和频率轴所包围的面积是信号的平均功率。$S_x(f)$ 表示信号的功率密度沿频率轴的分布。在实测的自谱图形中周期的频率成分以有很陡峭峰值的形态而出现，而周期的频率成分是与机械设备的故障相对应的。因此，我们在用自谱分析故障时，往往特别关心峰值及其对应的频率，以此作为判断故障原因的依据。

自谱是用得最多、最普遍的一种频域分析方法，在机械故障诊断中也有着广泛的用途。

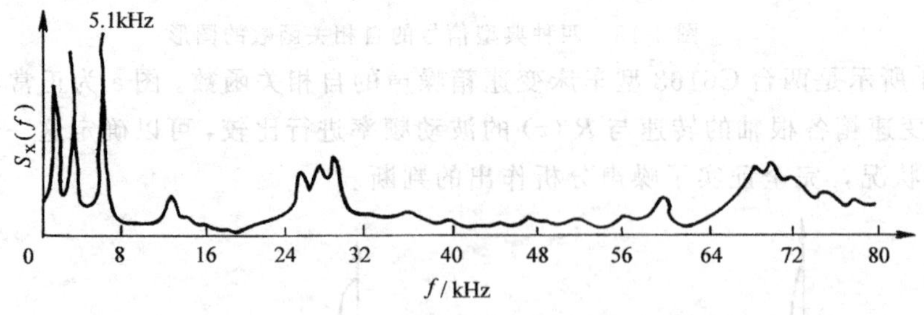

图 4-16　滚动轴承振动信号的自谱

图 4-16 是滚动轴承在加载运转时的振动信号，经过处理后得到的自谱。试验是在专用的轴承试验台上进行的，用来代替常规的人工验收精密滚动轴承。从图上可以看到，信号的频带相当宽，从低频一直到 80kHz 高频。其中，在 0～5.1kHz 之间有三个清晰的谱峰，在 12kHz、24～30kHz 处以及 68～72kHz 处均有附加峰谱。这些峰谱是与滚动轴承在运行过程中各轴承元件（滚动体、套圈、保持架等）所激发出的固有频率相对应的，因而通过对这些频率成分的分析、比较，可以判断滚动轴承是否有缺陷。采用这种方法验收精密滚动轴承，试验的结果与熟练技师人工验收的效果不差上下。有些缺陷，人工验收不能发现，试验台却可以及时

发现并提出警告。由于严格了验收规范，就减少了大修中更换轴承的次数，以及运行中发生事故的可能性。

图 4-17a 所示是拖拉机发动机的噪声自功率谱。发动机转数为 1300r/min，处于满载运行工况。图中四根曲线相当于活塞与缸套间隙 $h=0.5$、0.3、0.2 和 0.1mm的情况。图 4-17b 所示是在各个共振峰区域内信号功率的变化：在 0.71～0.79kHz 频带内，虽然总的趋势与其他谱峰相同，但间隙变化影响小；在 9kHz 的谱峰处，其功率与活塞、缸套间的间隙无关；而在 1.6kHz 和 3.2kHz 的谱峰处，功率受间隙影响最大，因而通过分析这两个频率成分，可以判断出活塞与缸套间隙的大小。

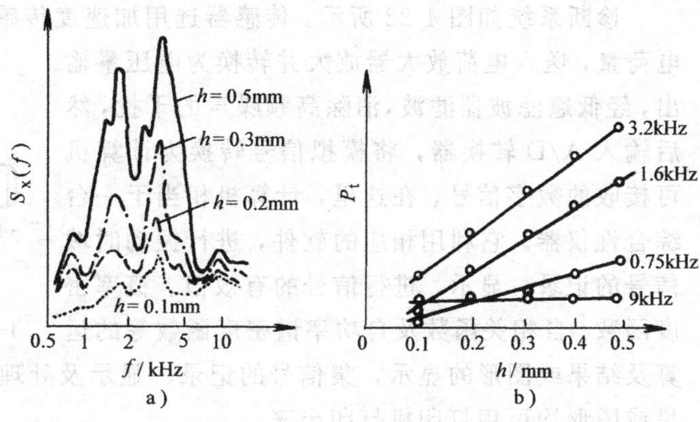

图 4-17 在不同的活塞缸套间隙下的噪声测定

a）自功率谱 b）峰值处的功率

图 4-18 所示是一台转数为 800r/min（13.6Hz）的大型水泵的振动谱。谱图上出了两个明显的谱峰。其中 $f_0=13.6$Hz 是由叶轮不平衡引起的。因为转子（在这里就是叶轮）失衡引起的振动，其激振频率为一倍的转频，由此可以判断叶轮失衡的严重程度。频率 $4f_0=54.4$Hz 是由叶片（叶轮上有四个叶片）与水撞击形成的。

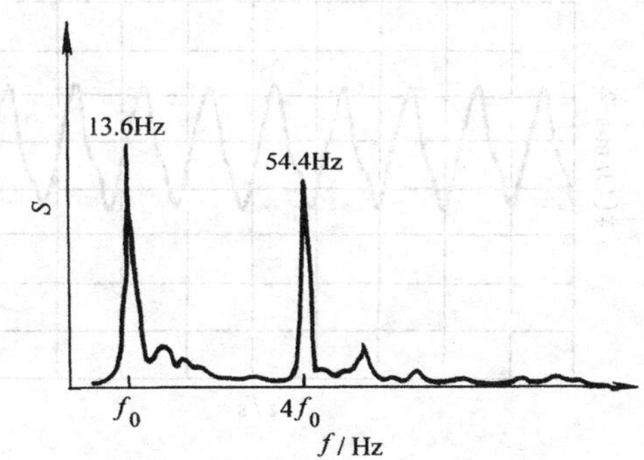

图 4-18 某大型水泵的振动谱

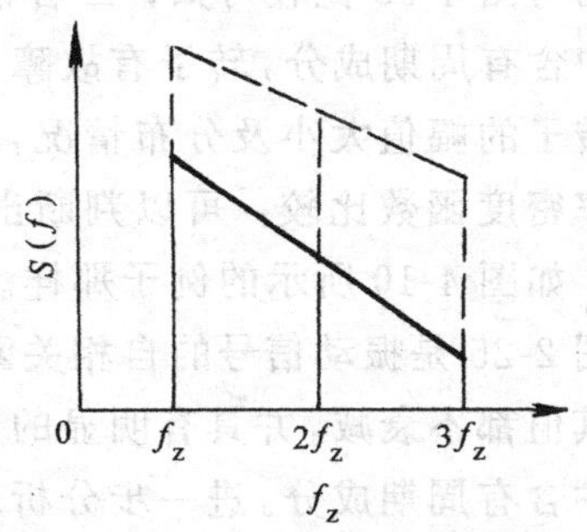

图 4-19 齿轮齿面均匀磨损前后自谱的变化

最后，简单介绍一下主轴箱的频域诊断。正常运行的主轴副，在其振动谱上会出现啮合频率 f_z（f_z=齿数×转数）及其高次谐波的频率成分。当齿轮齿面均匀磨损时，啮合频率及其谐波分量保持不变，但幅值大小改变，高次谐波幅值增大较多。如图 4-19 所示，实线与虚线分别表示磨损前和磨损后的幅值变化。当齿轮存在不均匀或局部缺陷时，就会出现阔幅和阔频现象，此时在谱图上形成以载频 f_z、$2f_z$、$3f_z$、…为中心的一系列不对称边频，如图 4-20 所示。通过对边频的识别，可以判断缺陷的原因。

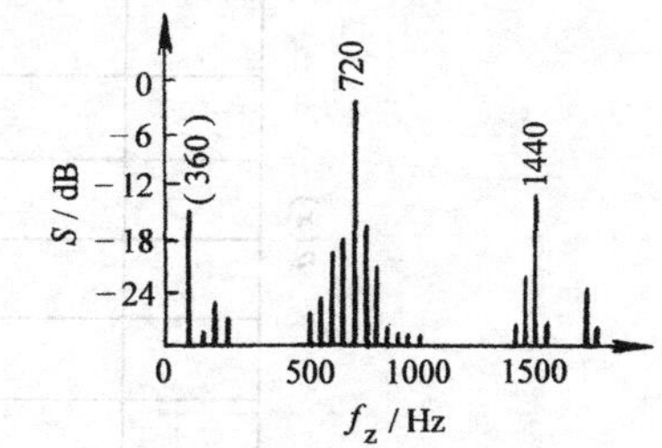

图 4-20 齿轮存在不均匀或局部缺陷时的频谱

五、振动诊断实例

我们以转子不平衡故障的诊断为例，来说明振动诊断的方法步骤。

诊断对象如图 4-21 所示，其中电动机的转数为 1500r/min (25Hz)。

诊断系统如图 4-22 所示。传感器选用加速度传感器。传感器将转子的振动加速度转换为电荷量，送入电荷放大器放大并转换为电压量输出，经低通滤波器滤波，消除高频噪声的干扰，然后输入 A/D 转换器，将模拟信号转换为计算机可接收的数字信号。在这里，计算机相当于一台综合性仪器。它利用相应的软件，进行振动时域信号的记录、显示，进行信号的有效值、概率密度函数、自相关函数及自功率谱密度函数等的运算及结果或图形的显示，集信号的记录、显示及处理分析等多种功能于一身。所有的运算结果或图形均可用打印机打印出来。

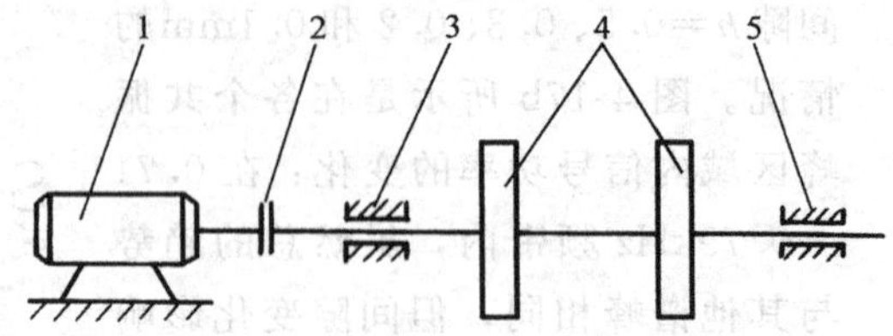

图 4-21 诊断对象示意图

1—电动机 2—联轴器 3、5—轴承座 4—转子

加速度传感器 → 电荷放大器 → 低通滤波器 → A/D 转换器 → 计算机

图 4-22 诊断系统框图

图 4-23 所示是所记录的振动信号的时域图形。考虑到该转子装置振动的频率范围，滤波器的截止频率选为 100Hz，以提高信噪比。从图 4-23 可以看出，振动波形呈明显的周期性，可以初步判断转子有故障。

图 4-24 是该振动信号的概率密函数图形。将该图与图 4-9b 比较可知，二者很相似，说明信号中含有周期成分，转子有故障。同时进一步将该转子的幅值大小及分布情况，与正常转子的概率密度函数比较，可以判断出转子故障的程度，如图 4-10 所示的例子那样。

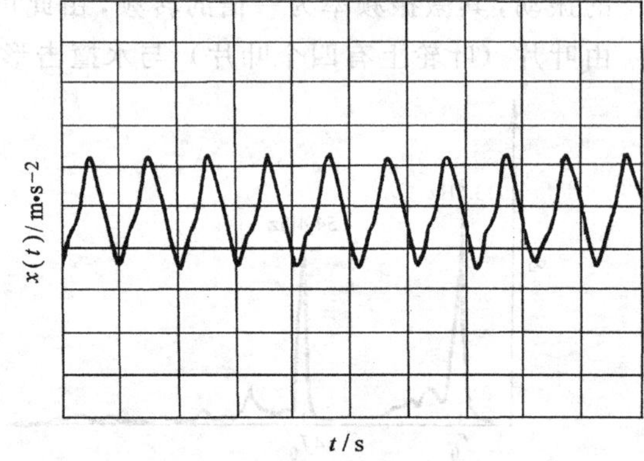

图 4-23 转子振动的时域信号

图 2-25 是振动信号的自相关函数，当 τ 很大时其值都不衰减，并具有明显的周期性，说明信号中含有周期成分。进一步分析表明，其周期约为 40ms＝0.04s，即其频率约为 25Hz，与转子的转频相等，证实了转子存在不平衡的故障。因为转子不平衡引起的振动，其激振频率为一倍的转频而无其他倍频。

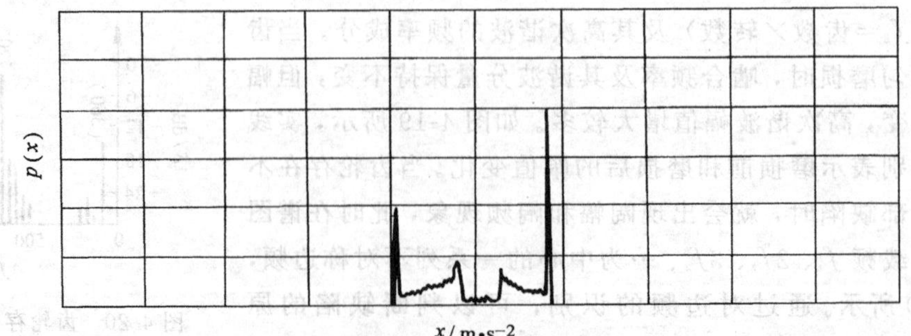

图 4-24 振动信号的概率密度函数

图 4-26 所示是振动信号的自谱。从谱图上可以看出，除了有与转子不平衡对应的转频谱峰外，谱图上还出现转频的二次谐波（50Hz）和三次谐波（75Hz）。这两个频率成分表示转子装置伴随有转轴对中不良（在电动机轴与转子轴之间）等故障。比较各谱峰峰值的大小，可以认为转子的故障以转子不平衡为主，并有一定程度的对中不良。

从以上诊断分析不难看出，频谱分析法较其他分析方法更有效、更直观。因此，在振动分析及故障诊断中，频谱分析得到了广泛的应用。

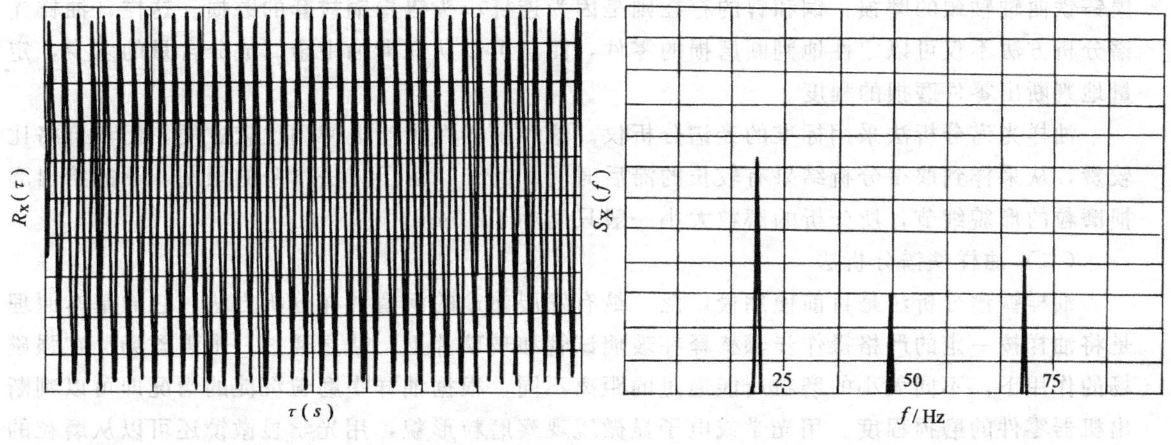

图 4-25　转子振动信号的自相关函数　　图 4-26　转子振动信号的自谱图

第四节　油样分析技术

一、油样分析的步骤和原理

如同血液之于人体的器官，润滑油在机器中循环流动，必然携带着机器中零部件运行状态的大量信息。油样分析就是抽取润滑油油样并测定油样中磨损磨粒的特性，来分析判断机器零部件的磨损情况，就像对人体“抽血化验”诊断病情一样。

在正常工作条件下，机器的磨损率一般很低，油液中磨损磨粒含量亦很少。随着工作时间的增加，磨损磨粒在油液中的积累数增大，尤其机器进入不正常的磨损状态时，磨损磨粒的尺寸和数量都显著增加。因此，通过对油样中磨损磨粒的含量、尺寸、成分和磨粒形态、表面形貌、粒度分布等的分析，可以发现磨损的类型、程度和部位等，得到机器中零件运转状态的信息，作为确定机器状态的重要依据。

整个油样分析工作分为采样、检测、诊断、预测和处理五个步骤进行。

从润滑油中采样，必须采集能反映当前机器中各个零部件运行状态的油样，即具有代表性的油样。检测是指对油样进行分析，用适当的方法测定油样中磨损磨粒的各种特性，初步回答机器的磨损状态是正常磨损还是异常磨损。当机器属于异常磨损状态时，需要进一步进行诊断，即确定磨损零件和磨损的类型（例如，磨料磨损、疲劳磨损等）。预测是指预测处于异常磨损状态的机器零件的剩余寿命和今后的磨损类型。根据所预测的磨损零件、磨损类型和剩余寿命即可对机器进行处理（包括确定维修的方式、维修的时间以及确定需要更换的零部件等）。

目前，常采用如下三种润滑油样分析方法：

（一）油样光谱分析法

油样光谱分析法是指用原子吸收或原子发射光谱分析润滑油中金属的成分和含量、判断磨损的零件和磨损的严重程度的方法。这种方法对有色金属比较适用。例如，柴油机主轴轴瓦及连杆轴瓦的材料为钢基网状铝锡合金。这种合金是以锡-铝共晶软化相的形式存在的。通过油样光谱分析可知，润滑油中微量的锡和铝的存在，是因为主轴瓦和连杆轴瓦的磨损。其机理是由于运转初期润滑油供应瞬时中断，摩擦副油膜破裂导致摩擦副直接接触摩擦，从而出现局部高温，使低熔点的共晶锡液珠从合金中析出的缘故。润滑油中镁的存在，是因为球墨铸铁曲轴轴颈的磨损；铜和锌的存在则是因为连杆小头锡青铜衬套的磨损。这样，油样光谱分析方法不仅可以定性地判断磨损的零件，而且可以从润滑油中金属成分含量的多少，定量地判断出零件磨损的程度。

油样光谱分析法采用标准的光谱分析仪。这种仪器在生产上使用比较方便，但其价格比较贵，从采样到取得分析结果有较长的滞后时间。此外，由于方法本身的限制，不能给出磨损磨粒的形貌细节，所分析的磨粒大小一般只能小于 10μm。

（二）油样铁谱分析法

油样铁谱分析法是目前使用最广泛、最有发展前途的润滑油样分析方法。它的基本原理是将油样按一定的严格操作步骤稀释在玻璃试管和玻璃片上，使之通过一个强磁场。在强磁场的作用下，不同大小的磨粒所能通过的距离不同，根据油样中磨粒沉淀的情况即可以判断出机器零件的磨损程度。用光学或电子显微镜观察磨粒形貌，用光学显微镜还可以从磨粒的色泽判断其成分。这样，油样铁谱分析给我们提供了磨损磨粒的数量、粒度、形态和成分四种信息。

油样铁谱分析法使用的仪器比较低廉，提供的信息比较丰富，但对于非铁磁材料不够敏感，而且需要熟练的操作人员和遵守严格的操作步骤，才能使分析的结果具有可比性。这种方法适合于检测粒度介于 5～100μm 的磨损磨粒。

（三）磁塞检查法

磁塞检查法在前面已详细介绍过，它早于油样铁谱分析，常用于飞机、轮船等设备上。它是一种长期采用的、简便而行之有效的方法，适用于磨损磨粒的尺寸大于 50μm 的情况。由于在一般情况下，机器零件的磨损后期均出现颗粒尺寸较大的磨损磨粒，因此磁塞检查是一种很重要的手段。

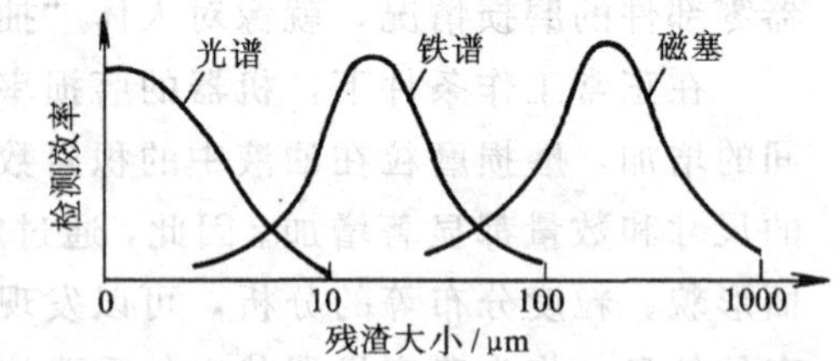

图 4-27　三种油样分析方法的适应范围

上述三种方法对润滑油内的磨损磨粒特性的分析观察等都有一定效果，但也有其局限性，每种方法对磨损磨粒尺寸的敏感范围不同。图 4-27 所示是三种润滑油样分析方法的检测效率和磨损磨粒尺寸的关系。由图可见，三种方法是相互补充的，但总的来说，铁谱分析技术对几微米至百微米级的磨粒有较高的分析效能，并且这个尺寸范围的磨粒与机器监测时所采集到的磨损物粒径相吻合。

二、油样的采集

油样是油样分析的依据，是一切信息的来源。如果采样不当，磨粒浓度及其粒度分布会发生明显的变化，也就不会有准确有效的分析结果，所以采样的时机和方法是油样分析的重要环节。

（一）采样的方法

采样的主要工具是抽油泵、油样瓶和抽油软管等。其组成、结构如图 4-28 所示。

采样的方法步骤如下：

1）将抽油泵圆头螺母松一下，将软管插入，拧紧螺母，使软管固定在抽油泵接头上，软管从泵接头的底部伸出大约 10mm，以保证泵接头和泵内部不受油污染。

2）将油样瓶拧紧在抽油泵头上，连接部位不能漏气。

3）抽出被检机器上的机油尺或打开加油口螺母或拧下装有油平面高度的螺塞，将油管插入油面约 50mm。油管不宜插入过深，以防止吸入沉淀物。

4）反复推拉抽油泵手柄，在油样瓶中产生真空，使油液通过软管流入油样瓶中，直至抽够标定油量为止。

5）取下油样瓶，盖好，并擦净抽油管，放松螺母将抽油管取下。

6）填写油样检验单（机型、编号、部位、运转小时等），并将其粘贴在油样瓶上。

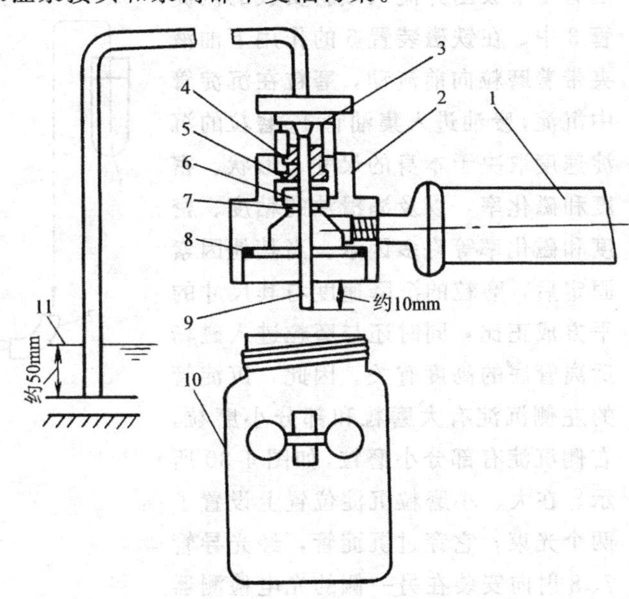

图 4-28　采样装置示意图

1—抽油泵　2—泵接头　3—圆头螺母　4—O 形环
5、6、7—隔圈　8—橡胶垫圈　9—管子
10—油样瓶　11—油面

（二）采样的时机

不同的机器设备，采样的时机有所不同。例如发动机，对于每隔 125h 和 250h 换油的发动机，则换油时采样；对于每隔 500h 换油的发动机，则每隔 250h 采样；大修后的发动机，每隔 10h 采样；当发现发动机磨损超常时，应缩短采样时间。再如变速箱、终传动、液压系统等，一般情况下每 500h 采一次油样；大修后每隔 50～250h 采样；新的或大修后的机械在第一个 1000h 的工作期间内，每隔 250h 采一次油样；分析结果异常时，应缩短采样时间间隔。

（三）采集油样注意事项

1）如果系统正在工作时取油样，则每次采样必须在相同的工作状态下进行，因为即使是高、低档位之间的变化，也会使油样发生差别。

2）如关机后采样，必须考虑磨粒的沉降速度和采样点位置。一般要求在油还处于热状态时完成采样。

3）尽量选择在机器过滤前采样，避免从死角、底部等处采样。

4）每次采样应尽量在同一位置、同一时间条件下（如停机应在相同时间后）进行。

5）采油口和采样工具必须保持清洁，防止油样间的交叉污染和被灰尘污染。采样软管只用一次。

6）必须考虑到换油的影响。

三、油样铁谱分析

（一）铁谱分析的仪器与原理

铁谱分析中使用的基本仪器是铁谱仪。铁谱仪可分为直读式铁谱仪、分析式铁谱仪、旋转式铁谱仪和在线式铁谱仪等。

1. 直读式铁谱仪

直读式铁谱仪的工作原理如图 4-29 所示。利用虹吸作用使稀释油样经吸油毛细管 2 从样油管 1 中吸出并流入倾斜安放的沉淀管 3 中，在铁磁装置 5 的作用下油液夹带着磨粒向前流动，磨粒在沉淀管中沉淀，废油进入集油管 4。磨粒的沉淀速度取决于本身的尺寸、形状、密度和磁化率，以及润滑油的粘度、密度和磁化率等许多因素。当其他因素固定后，磨粒的沉降速度与其尺寸的平方成正比，同时还与磨粒进入磁场后离管底的高度有关。因此，沉淀管的左侧沉淀有大磨粒和部分小磨粒，右侧沉淀有部分小磨粒，如图 4-30 所示。在大、小磨粒沉淀位置上设置了两个光束，它穿过沉淀管，经光导管 7、8 射向安装在另一侧的光电检测器 9、10。磨粒沉积越多，光电检测器能接收到的光强度越弱，经转换后，在数字显示装置上显示光密度读数。该值与磨粒数量相对应，也可以直接显示出代表大小磨粒相对数量的读数值。

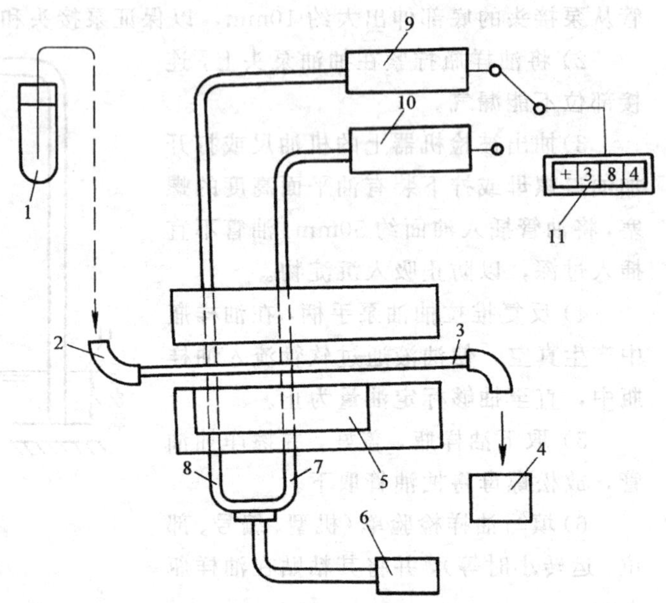

图 4-29　直读式铁谱仪示意图
1—油样管　2—吸油毛细管　3—沉淀管　4—集油管
5—铁磁装置　6—灯泡　7、8—导光管
9、10—光电检测器　11—数量装置

直读式铁谱仪能方便、迅速且较准确地测定油样内大小磨粒的相对数量，因而能对机械设备工况进行检测，但不能对磨粒的形态和成分进行进一步的观察。

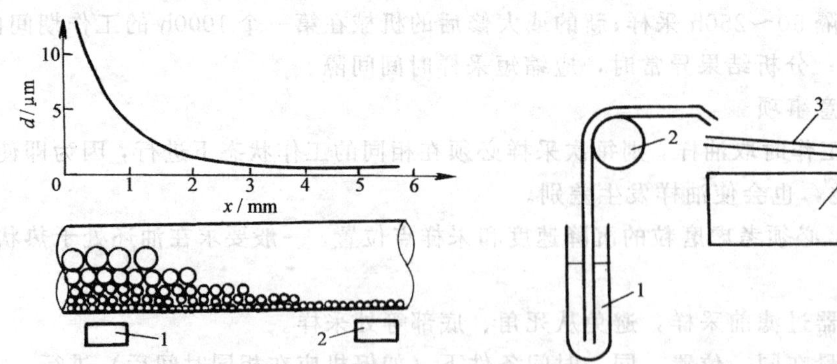

图 4-30　沉淀管内磨粒的沉淀情况

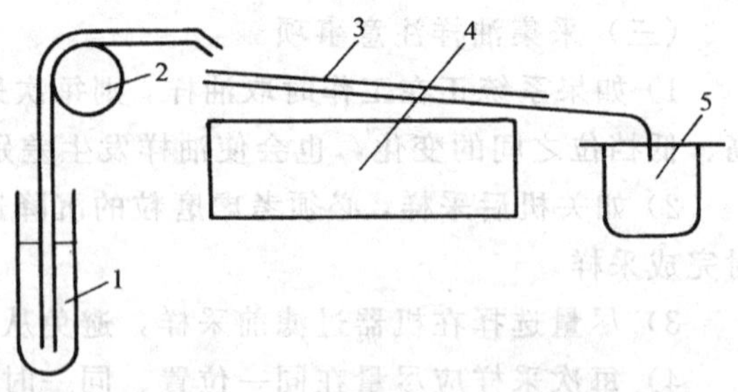

图 4-31　分析式铁谱仪的原理
1—油样管　2—微量泵　3—玻璃基片
4—铁磁装置　5—集油管

2. 分析式铁谱仪

分析式铁谱仪与直读式铁谱仪的不同是用玻璃基片代替玻璃沉淀管，将经过稀释的油样放在磁场中使磨粒沉淀在玻璃基片上制成谱片，然后用双色光学显微镜或扫描电子显微镜对磨粒进行观察分析。分析式铁谱仪的原理如图 4-31 所示。磨粒在玻璃基片上的沉淀原理与直读式铁谱仪相似。磨粒沉淀后，用四氯乙烯溶液清洗残油，使磨粒固定在基片上形成了谱片，如图 4-32 所示。

利用分析式铁谱仪及其显微镜，可以确定磨粒的类型和成分，例如金属磨粒、氧化物和各种化合物，润滑油中添加剂所形成的聚合物和其他外部污染颗粒等。还可以对金属磨粒的形貌进行观察分析并对各类颗粒进行读数。

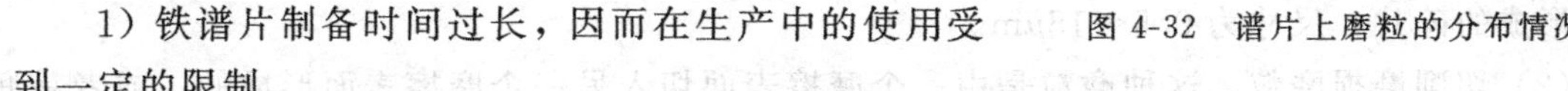

图 4-32 谱片上磨粒的分布情况

3. 旋转式铁谱仪

分析式铁谱仪进入工业应用以后，发现设计上存在下列不足：

1）铁谱片制备时间过长，因而在生产中的使用受到一定的限制。

2）每制备一个谱片需消耗一支输送管，因而操作费用较高。

3）谱片入口区磨粒堆积重叠，影响对颗粒的观察与分析。

4）对颗粒浓度较高的油样，需要高度稀释，从而造成对某些判断磨损状态有重要价值的“临界颗粒”可能被遗漏，造成判断误差。

5）含有大量残炭的柴油机油样，经高度稀释后，谱片上仍留有大量污染物。

6）微量泵在输送油样时的辗压作用使某些大颗粒被破碎或不能通过。

因此，英国在 1984 年研制出一种利用磁场力和离心力共同作用使磨粒沉降下来的旋转式铁谱仪。旋转式铁谱仪与其他铁谱仪的主要区别在于谱片的制作方法上。

制作谱片时，用注射器式输送管将 1ml 油样送到面积大约为 $30mm^2$ 的基片中心，基片置于铁磁装置上方并与之固定在一起，在可调速的驱动装置的带动下回转，油样中的磨粒在磁力和离心力的作用下沉淀并排列在基片上形成一系列同心圆。然后用洗涤管从溶剂瓶内吸上溶剂洗涤谱片上的颗粒。颗粒沉降时使装置以 70r/min 的速度回转，洗涤时以 150r/min 旋转，最后再以大约 200r/min 的速度旋转 5～10min 使之干燥。谱片干燥后，取下基片即可。

对于磨损严重并有大量大颗粒及污染物的油样，采用旋转或铁谱仪可以不稀释油样，一次制出铁谱片；对于磨粒比较少的油样，则可增加制谱油样量。制出的谱片还可以在图像分析仪上进行尺寸分布的分析。从而解决了污染严重的油样监测问题。

4. 在线式铁谱仪

为了满足实地监测系统的需要，人们研制了在线式铁谱仪。在线式铁谱仪能装在循环的油润滑系统中，提供油中的磨粒密度的连续读数和大微粒的百分比。

在线式铁谱仪由两个主要部件组成，一个是装在油循环系统旁路中的敏感元件，另一个是显示传感器传送的测量值的遥控磨损分析器。工作期间，系统中循环油的一小部分流过敏感元件。在线铁谱连续测量仪具有高梯度磁场，以便截获磨损碎屑，用表面效应的电容传感器检测大、小磨粒的存在。利用大小微粒读数之和与通过油样体积的关系，定量测出总的磨粒浓度和大于 5μm 的微粒的读数百分比。测量一旦完成，系统通过冲洗敏感元件及重复上述过程进行自动循环。测量时间间隔从 30s 到 30min 不等，这取决于油中磨损碎屑的密度。磨粒密度越高，测量间隔越短，循环越快，所以循环时间也是油中磨粒的一项指标。

在线式铁谱仪的工作过程是首先冲洗。润滑油经玻璃管流向底部，冲走上次测定时所沉淀的粒子。冲洗结束后，油泵自动关闭，一个强度变化的磁场便自动接通。与此同时，沉淀管上方储油器里的润滑油靠重力自流而通过沉淀管，粒子按大小沉淀在管里，并由传感器测定输送至显示装置上，从而给出磨粒浓度与大磨粒百分数。

（二）铁谱分析方法

根据铁谱分析所得的数据，可以对机械的磨损状态进行分析。磨损分析包括形貌分析和定量分析两个方面。

1. 形貌分析

形貌分析是通过对磨粒形态的观察分析，来判断磨损的类型。不同磨损状态下形成的磨粒在显微镜下的形态可描述如下：

(1) 正常滑动磨损磨粒　对钢而言，是厚度在 1μm 以下的，称为剪切混合层的薄层在剥落后形成的碎片，尺寸为 0.5～15μm。

(2) 切削磨损磨粒　这种磨粒是由一个摩擦表面切入另一个摩擦表面形成的，或者是润滑油中夹杂的砂、粒、其他部件的磨损磨粒切削较软的摩擦表面形成的，其形状如带状切屑，宽度为 2～5μm，长度为 25～100μm。

(3) 滚动疲劳磨粒　此类磨粒是由母材滚动疲劳、剥落形成的。磨粒呈 $\phi1$～$\phi5$μm 球状，间有厚度为 1～2μm，大小为 20～50μm 的片状磨粒。

(4)滚动疲劳兼滑动疲劳磨粒　此类磨粒主要是由齿轮节圆上的材料疲劳剥落形成的。产生的磨粒形状不规则，长宽比 4：1～10：1。当齿轮的载荷过大、速度过高时，齿面上也会出现凹凸不平，表面粗糙的擦伤。

(5) 严重滑动磨损磨粒　此类磨粒是在摩擦面的载荷过高或速度过高的情况下由于剪切混合层不稳定而形成的。磨粒呈大颗粒剥落，尺寸在 20μm 以上，厚度在 2μm 以上，经常有锐利的直边。

图 4-33 到图 4-35 是某科学技术研究所在对内燃机车发动机进行油样铁谱分析时摄取的润滑油磨粒图片。图 4-33 是初期磨损（磨合期）的磨粒形态。图中有大量正常滑动磨损磨粒、切削磨损磨粒、少量的球状磨粒和黑色氧化物团粒。图 4-34 是几块切削磨损磨粒，用 x 射线能谱分析表明它是由铁、硅、镁元素构成的。由于镁只有在球墨铸铁曲轴中存在，因此这条磨粒可能是曲轴磨损产生的。图 4-35 是大修前出现的严重滑动摩擦磨粒，尺寸达 150μm×70μm，边缘平直，表面有明显的滑动摩擦划痕，用 x 射线能谱分析，表明它的主要成分为铁和硅，因此这块磨粒可能是缸套磨损的产物。

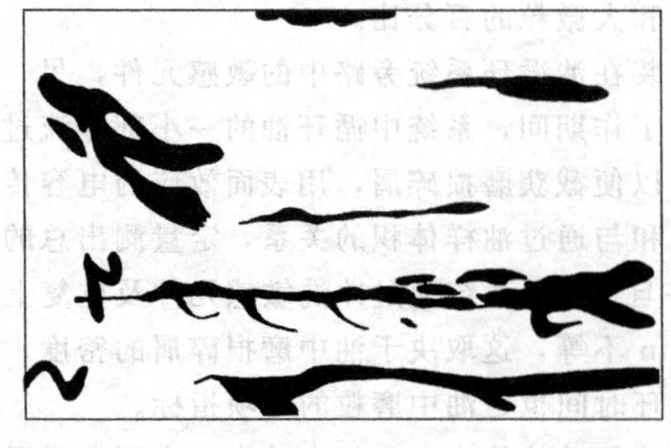

图 4-33　初期磨损的磨粒形态

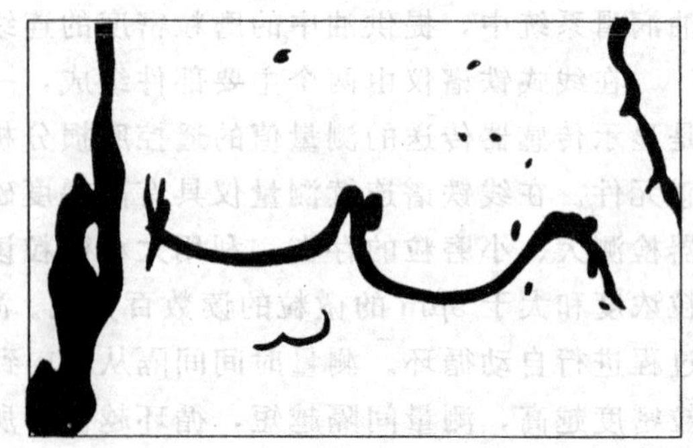

图 4-34　切削磨损的磨粒形态

由上例可以看到，油样铁谱分析与 x 射线能谱分析或油样光谱分析相配合使用，可以比较准确地判断机器中的磨损零件或磨损部位。多种方法联合使用还能够对机器运行的状态作出确诊。

2. 定量分析

定量分析的指标有磨粒浓度（WPC）、大磨粒百分比、磨损严重指数度（IS）和累积值曲线等。究竟什么指标适用，要由实践检验确定。

图 4-35　严重滑动磨损的磨粒形态

磨粒浓度以 $L+S$ 表示，其中 L 是尺寸大于 5μm 的磨粒数量，S 是尺寸为 1～2μm 的磨粒数量，显然 $L+S$ 可定量地表示油样中磨粒的浓度，从而定量地表示机械磨损的程度。目前还没有制定出磨粒浓度的标准值或极限值。另外，磨粒浓度与机械使用时间显然是有关系的，在机械管理不十分严格，机械运转时间统计不十分准确的条件下，用磨粒浓度很难准确表达机械的磨损状态。

大磨粒百分比以（$L-S$）/（$L+S$）或 L/（$L+S$）表示。它主要表达的是磨粒的尺寸分布，或者说是大尺寸磨粒在磨粒总数中所占的比重。机械在正常磨损时产生的磨粒多是小尺寸的，如果大磨粒所占的比重增加了，就是机械的磨损状态发生了异常，机械已经或者即将发生故障。大磨粒百分比是一个相对值，因而与机械运转时间无关。石家庄铁道学院的研究认为，采用大磨粒百分比能够较准确地反映机械的磨损状态，并且提出以 0.8 作为大磨粒百分比 L/（$L+S$）的极限值。

磨损严重指数度以（$L+S$）（$L-S$）或 L^2-S^2 表示。从理论上讲，该指标既包含了磨粒浓度，又包含了磨粒尺寸分布两重信息，应该能够更准确、更灵敏地表达机械的磨损状态。但是，由于铁谱分析数值的分散性比较大，再加以乘方，其分散度往往达到 1～2 个数量级。所以至今没有、也很难制订出该指标的标准值或极限值。

累积值曲线是以时间为横坐标，分别将每一个新测得的 $L+S$ 和 $L-S$ 累加到以前全部读数的总和上作为纵坐标，形成两条曲线。磨损正常的机械应该是两条逐渐分开的直线。如果这两条直线发生突变或者形成两条斜率急速升高的曲线，则说明机械发生了异常磨损。正如前面提到的，铁谱分析数值的离散性较大，相同型号机械，甚至同一台机械的分析值能发生数量级的差别，因此用一个极限值很难对机械的损坏情况作出预测。石家庄铁道学院研究发现，数量分散的原因不外乎是由于分析操作不规范和机械制造、使用条件差异这两方面的因素。前者通过严格操作规程可以减轻其影响，后者则以长期、连续监测、观察分析数据变化趋势的方法，可以排除分散性对状态监测的影响，此时采用累积值曲线来进行磨损分析是最合适的。

四、油样光谱分析

光谱分析油样的目的在于探测因零件（轴承、齿轮、缸套）的磨损而产生的悬浮的细小金属微粒的成分和尺寸，检测尺寸范围小于 10μm。光谱分析按其原理的不同，分为原子发射光谱分析和原子吸收光谱分析两种。

（一）原子发射光谱分析

原子发射光谱分析是根据原子所发射的光谱来测定物质的化学组分。通过识别这些元素的特征光谱来判断元素的存在，而这些光谱线的强度又与试样中该元素的含量有关，因此又可利用这些元素的特征光谱线的强度来确定该元素的含量。

自然界中存在的所有物质都是由不同元素的原子组成。在一般情况下，如果没有外加能量的作用，无论原子、离子或分子都不会自发产生光谱。而当它们得到能量时，使其由低能态或基态过渡到高能态，这种过渡称为激发。处于激发态的原子是十分不稳定的，在极短的时间内（约 10^{-8}s）便返回到低能态（或基态）。原子返回低能态时以一定波长的电磁波形式辐射、发出相应的光谱，释放出多余的能量（这种过渡被称为辐射跃迁），其辐射的能量可用下式表示：

$$\Delta E = E_2 - E_1 = hf = hc/\lambda \tag{4-11}$$

式中 E_1、E_2——高能级、低能级能量；

h——普朗克常量（6.6256×10^{-34}J·s）；

f——发射电磁波频率；

λ——发射电磁波波长；

c——光速。

从式（4-11）中可知，每条发射谱线的波长取决于跃迁前后的两个能级的能量差。当原子处于稀薄气体状态时，因它们相互之间作用力小，原子能量变化的不连续特性才能得到充分反映。此时，各元素原子在跃迁过程中发射的特征光谱是线性光谱，是不连续的光谱。

由于各种元素原子结构的不同，在光源的激发作用下，可以产生许多按一定波长排列的谱线组，称此为特征谱线。其波长是由各种元素的原子性质决定的。通过检查谱线上有无特征谱线的出现来判断该元素是否存在，进行光谱定性分析。根据谱线强度求出元素含量，进行光谱定量分析。

原子发射光谱分析仪器的主要作用是把不同波长的辐射按波长顺序进行空间排列，获得光谱。在现代发射光谱分析中常用的光谱仪有棱镜摄谱仪、光栅摄谱仪和光电直读摄谱仪。摄谱仪的基本结构分为三个部分，其典型光学系统如图 4-36 所示。

(1) 准光系统　准光系统包括入射狭缝S和准光镜O_1。其作用是把光源B发出的光经过聚光镜L投到入射狭缝，再经准光镜后变为平行光束。

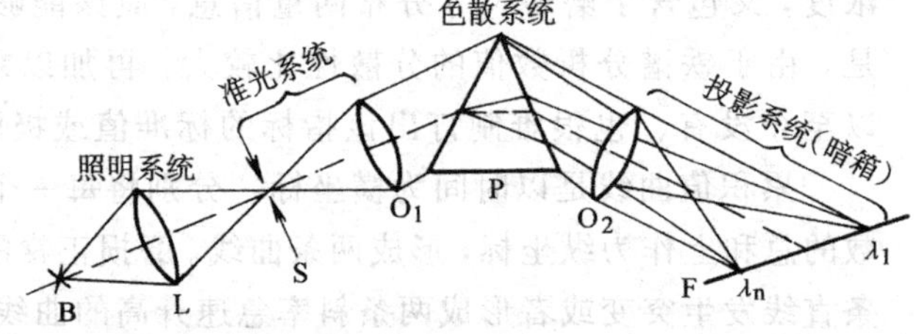

图 4-36　Q-24 中型石英棱镜摄谱仪光学系统

B—光源　L—聚光镜　S—入射缝　O_1—准光镜

P—棱镜　O_2—投影物镜　F—暗盒

(2) 色散系统　色散系统是摄谱仪的主要部分，可由一个或多个棱镜组成（或使用光栅）。其作用是把具有各种波长的平行光束按波长顺序分散成单色平行光束，这一过程叫色散。

(3) 投影系统（暗箱）　投影系统包括物镜O_2和暗盒F。经棱镜分散后的不同波长的单色平行光束通过物镜聚焦后，在O_2的焦面上形成一系列狭缝的像，即光谱。光谱中每一条谱线就是一种波长的单色光所产生的一个狭缝的像，如在焦面上放一感光板，即可摄下光谱。

（二）原子吸收光谱分析

原子吸收光谱是根据气态原子对辐射能的吸收程度确定样品中分析物的浓度。原子吸收光谱分析是基于原子对光的吸收现象。当样品中原子在火焰上发生色散时，某些原子受到热激发，在它们恢复到基态时会放出特征射线。当有一束光线通过火焰时，色散的原子会吸收一部分光线，这样就可以得到一系列对应于火焰上原子能量的吸收带。吸收波长由原子的特征所决定，吸收度则正比于火焰上原子的浓度。气态原子吸收光谱属于“窄带”吸收，即线光谱。

如图 4-37 表示原子吸收光谱原理。为实现原子吸收光谱分析，必须把分析试样转变成气态原子（但不要激发），这一过程称为原子化。另外必须有一个辐射源（光源），分析不同元素时，要采用特定的空心阴极灯。这种光源应是调制的线光源，最后通过分光系统和检测系统使分析线和非分析线的辐射分开，测量吸收射线强度。图 4-38 表示原子吸收分析过程。如果要测定试样中镁的含量，先将样品喷射成雾状进入燃烧火焰中，含镁盐的雾滴在火焰温度下挥发并分解成镁原子蒸气，再用镁空心阴极灯作光源，它能辐射出具有波长为 2852×10^{-10}m 的镁的元素的特征谱线的光。当辐射线通过一定厚度的镁原子蒸气时，部分光被蒸气中基态镁原子吸收，光强减弱。通过单色器选出样品的特征谱线，压低其他谱线。检测器测量出通过样品之前和通过样品后光束强度，由此得出样品中镁的含量。

光源 → 气态原子 → 分光系统 → 检测系统

样品 ↑

图 4-37 原子吸收光谱分析原理

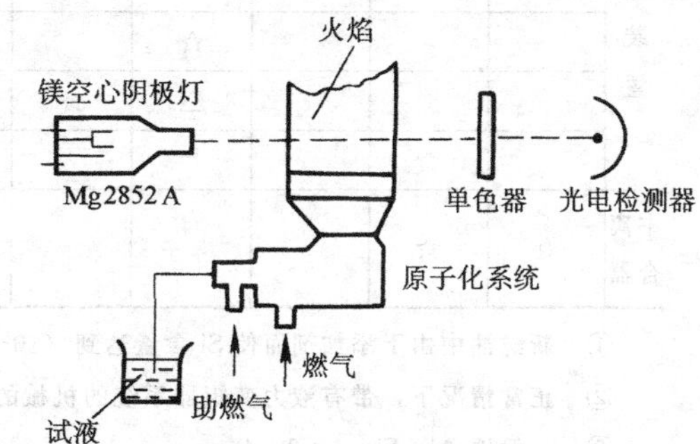

图 4-38 原子吸收光谱分析装置

下面举两个用原子吸收光谱分析法诊断故障的例子。

1. 根据高浓度元素的组成推测故障部位

一般来说，油液中某些元素浓度偏高，则材料中含有该元素的零件可能磨损。各种机械的材料不同，其磨粒成分的组成也就不同，诊断人员必须对机械的结构和材料有清楚的了解，才能进行有效的诊断。小松机械的故障部位与高浓度元素的关系如表 4-2 所示。

表 4-2 故障部位与高浓度元素组成

部件	高浓度元素							推测的故障部位
	Fe	Cu	Cr	Al	Si	Pb	(Mg)	
发动机	☆							缸套、曲轴、定时齿轮、凸轮轴、摇臂
		☆				△		定时齿轮止推轴承及衬瓦，活塞销、液压泵及凸轮轴，曲轴的轴承金属
		☆						机油冷却器漏水
				☆				曲轴止推轴承，涡轮止推轴承，活塞
			☆					活塞环
	☆		☆	△	☆①			灰尘
变矩器，变速箱，转向系	☆							齿轮、轴承
		☆			☆		☆	制动衬片
				△	☆			灰尘
	☆	☆						离合器主动盘及从动盘
		☆						止推轴承金属，减速器制动盘
				☆				变矩器
	(Fe : Cu)②							

（续）

部件	高浓度元素							推测的故障部位
	Fe	Cu	Cr	Al	Si	Pb	(Mg)	
终传动	☆		△					齿轮轴承
		☆						衬套，止推轴承金属
	☆		☆	△	☆			灰尘（浮动油封）
工作装置			☆	(Al：Si)[3]				活塞杆
	☆							油缸，泵齿轮
				☆				泵体
				△	☆			灰尘
		☆						油泵端盖，普通轴承，减速器，制动盘
主离合器	☆	☆						主动盘，从动盘

① 新鲜油中由于添加剂而使 Si 含量达到（10～20）$\times 10^{-6}$，但此值随工作时间的延长降到零。

② 正常情况下，带有液力变矩器系统的机械的 Fe：Cu＝1：2～4。

③ 一般地 Al：Si＝1：2～4。

表 4-2 中☆号是主要特征元素，该元素浓度高或浓度快速上升，则很可能是表右指出的零件磨损。表 4-2 中Δ号是辅助特征元素，当相应零件磨损时，该元素浓度有可能升高。

2. 配合辅助检测手段作进一步精密诊断

当油样光谱分析发现油中磨损颗粒浓度增高或超限时，不要急于拆卸机械，应该配合其他检测手段，进一步查清故障的部位和原因，以便及时、准确地排除故障，并制定防止故障重复发生的相应措施。发动机的精密诊断检测项目的选择如表 4-3 所示。

表 4-3 根据高浓度元素选择相应的辅助检查项目

分析结果元素组成	检查项目						
	异响	外物、磨粒	油压	漏气	压缩比	机油耗	漏水
Fe	※	※					
Fe，Cr，Al	※	※		※	※	※	
Cu，Pb	※	※	※				
Fe，Cu，Pb	※	※	※				
Fe，Cr	※	※		※	※	※	
Fe，Cu，Cr，Al，Pb	※	※	※	※	※	※	
Cu		※					※
Al	※	※				※	

如辅助检查未发现不正常现象，应继续取油样进一步观察，及时检查并纠正使用、保养中某些不合理的做法；如果发现有轻度不正常现象，则一面查清原因，加以排除，一面缩短取样周期，加以监测；如发现有严重不正常，则应解体检查，加以修复。

第五节 无损探伤技术

无损探伤是在不损坏检测对象的前提下，探测其内部或外表的缺陷（伤痕）的现代检测技术。在工业生产中，许多重要设备的原材料、零部件、焊缝等必须进行必要的无损深伤，当确认其内部或表面不存在危险性或非允许缺陷时，才可以使用或运行。无损探伤是检验产品质量、保证产品安全、延长产品寿命的必要的可靠的技术手段。

目前用于机器故障诊断的无损探伤方法有50多种，主要包括射线探伤（x射线、γ射线、高能x射线、中子射线、质子和电子射线等）、声和超声探伤（声振动、声撞击、超声脉冲反射、超声共振、超声成像、超声频谱、声发射和电磁超声等）、电学和电磁探伤（电阻法、电位法、涡流法、录磁与漏磁、磁粉法、核磁共振、微波法、巴克豪森效应和外激电子发射等）、力学和光学探伤（目视法和内窥法、荧光法、着色法、脆性涂层、光弹性覆膜法、激光全息摄影干涉法、泄漏和应力测试等）、热力学方法（热电动势法、液晶法、红外线热图法等）和化学分析法（电解检测法、激光检测法、离子散射、俄歇电子分析法以及穆斯鲍尔谱等）。现代无损探伤技术还应包括计算机数据和图像处理、图像的识别与合成和自动化检测技术等。

在工业生产检验中，目前应用最广泛的无损探伤方法主要是液体渗透法、磁粉探伤法、射线探伤法、超声波探伤法和涡流探伤法。近年来声发射探伤、红外线探伤和激光全息摄影探伤等也得到了迅速的发展和应用。本节侧重介绍超声波、红外线和x射线三种探伤方法。

一、超声波探伤技术

（一）超声波及超声波探伤

声波的频带很宽广，可在数赫兹直到数千兆赫兹的范围内变化。人耳能听到的声波，仅是其中一个很窄的频带（$f=16\sim20\times10^4$Hz），称为可听声；频率低于这一频带的声波，称为次声波（$f<16\sim20$Hz）；频率高于这一频带的声波，称为超声波（$f=2\times(10^5\sim10^9)$ Hz）。用于探伤的超声波频率一般在0.5～10MHz左右。

超声波探伤是利用超声波探头产生超声波脉冲，超声波射入被检工件后在工件中传播，如果工件内部有缺陷，则一部分入射的超声波在缺陷处被反射，由探头接收并在示波器上表现出来，根据反射波的特点来判断缺陷的部位及其大小。

在无损探伤中之所以使用频率高的超声波，是因为其指向性好，能形成窄的波束；波长短，小的缺陷也能很好地反射；距离的分辨能力好，缺陷的分辨率高。

（二）超声波的性质

1. 超声波的发生与接收

发生和接收超声波的装置是超声波探头。探头的主要元件是压电晶体片，如用水晶、钛酸钡、锆，钛酸铅和硫酸锂等制成的能够在一定频率下共振的晶片。利用压电晶体的逆压电效应，即把高频电压加到晶片的两个电极上时，晶片就在厚度方向产生同频的伸缩，这样就将电振动转换成机械振动，产生了超声波。反之，将高频机械振动（超声波）传到晶片上时，晶片就产生振动，在晶片的两电极间就会产生频率与超声波相等、强度与超声波成正比的高频电压，这就是超声波的接收。可见超声波的接收就是利用了压电晶体的压电效应。

通常，在超声波探伤中，使用一个晶片，既作发射又作接收。

2. 超声波的种类

声波在介质中传播时，有不同的运动形式。介质粒子的振动方向与声波的传播方向相同的波，称为纵波；介质粒子的振动方向与声波的传播方向相垂直的波，称为横波。纵波可以在固体、液体和气体介质中传播，而横波只能在固体介质中传播。

此外，还有在表面传播的表面波和在薄板中传播的板波，它们都可用于探伤。

纵波是用垂直探头发生的。超声纵波是向与探头接触的面相垂直的方向传播的，如图 4-39 所示。横波通常是用斜探头发生的，如图 4-40 所示。斜探头是将晶片贴在有机玻璃制的斜楔上构成的。晶片振动发生的纵波在斜楔中前进，而在探伤面上发生折射。通常使用的斜探头发生的超声波，在被测工件中折射后传播的只有横波。

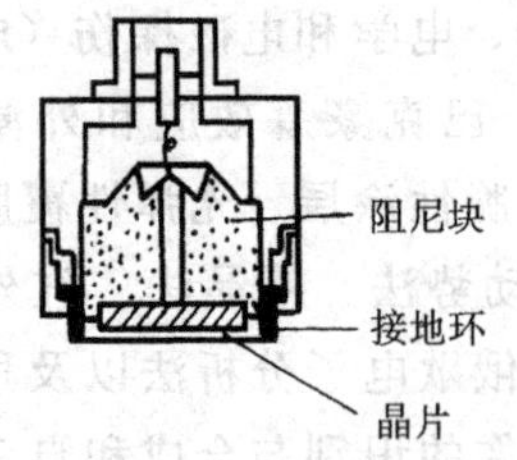

图 4-39　垂直探头结构原理

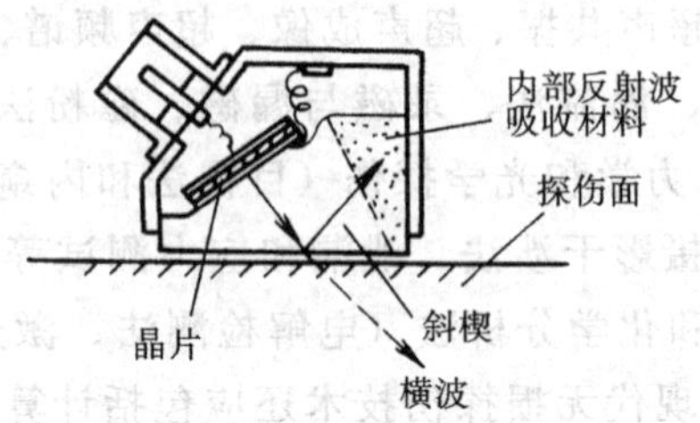

图 4-40　斜探头结构原理

3. 超声波的性质

声波最基本的参数是声速 c、波长 λ 与频率 f，三者之间的关系为

$$c=f\lambda \tag{4-12}$$

声速是由传播介质的特性以及声波的种类决定的，它与频率和晶片没有关系。表 4-4 是几种介质中的声速。

表 4-4　几种介质中的声速

介　质	纵波/km·S^{-1}	横波/km·S^{-1}	介　质	纵波/km·S^{-1}	横波/km·S^{-1}
铝	6.26	3.10	油	1.4	不传横波
钢	5.90	3.23	甘　油	1.9	不传横波
水	1.5	不传横波			

超声波在传播过程中，会产生反射，折射、透射现象和波形转换。

当超声波垂直地传到由不同介质形成的界面上时，一部分超声波被反射，而剩余的部分就穿透过去，这两部分的比率决定于接界的两种介质的密度和其中的声速。如钢中的超声波传到空气界面时，由于空气与钢的声速和密度相差很大，超声波在界面上几乎 100% 的反射回来，穿透界面传到空气中的只占约 0.002%。反过来，如果空气中的超声波传到钢的界面时，也会 100% 反射回空气中。因此，如果探头与被测工件之间有空气时，超声波实际上完全传不过去，需要在探头与工件表面涂满油或者甘油等液体（叫做耦合剂），使超声波能够很好的传播。

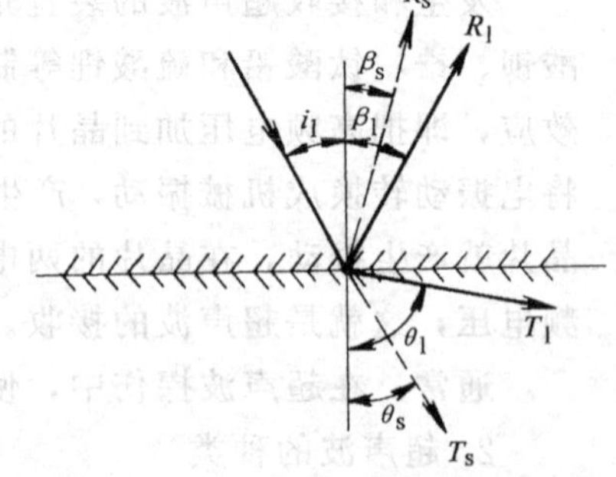

图 4-41　固体与固体间的反射和折射
i—入射角　β—反射角　θ—折射角
R—反射波　T—穿透波　T_l——纵波
T_s—横波

当超声波斜射到界面上时，在界面上会产生反射和折射。假如介质为液体时，反射波和折射波只有纵波。同光在水与空气、空气与玻璃的界面所发生的现象类似，折射波的方向与入射波方向一般都是不相同的。把斜探头接触钢件时，因为两者都是固体，所以反射波和折射波都存在纵波和横波。这种情况如图 4-41 所示。此时，反射角和折射角是由两种介质中声速来决定的。这种角度关系和光的情况完

全相同。

用斜探头时，从晶片发出的纵波传入斜楔后，斜射到探伤面上。但如果折射波中同时存在纵波和横波时，对判断结果就会发生困难，所以要适当调节探头入射角，即斜楔的角度，使入射角的角度大于纵波的临界角（就是使纵波全部反射），而被测工件中只有横波射入。在斜射时，折射的穿透率与折射角有关。通常斜探头采用的折射角为35°～80°，这时穿透率较好。

超声的另一个重要性质是指向性，即具有单方向发射的特性。之所以采用高频超声波来探伤，其理由之一就是它具有指向性。如图4-42所示，晶片发出的超声波，其方向在一个短时内是被制约住的，它大致与晶片面积范围相同地向前发射。可是发射到一定程度时，由于晶片的制约力减弱，波束就扩散了。在距晶片的一定距离内，在一定角度θ_0中包含了大部分的超声波能量。这个角度θ_0称为指向角。频率愈高（即波长愈短），晶片愈大，则指向角θ_0就愈小。目前实际应用的探头指向角θ_0在几度到十几度的范围内。

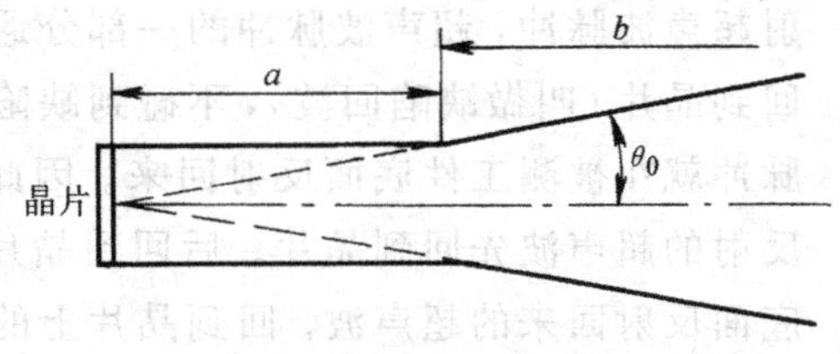

图4-42　超声波的指向性

a—大致同面积的传播范围　b—扩散范围

θ_0—指向角

最后再讨论一下超声波在小物体（缺陷）上的反射特性。

当超声波碰到缺陷（即异物或空洞）时，就在那里反射和散射。可是当缺陷的尺寸小于波长的一半时，由于衍射作用，波的传播就与缺陷的是否存在没有什么关系了。因此，在超声波探伤中缺陷尺寸的检出极限为超声波波长的一半。

缺陷的尺寸比半个波长大得愈多，其反射愈容易。但由于缺陷形状和方向的不同，其反射的方式也有所不同。超声波与光十分相似，具有直线前进的特性，因此反射的方式就像图4-43所示的情况。假如超声波垂直地射入到平面状的反射体（如裂纹）上时，反射波就非常顺利地回到晶片上，得到很高的缺陷回波。可是球状缺陷（如气泡）的反射波，因为是向各个方向散射的，回到晶片上的反射波较少，所以缺陷回波也较低。另外，虽然是平面状反射体，但如果平面是倾斜的话，也可能几乎没有回波。又如在成直角的地方（如焊缝根部未焊透），因为在直角部位的两次反射，这时缺陷的回波就很高。从超声波入射面（即探伤面）对侧的反射面（即底面）反射回来的波叫底面回波。

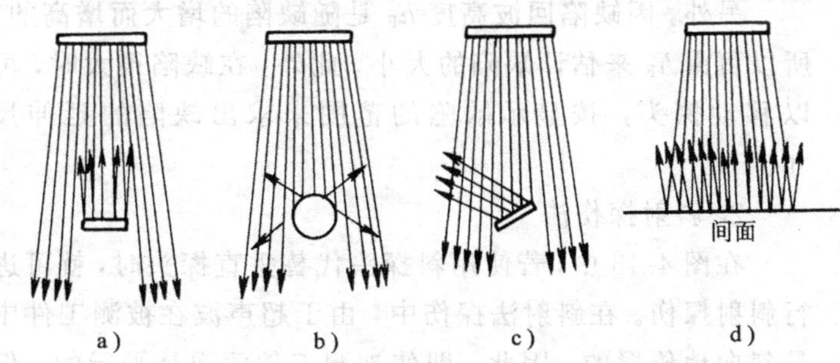

图4-43　超声波在缺陷处的反射

（三）超声波探伤的方法

超声波探伤法中，有根据缺陷回波和底面回波来进行判断的脉冲反射法，有根据缺陷的影形来判断缺陷情况的穿透法，还有由被测工件所发生的超声驻波来判断缺陷情况或者判断板厚的共振法（前者用的是脉冲波，后两者都是连续波）。可是，目前脉冲反射法是用得最多的主要方法，所以在这里只讲脉冲反射法。

脉冲反射法又分为垂直探伤法和斜射探伤法两种。在垂直探伤时用纵波，在斜射探伤时用横波，二者均是把超声波射入被测工件的一面（在检测面与探头之间用油等作耦合剂使接触良好），然后接收从缺陷处反射回来的回波，根据回波来判断缺陷的情况。

1. 垂直探伤法

垂直探伤法的原理如图 4-44 所示。把脉冲振荡器发生的电压加到晶片上，晶片振动，发射超声波脉冲，超声波脉冲的一部分遇缺陷反射回到晶片（叫做缺陷回波），不碰到缺陷的超声波脉冲就在被测工件底面反射回来。因此，缺陷处反射的超声波先回到晶片。后回到晶片上的，是底面反射回来的超声波。回到晶片上的超声波又反过来被转换成高频电压，通过接收器进入示波管。同时，振荡器所发生的高频电压也直接接入接收器内。因此，当在示波管横坐标上以脉冲振荡器的起振时间为基点，把辉点向右移动时，在示波管上可以得到如图 4-45 所示的波形图。在这个波形图上就可以看出有没有缺陷、缺陷的部位及其大小。

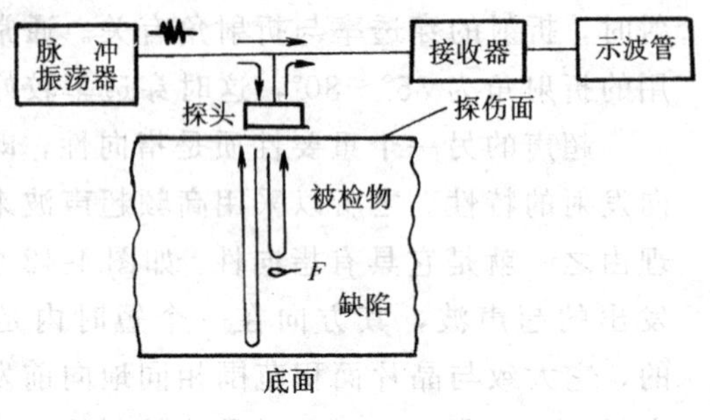

图 4-44 垂直探伤法原理

设探伤面到缺陷的距离为 x，材料厚度为 t，从示波管 T 到 F 的长度为 L_F，从 T 到 B 的长度为 L_B（在这里，是测从脉冲前沿到前沿之间的长度），因为声速在被测工件中是一个定值，因此可以得出下式：

$$\frac{x}{t}=\frac{L_F}{L_B} \tag{4-13}$$

由这个公式，可以正确地求出缺陷的位置。

另外，因缺陷回波高度 h_F 是随缺陷的增大而增高的，所以可由 h_F 来估计缺陷的大小。此外，在缺陷很大时，可以移动探头，按显示缺陷的范围来求出缺陷的延伸尺寸。

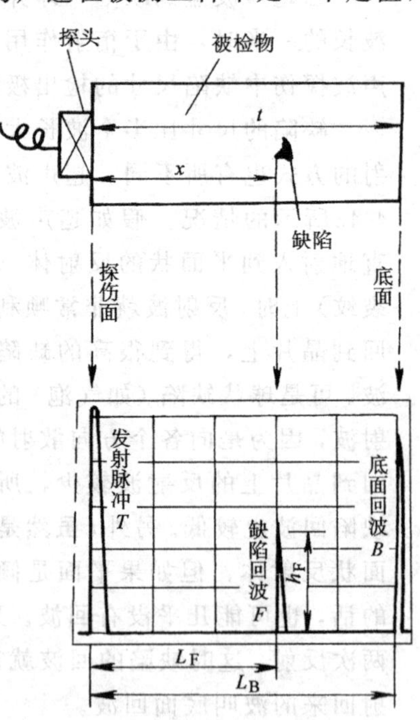

图 4-45 探伤图形的观察方法

2. 斜射探伤法

在图 4-45 中，若使用斜探头代替垂直探头时，就可进行斜射探伤。在斜射法探伤中，由于超声波在被测工件中是斜向地传播的，因此，即使被测工件两面是平行的，但因为超声波是斜向地射到底面的，所以不会显示出底面回波。因此，为了要知道缺陷位置，需要用适当的标准试块把示波管横坐标调整到适当状态（测定范围）。在测定范围作了适当调整的情况下，探测缺陷回波时，从示波管上读出的到缺陷的距离 W 与缺陷部位的关系如图 4-46 所示。从这个关系中可以求出缺陷的位置 y 和 d。

为了使超声波很好地传入被测工件，探头的耦合是必要的。耦合方法可以大致分为直接耦合法和水浸法两种。直接耦合法是用耦合剂充满探头与被测工件表面之间的空气间隙。如对于具有光滑表面的被测工件，可使用机油、合成浆糊和水作耦合剂；表面粗糙时，可使用甘油或者水玻璃作耦合剂。水浸法是使探头和工件之间通过水层作介质来传播超声波。

(四) 超声波探伤的适用范围

图 4-47 所示是超声波探伤应用于各种被测工件的情况。探伤时要注意选择探头和扫描方法，使得超声波尽量能垂直地射向缺陷面。根据被测工件的制造方法，一般都可以估计得出缺陷的方向性和部位，故事先应研究如何选择合适的探伤方法。

金属的组织对超声波探伤有不同程度的不利影响。金属是小晶粒的集合体，随着结晶方向的不同，在其中的声速也有所不同，所以当超声波射到各个晶粒时，会引起微小的反射和散射。这些反射波在观察时就呈现为草状回波。此外，反射还造成被测工件中传播的超声波的衰减，并减少多次反射的脉冲次数。如图 4-48 所示。金属的晶粒越大，这种衰减和草状回波就越显著，引起信噪比下降，有时甚至完全不能出现缺陷回波。遇到这种情况，可以降低频率，使波长加大，来改善信噪比，但这种办法并非都能完全解决问题。如不锈钢铸件和焊缝、大型铸钢件等就是由于这种草状回波和衰减给探伤带来困难，甚至不能探伤。

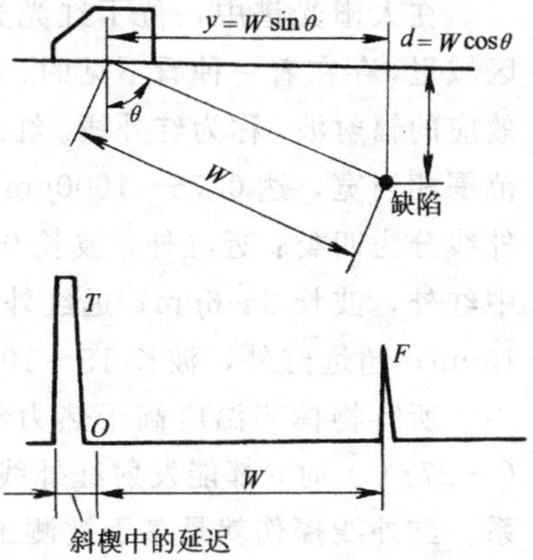

$y=W\sin\theta$　$d=W\cos\theta$　θ　W　缺陷　T　F　O　W　斜楔中的延迟

图 4-46　斜射法探伤的几何关系

超声波探伤对于平面状缺陷，不管其厚度如何薄，只要超声波是垂直地射向它，就可以取得很高的缺陷回波。另一方面，对球形状缺陷，假如缺陷不是相当大，或者不是较密集的话，就不能得到足够的缺陷回波。因此，超声波对钢板的层叠、分层和裂纹的探伤分辨率是很高的，而对单个气孔的探伤分辨率则很低。

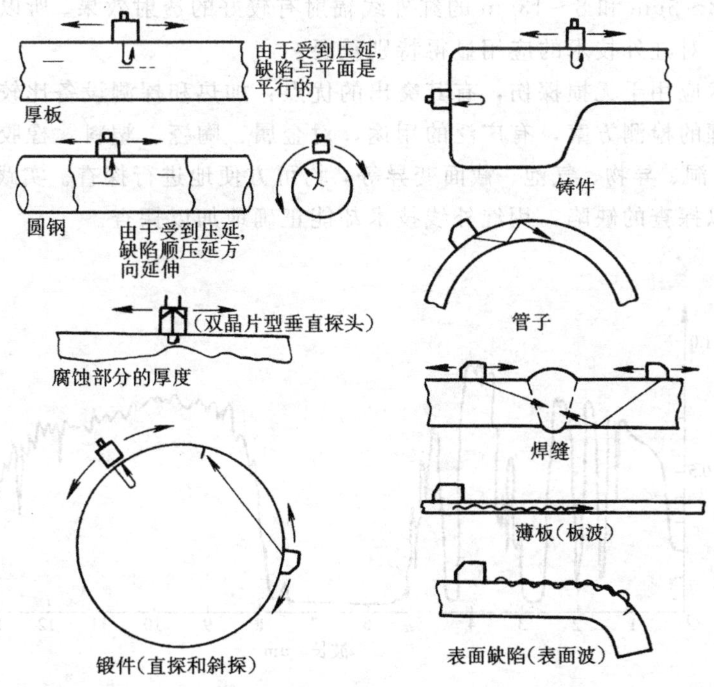

图 4-47　超声波探伤的适用范围

假如被测工件的金属组织较细的话，超声波可以传到相当远的距离，因此对直径为几米的大型锻件也可以进行内部探伤。

超声波探伤的缺点是没有明确的记录，对缺陷种类的判断需要有高度熟练的技术。

二、红外线探伤技术

（一）红外线及红外线探伤原理

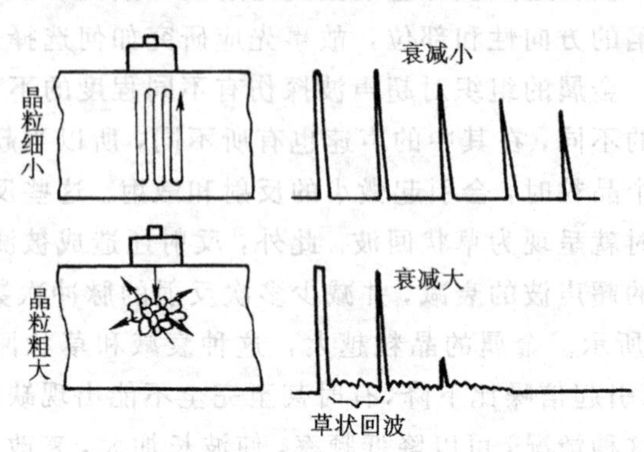

图 4-48 金属组织对超声波探伤的影响

在太阳光谱中，位于红光光谱之外的区域里，存在着一种看不见的、具有强烈热效应的辐射波，称为红外线。红外线的波长范围相当宽，达 0.75～1000μm。通常，红外线分为四类：近红外，波长 0.75～3μm；中红外，波长 3～6μm；远红外，波长 6～15μm；超远红外，波长 15～1000μm。

所有物体当温度高于热力学温度零度（－273℃）时，都能发射红外线，温度越高，辐射量越大。所以红外线与“热”有着密切的关系。红外线探伤就是基于被测工件的热传导、热扩散或热容量的变化，当物体内部存在着裂纹或气孔一类的缺陷时，将引起这些热性能的改变。一般主要是测定被测工件温度的分布状态，当被测工件在加热或冷却过程中测量到其温度变化的差异，从而判明缺陷的存在。

实际探伤时，要考虑周围的大气对红外线辐射的影响。大气中的水、二氧化碳、臭氧等气体对红外线有吸收作用，所以对红外线辐射的传播有重要影响。如图 4-49 所示，纵坐标为红外线穿透 1 海里大气层的透射比（%），横坐标为波长。可见，大气有三个窗口，分别对波长 1～2.5μm、3～5μm 和 8～13μm 的红外线辐射有较好的透射效果。所以位于上述三个窗口内的红外波长，对红外技术的应用显得特别重要。

红外线技术应用于无损探伤，有其突出的优点：加热和探测设备比较简单，能根据特殊需要设计出合理的检测方案，有广泛的用途，对金属、陶瓷、塑料、橡胶等各种材料中的缺陷，如裂缝、孔洞、异物、气泡、截面变异等，均可方便地进行探查。实践证明，许多用 x 射线或超声波难以探查的缺陷，用红外线技术却能正确地加以探查。

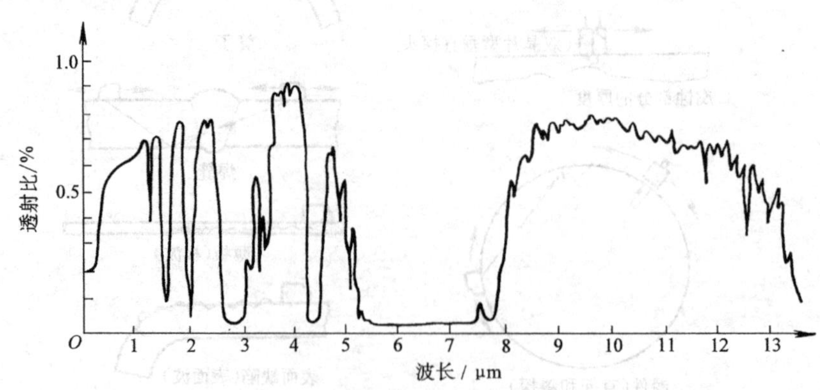

图 4-49 红外线在一海里大气中的穿透比

（二）红外线探伤的主要仪器

红外线探伤的主要仪器是热成像装置，亦称红外照相机。它是一种测量物体热辐射的快速扫描辐射计。它把收集的辐射能通过红外探测器接收并转换为电信号，然后显示出物体热学特性的可见图像。

1. 红外探测器

红外线辐射会产生热电效应和光电效应，因此红外探测器也分为热敏探测器和光子探测器两大类。

热敏探测器是利用半导体薄膜辐射加热时电阻发生变化的原理而做成的。由于红外辐射使敏感元件的温度升高过程比较缓慢，所以热敏探测器的响应时间较长，多半在毫秒数量级以上。又由于热敏探测器对辐射的各种波长基本上是有相同的响应率，其光谱响应曲线比较平坦，如图 4-50 所示，所以它有“无选择性红外探测器”之称。

光子探测器是一种半导体器件。其电特性为当光子投射到这类半导体材料上时，电子-空穴对便分离，产生电信号。由于光电效应很快，所以光电探测器对红外辐射响应时间极短，比热敏探测器快三个数量级，最短响应时间达纳秒（10^{-9}s）数量级。其缺点是光谱响应范围有限，响应率在波长为 λ_p 时达到极大，超过 λ_p 的波长区，响应曲线便锐截止，如图 4-51 所示。即当波长大于截止波长 λ_p 时，电活性消失，其原因是大于一定波长的光子的能量不足以使电子释出。增强光子电活性的办法是将探测器致冷，一般冷到液氮（−196℃）的低温，使它们在较长的波段上都有响应并达到最佳灵敏度。

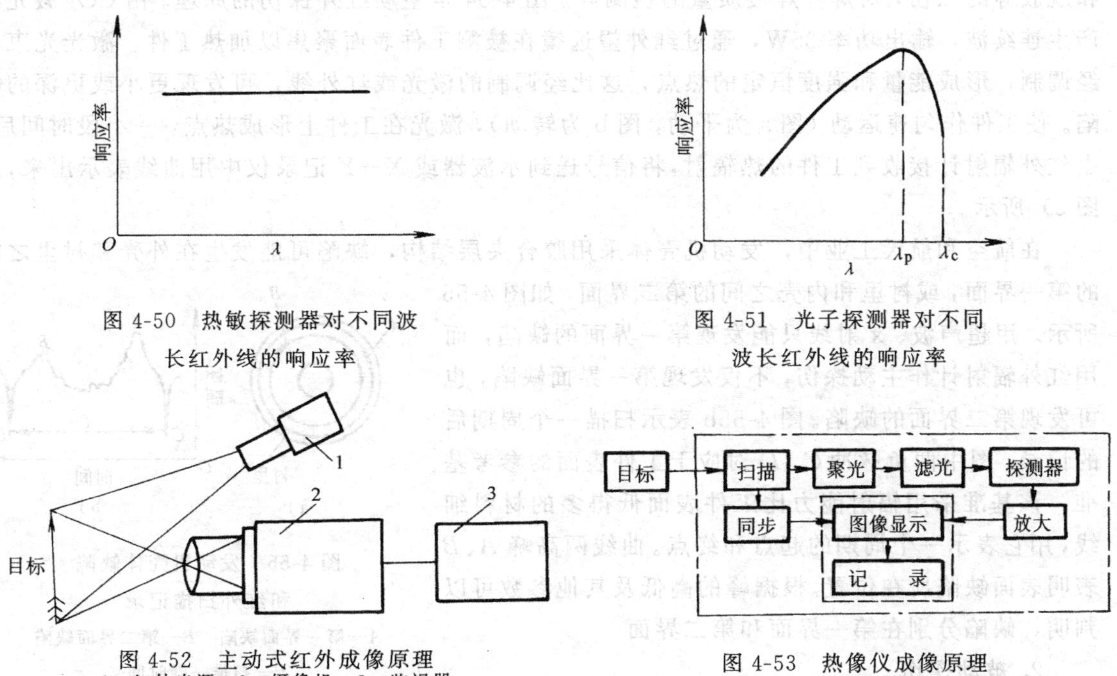

图 4-50　热敏探测器对不同波长红外线的响应率

图 4-51　光子探测器对不同波长红外线的响应率

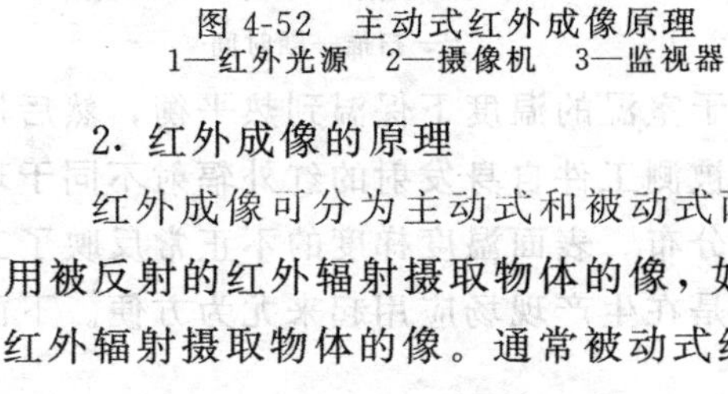

图 4-52　主动式红外成像原理
1—红外光源　2—摄像机　3—监视器

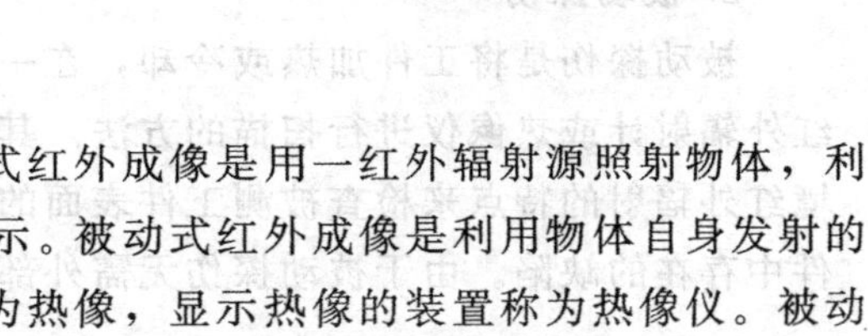

图 4-53　热像仪成像原理

2. 红外成像的原理

红外成像可分为主动式和被动式两种。主动式红外成像是用一红外辐射源照射物体，利用被反射的红外辐射摄取物体的像，如图 4-52 所示。被动式红外成像是利用物体自身发射的红外辐射摄取物体的像。通常被动式红外成像称为热像，显示热像的装置称为热像仪。被动式红外成像由于无需外部红外光源照射，使用方便，所成之像反映了被摄取物体温度差别信息。它已成为红外技术的一个重要发展方向。热像仪的原理如图 4-53 所示。

（三）红外线探伤的方法

红外线探伤可分为主动探伤和被动探伤两类。

1. 主动探伤

主动探伤是用一外部热源对被测工件进行加热，在加热的同时或以后，测量被测工件表面温度和温度分布。加热工件时，热量将沿表面流动，如果工件无缺陷，热流是均匀的；如果有缺陷存在，热流特性将改变，形成热不规则区，从而可发现缺陷所在。

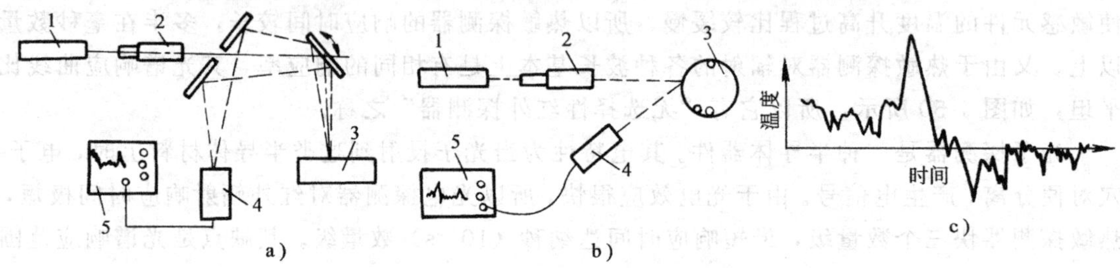

图 4-54 主动红外探伤原理图

1—CO_2 激光器 2—望远镜 3—工件 4—辐射计 5—示波器

主动探伤在材料和机械加工工业中有广泛的应用，如对多层复合材料、蜂窝材料中缺陷和脱胶等的探伤，对焊件焊接质量的检测等。图 4-54 是主动红外探伤的原理。由 CO_2 激光器产生连续波，输出功率 35W，通过红外望远镜在被测工件表面聚焦以加热工件。激光光束不经调制，形成能量和强度恒定的热点，这比经调制的激光或红外线，可发现更小或更深的缺陷。使工件作匀速运动（图 a 为平动，图 b 为转动），激光在工件上形成热点，一小段时间后，由红外辐射计接收到工件的热辐射，将信号送到示波器或 $X-Y$ 记录仪中用曲线表示出来，如图 c）所示。

在航空和航天工业中，发动机壳体采用胶合夹层结构，缺陷可能发生在外壳和衬里之间的第一界面，或衬里和内壳之间的第二界面，如图 4-55 所示。用超声波、x 射线只能发现第一界面的缺陷，而用红外辐射计作主动探伤，不仅发现第一界面缺陷，也可发现第二界面的缺陷。图 4-55b 表示扫描一个周期后的记录，图中两负脉冲 C、D 对应于工件表面的参考基准，该基准采用辐射能力比工件表面低得多的材料细线，用它表示一个周期的起点和终点。曲线两高峰 A、B 表明表面缺陷所在位置。根据峰的高低及其他参数可以判明，缺陷分别在第一界面和第二界面

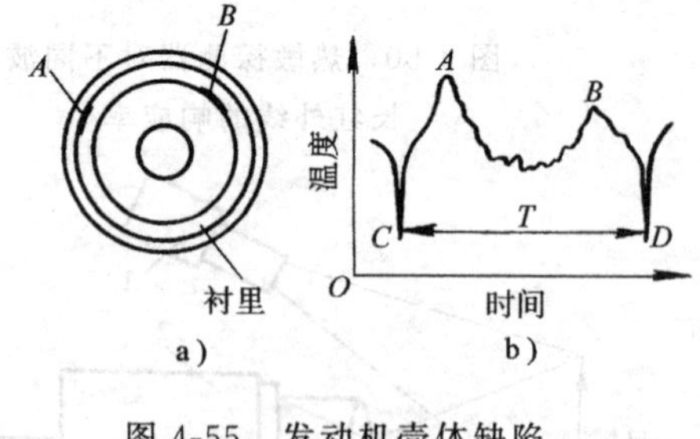

图 4-55 发动机壳体缺陷和红外扫描记录

A—第一界面缺陷 B—第二界面缺陷 T—扫描一圈时间

2. 被动探伤

被动探伤是将工件加热或冷却，在一个显著区别于室温的温度下保温到热平衡，然后用红外辐射计或热像仪进行扫描的方法。其原理是利用被测工件自身发射的红外辐射不同于环境红外辐射的特点来检查被测工件表面的温度及温度分布。表面温度梯度的不正常反映了工件中存在的缺陷。由于被动探伤无需外部热源，特别是在生产现场应用起来尤为方便。下面

是几个被动探伤应用的例子。

1）对石油、化工、冶金等工业生产中进行安全监控。在这些工业生产线上，许多关键设备的温度都比环境温度高，利用红外热像可清楚地了解到反应塔、加热炉、耐火材料、保温材料等的变质情况。热像中明亮过分的区域表明材料或炉衬已因变薄而温度升高，因此可掌握生产设备的现场状态，为维修提供可靠信息。同时也可监视生产设备，提供有关沉积、阻塞、热漏、绝缘材料变质及管道腐蚀等有关情况，以便采取措施，保证生产正常进行。

2）对精密铸件内部冷却通道阻塞和壁厚不符合技术规范等缺陷进行探查。探查可用红外线热像仪高速扫描。实际应用时，使冷却液在铸件内部循环流动，同时作出铸件外表面的热像。如图 4-56a 所示，将容器中弗利昂溶液（沸点为－29.8℃）送入工件内部，冷却通道空腔，通过控制阀控制喷嘴的大小，便可以很好地促使弗利昂膨胀为气体，因此，可使冷却效应局限在要探查的相应关键部位。同时红外线热像仪高速扫描，在 40ms 内扫出一帧图像，并用照片记录下其热像图，从而可画出铸件壁厚曲线，图 4-56b 是铸件上下两边壁厚随铸件部位变化的曲线。另外，铸件内冷却通道有堵塞情况，可用同样的方法探查。

3）对不透明的光滑的金属表面的微小缺陷进行显微探伤。图 4-57 是用红外显微镜在十分光滑的铝工件表面上探出了四个宽仅 10μm 的缺陷。热像图中四个拉长了的白色区域，证明了缺陷所在位置。

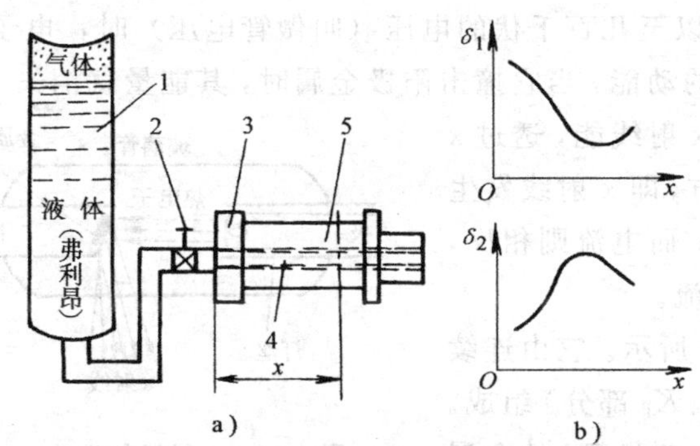

图 4-56 精密铸件内部通道红外探查

1—容器 2—控制阀 3—安装夹具 4—冷却通道
5—工件 δ_1—铸件上边壁厚 δ_2—铸件下边壁厚
x—所测部位至左端面的距离

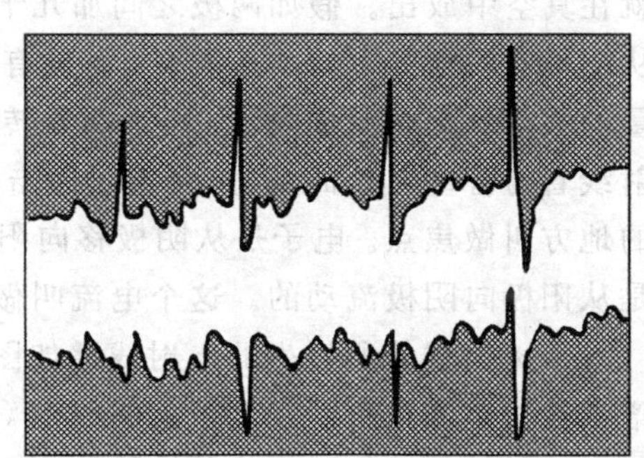

图 4-57 红外显微缺陷探伤

4）对焊接质量进行检验。将工件的温度高于室温，观察其热像图，将其热流路径上的物理特性反映在相应的温度分布图中，从而发现隐患。另外在未焊好的区域的摩擦导致发热，对应于这一产生摩擦的位置，工件外表面的热像将显示出一个高温区，可以确定未焊好部位的位置。

5）现代机械连接方式有钎焊、熔焊、压焊、粘结、金属物电沉积连接等，对由这些方式得到的连接都可以用红外热像图对上述工艺质量进行鉴定。

总之，红外无损探伤技术随着其不断完善，已广泛地应用于机械工业，同时也广泛地应用于电气线路、高压开关、热力管道、大型电站、原子能反应堆、电子工业中的元器件、集成电路、印刷电路以及焊点等方面的检测和故障的寻找。

三、x 射线探伤技术

（一）射线及射线探伤

射线或电离射线就是指 x 射线、α 射线、β 射线、γ 射线、电子射线和中子射线等，它们的种类很多。其中易于穿透物质的有 x 射线、γ 射线以及中子射线三种。x 射线与 γ 射线的区别只是发生的方法不同，它们都是波长很短的电磁波，两者的本质是相同的。中子和质子是构成原子核的粒子，质子带正电荷，电子带负电荷，而中子是电中性的。发生核反应时，中子飞出核外，这种中子流叫做中子射线。

这三种射线都是易于穿透物体的，但是在穿透物体的过程中受到吸收和散射，因此其穿透物体后的强度就小于穿透前的强度。衰减的程度由物体的厚度、物体的材料品种以及射线的种类决定。当厚度相同的板材含有气孔时，有气孔的部分不吸收射线，容易穿透。相反，如果混进容易吸收射线的异物时，这些地方射线就难于穿透。因此将强度均匀的射线照射所检测的物体，使透过的射线在照相胶片上感光，把胶片显影后就可以得到与材料内部结构和缺陷相对应的黑度不同的图像，即射线底片。通过对这种底片的观察来检查缺陷的种类、大小、分布状况等，这种检测就叫做射线照相法探伤。这种将透过物体的射线直接在胶片上感光的方法也叫直接照相法。此外还有透视法和间接照相法。要识别微小的缺陷，用直接照相法效果最为理想。所以我们只讲 x 射线直接照像法。

(二) x 射线的性质

1. x 射线的发生

x 射线管是一种两极电子管。其原理如图 4-58 所示。将阴极灯丝通电，使之白炽，电子就在真空中放出。假如两极之间加几十千伏以至几百千伏的电压（叫做管电压）时，电子就从阴极向阳极的方向加速飞行，而具有很大的动能，当它撞击阳极金属时，其能量就消失。能量的大部分都转变成热量，而一部分转变为 x 射线能，透过 x 射线管的管壁向外面发射。受电子撞击的地方，即 x 射线发生的地方叫做焦点。电子是从阴极移向阳极的；而电流则相反，是从阳极向阴极流动的。这个电流叫做管电流。

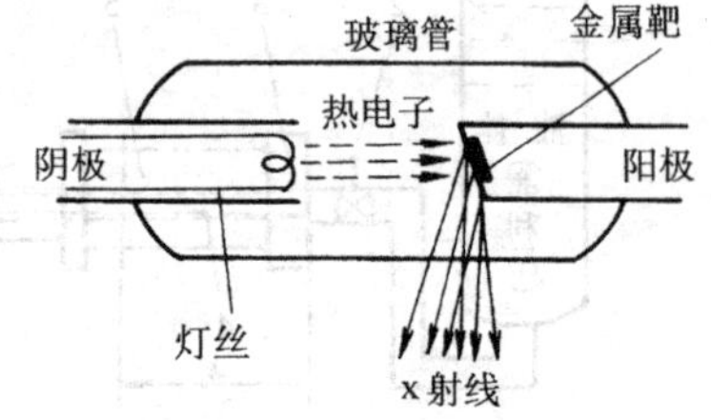

图 4-58 x 射线的发生

由 x 射线管所发生的 x 射线谱如图 4-59 所示。它由连续谱和波长范围极狭而强度很大的线谱（即 K_α、K_β 部分）组成。线谱 x 射线的波长是由 x 射线管的阴极表面（叫做靶）的金属种类所决定的。每种靶金属有一定的激发电压，管电压高于激发电压时就能发生线谱 x 射线。如钼的激发电压为 20kV，K_α、K_β 的波长分别为 0.712×10^{-10}m 和 0.632×10^{-10}m。图 4-59 是钼靶的管电压为 35kV 的情况。

对于连续谱 x 射线，当管电压一定时，变动管电流或者改变靶金属的种类只能改变 x 射线的相对强度，而谱的形状不变。当变动管电压时，谱的分布就改变了。钨靶的连续 x 射线谱如图 4-60 所示，其管电压各为 30、40 和 50kV。因为钨的激发电压为 69.5kV，所以谱上没有 x 射线谱。在30kV的时候，最短波长是 0.41×10^{-10}m，在 0.56×10^{-10}m 左右表示 x 射线的强度最高，超过这个波长时强度就下降。提高管电压时，最短波长和最高强度的波长都向波长短的方向移动。因此，管电压越高，平均波长越短。这个现象叫做线质的硬化。所谓“硬”就是容易穿透物体的意思。相反“软”的 x 射线就是平均波长较长而难

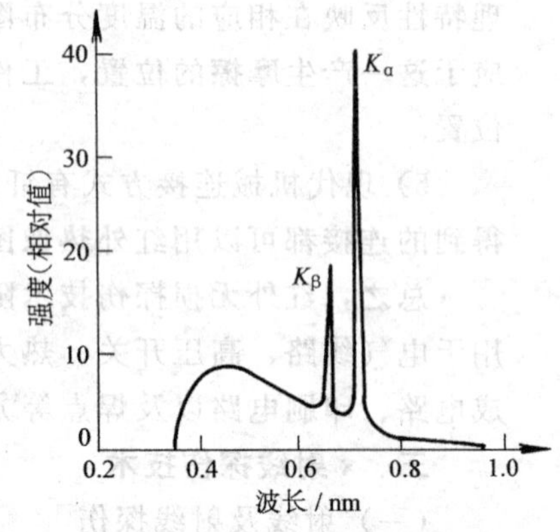

图 4-59 x 射线谱（钼靶，35kV）

于穿透物体的x射线。

x射线的强度相当于光的亮度。连续x射线的强度，与图4-60中曲线和横坐标所包围的面积成正比，也就是大致与管电压的平方、管电流的大小成正比，同时与靶材料的原子序数成正比。

2.x射线的性质

在这里主要介绍与x射线探伤有关的一些性质。

首先是x射线的衰减特性。当x射线穿透物体时，会产生吸收和散射。射线被吸收时能量衰减。散射时，射线的方向发生变化，同时部分射线的波长变长。设强度为I_0的射线透过厚度为$h$cm的物体后，其强度为I，则穿透率I/I_0可由下式(在单一波长情况下)得出：

$$I/I_0=e^{-\mu h} \quad (4\text{-}14)$$

式中 μ——衰减系数或吸收系数。它随射线的种类和线质的变化而变化，也随穿透物质的种类和密度而变化。

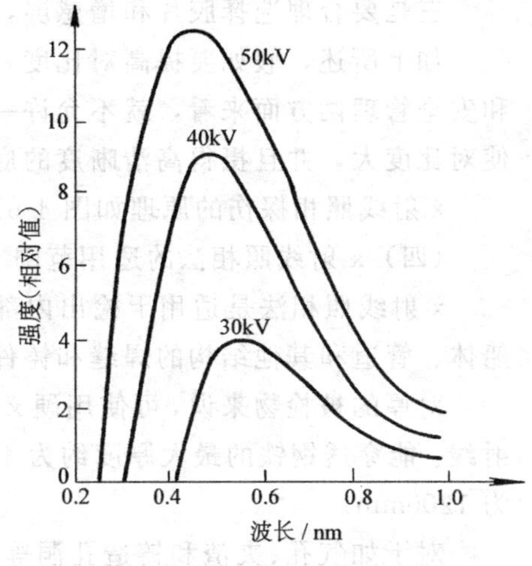

图4-60 连续x射线谱

总的来说，x射线的波长越长，μ就越大，衰减的吸收效应越大；而波长越短，则衰减的散射效应越大。

其次是x射线的照相特性。当x射线照射胶片时，与普通光一样，由于乳胶膜上的卤化银产生潜像中心，经过显影和定影后就黑化，这个作用叫做照相作用。因为x射线的照相作用比普通光线的照相作用小得多，必须使用特殊规格的x光胶片。

最后是x射线的线质问题。当x射线穿透物体时，随着穿透厚度的增加，波长较长的部分更多地被吸收，也就是x射线的线质在穿秀后变硬了。为了表示线质这一特性，实用上采用半价层的概念。半价层就是射线穿透后，x射线强度减弱为一半的穿透厚度。它用物质的名称再加厚度来表示，例如铁0.9mm，铝3.5mm。半价层愈薄则表示射线的线质愈软。

（三）x射线探伤的方法

x射线探伤的一般步骤如下：

把被测工件安放在离x射线发生装置50cm到1m的位置处，并使被测工件处于射线穿透厚度为最小的方向，把胶片盒紧贴在工件的背后，让x射线照射适当的时间（几分钟至几十分钟）进行曝光。把曝光后的胶片在暗室中进行显影、定影、水洗和干燥。将干燥的底片放在显示屏的观察灯上观察，根据底片的黑度和图像来判断存在缺陷的种类、大小和数量，随后按通行的要求和标准进行缺陷的等级分类。

在用x射线照相法进行探伤时，底片上缺陷图像的对比度和清晰度是很重要的。为了提高对比度和清晰度，需要注意以下几个问题。

一是射线源的选择。愈是使用软的x射线，愈可得到对比度较大的缺陷图像，为此需尽可能地降低x射线管电压。但因为软的射线穿透力比较小，透过的射线比较弱，所以降低x射线的管电压时，由于入射强度的衰减大致同管电压下降的平方成正比，因而不能摄取黑度足够的底片，因此降低管电压也是有一定限度的。

另外，射线源的大小越小，就能摄得清晰度很好的底片。但如果射线源很小的话，射线必然很弱。

二是摄影距离的选择。射线源与被测工件之间的距离较大、被测工件和胶盒贴得很紧时，可增加清晰度。但射线的强度是同射线源与胶片间的距离的平方成反比的，所以也不能把此距离拉得太大。

三是要合理选择胶片和增感屏，使胶片易于感光，以便摄得清晰度高的底片。

如上所述，假如要提高对比度，又要提高清晰度的话，均要延长曝光时间。但从经济性和安全管理两方面来看，就不允许一次摄影的曝光时间过长。因此，在一定的曝光时间内要使对比度大，并且摄得高清晰度的底片，就要依靠照相技术人员的经验和技术水平了。

x 射线照相探伤的原理如图 4-61 所示。

（四）x 射线照相法的适用范围

x 射线照相法是适用于检出内部缺陷的无损探伤方法。它在船体、管道和其他结构的焊缝和铸件等方面的应用非常广泛。

对厚的被检物来说，可使用硬 x 射线，薄的被检物则使用软 x 射线。能穿透钢铁的最大厚度约为 450mm，铜约为 350mm，铝约为 1200mm。

对于如气孔、夹渣和铸造孔洞等缺陷，在 x 射线透射方向有较明显的厚度差异，即使很小的缺陷也较容易检查出来。但是，如果缺陷虽然有一定的面积而厚度很薄（如裂纹），只有与裂纹方向平行的 x 射线照射时，才能够检查出来。因此有时要改变照射方向来进行照相。

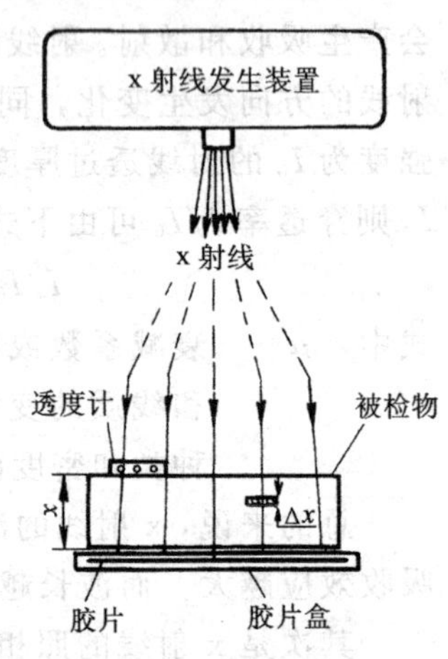

图 4-61　x 射线探伤原理

观察透射底片时，能直接地知道缺陷的两维形状、大小和分布等。并能估计缺陷的种类。只有一张底片是无法知道缺陷厚度及高表面的位置的。但如果使用不同照射方向的两张底片，便能获得厚度方向上的情况了。

第五章 机械零件的修复技术

第一节 概 述

一、机械零件修复的意义

零件修复是机械设备修理的一个重要组成部分，是修理工作的基础。零件修复原理及技术是一门综合研究零件的损坏形式、修复方法及修后性能的学科。应用各种修复新技术修理设备是提高设备维修质量、缩短修理周期、降低修理成本、延长设备使用寿命的重要措施，尤其对贵重、大型零件、加工周期长、精度要求高的零件，需要特殊材料或特种加工的零件，意义更为突出。通常，修复失效零件与更换零件相比具有如下优点：①节省时间；②节约材料；③可降低备件的消耗；④可避免因其备件不足而停修；⑤修复旧件一般不需要大、精、稀设备，牵涉人力少，易组织生产；⑥利用新技术修复旧件还可以提高零件的某些性能，延长寿命。

二、机械零件常用的修复方法及选择

零件修复方法种类很多。每种修复方法各有其优点，也有局限性，所以应根据自身条件和修理范围适当选择，使修复层与基体结合牢固，使修复工艺对基体金属的不良影响最小，使修复后的零件获得优良的性能，并使修复工作取得良好的经济效益。

常用的修复技术按其所采用的工艺手段分为机械修复法、焊接修复法、电镀修复法、喷涂修复法及粘接修复法等。具体选择时应考虑如下因素：

1．修复工艺对零件材质的适应性

现有修复工艺中，各种工艺对材料的适应有很大的局限性。表5-1为一些修复工艺对常用材料的适应性。

表5-1 各种修复工艺对常用材料的适应性

序号	修理工艺	低碳钢	中碳钢	高碳钢	合金结构钢	不锈钢	灰铸铁	铜合金	铝
1	镀铬	＋	＋	＋	－	－	＋		
2	镀铁	＋	＋	＋	＋	＋	＋		
3	气焊	＋	＋		＋		－		
4	焊条电弧堆焊	＋	＋	－	＋	＋	－		
5	埋弧电弧堆焊	＋	＋						
6	振动电弧堆焊	＋	＋	＋	＋	＋	－		
7	钎焊	＋	＋	＋	＋	＋	＋	＋	－
8	金属喷镀	＋	＋	＋	＋	＋	＋	＋	＋
9	塑料粘补	＋	＋	＋	＋	＋	＋	＋	＋
10	塑性变形	＋	＋					＋	＋
11	金属扣合						＋		

注：“＋”为修复效果好，“－”为修复效果不好。

2．各种修复工艺能达到的修补层厚度

不同的修复工艺所能达到的修复层厚度各不相同，因此要视零件的磨损程度合理选择。图 5-1 为几种主要修复工艺能达到的修补层厚度。

3．零件结构对工艺选择的影响

对损坏部位进行修复时，应综合分析零件的整体结构对该部位的限制。如用镶螺塞法修理螺纹孔及用镶套法修理孔时，应考虑孔壁厚度及临近孔的距离对该孔的影响。

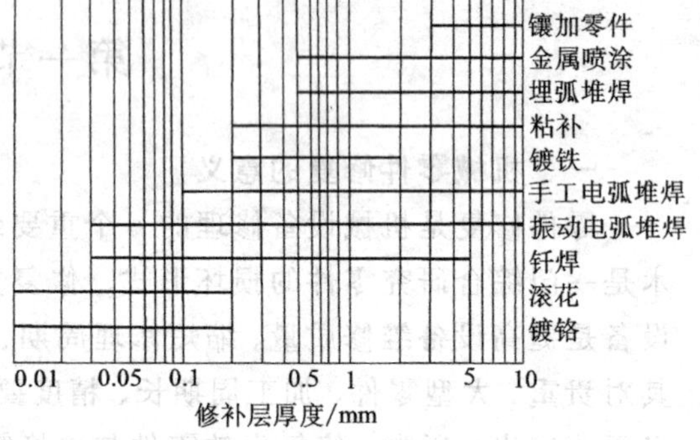

图 5-1 修补层厚度

4．零件修复后的强度

修补层的强度、修补层与零件的结合强度以及零件修复后的强度变化情况是修理质量的重要指标。各种工艺在一般条件下所能达到的修补层强度相差很大。表 5-2 为几种修补层的力学性能。

5．修复工艺对零件物理性能的影响

在选择修复工艺时必须考虑修复层的物理性能，如硬度、加工性、耐磨性及密实性等。例如，硬度高，加工困难；硬度低，磨损较快；硬度不均时，加工表面不光滑。磨擦面的耐磨性不仅与表面硬度有关，还与金相组织、结合情况及表面吸附润滑油的能力有关。对修补后可能发生液体及气体渗漏的零件则要求修补的密实性，不得产生砂眼、气孔、裂纹等。

表 5-2 几种修补层的力学性能

序号	修补工艺	修补层本身抗拉强度/MPa	修补层与 45 钢的结合强度/MPa	零件修补后疲劳强度降低的百分数/%	硬度
1	镀铬	400～600	300	25～30	600～1000HV
2	低温镀铁		450	25～30	45～65HRC
3	焊条电弧堆焊	300～450	300～450	36～40	210～420HBS
4	埋弧电弧堆焊	350～500	350～500	36～40	170～200HBS
5	振动电弧堆焊	620	560	与 45 钢相近	25～60HRC
6	银钎焊（银的质量分数是 45%）	400	400		
7	铜钎焊	287	287		
8	锰青铜钎焊	350～450	350～450		217HBS
9	金属喷涂	80～110	40～95	45～50	200～240HBS
10	环氧树脂粘补		热粘 20～40 冷粘 10～20		80～120HBS

6．修复工艺对零件精度的影响

对精度有要求的零件，修复时要考虑其变形。如果被修复零件要预热或修复过程中温度较高，会使零件退火，淬火组织遭破坏，热变形增大，故修复后要加工整形，热处理等。

另外，还应考虑修复后的刚度，如刚度降低过多也会增加变形，影响精度。

7．修复的经济性

对零件的修复，应根据不同修复方法的修复成本、修复周期、修复后的使用周期、使用性能等多方面综合分析，并与更换备件进行比较，力求经济合理。

以上各因素有时是相互矛盾的。在选择工艺时，应结合本单位实际条件从经济、质量、时间三方面综合分析比较，力争做到工艺合理，经济合算，生产可行。

第二节 机械修复法

利用机械连接，如螺纹联接、键、铆接、过盈联接等使磨损、断裂、缺损的零件得以修复的方法称为机械修复法。如镶补法、金属扣合法等，这些方法可利用现有的简单设备与技术，进行多种损坏形式的修复。其优点是不会产生热变形；缺点是受零件结构、强度、刚度的限制，难以加工硬度高的材料，难以保证精度要求高的材料。

一、金属扣合法

金属扣合法修复技术是借助高强度合金材料制成的扣合连接件（波形键），在槽内产生塑性变形来完成扣合作用，以使裂纹或断裂部位重新连接成一个整体。该方法适于不易焊补的钢件和不允许有较大变形的铸件，以及有色金属件，尤其对大型铸件的裂纹或折断面的修复效果更为突出。

金属扣合法的特点是：修复后的零件具有足够的强度和良好的密封性；修复的整个过程在常温下进行，不会产生热变形；波形槽分散排列，波形键分层装入，逐片铆击，不产生应力集中，操作简便，使用的设备和工具简单，便于就地修理。该方法的局限性是不适于修复厚8mm以下的铸件及振动剧烈的工件，此外，修复效率低。

(一) 强固扣合法

该方法是先在垂直于裂纹方向或折断面的方面上，按要求加工出具有一定形状和尺寸的波形槽，然后将用高强度合金材料制成的其形状、尺寸与波形槽相吻合的波形键嵌入槽中，并在常温下铆击使之产生塑性变形而充满整个槽腔，这样，由于波形键的凸缘与槽的凹洼相互紧密的扣合，将开裂的两部分牢固地连接成一体，如图5-2所示。此法适用于修复壁厚8～40mm的、一般强度要求的机件。

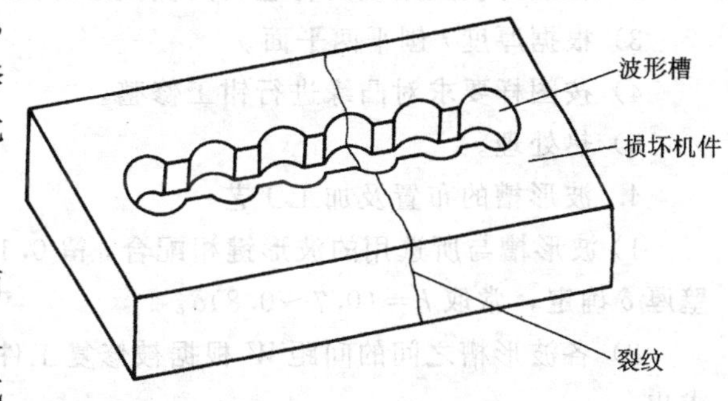

图5-2 强固扣合法

1. 波形键形状和尺寸的确定

波形键的形状如图5-3所示。

其中颈宽一般取$b=3\sim6$mm，其他尺寸可按经验公式求得

$$d=(1.2\sim1.6)b$$

$$l=(2\sim2.2)b$$

$$t\leqslant b$$

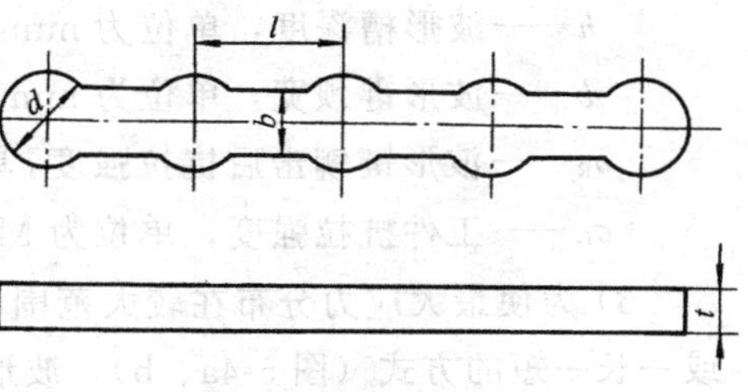

图5-3 波形键

d—凸缘的直径 b—颈宽 t—厚度

l—间距

波形键凸缘个数常取5、7、9。如果条件允许，尽量选取较多的凸缘个数，以使最大应力远离开裂

处。但凸缘过多会增加波形键修整及镶配工作难度。

2. 波形键的材料

波形键的材料应具有足够的强度和良好的韧性，经热处理后质软，适于铆接；加工硬化性好，且不发脆，使铆击后抗拉强度有较大提高；用于高温工作条件下的波形键，还应考虑选用的材料是否与机件热膨胀系数一致，否则工作时出现脱落或胀裂机体现象。波形键的材料有 1Cr18Ni9Ti1、1Cr18Ni9。与铸铁膨胀系数相近的有 Ni36 等高镍合金。波形键材料的力学性能见表 5-3。

表 5-3 波形键材料的力学性能

钢号	热处理		力学性能（不小于）				
	淬火温度 /°C	冷却剂	抗拉强度 σ_b /MPa	屈服点 σ_s /MPa	伸长率 δ /%	收缩率 ψ /%	硬度 HBS
1Cr18Ni9	1100～1150	水	500	200	45	50	150～170
1Cr18Ni9Ti	950～1050	水	500	200	40	55	145～170
Ni36			480	280	30～45		140～160

3. 波形键的加工工艺

1）根据波形键外形下料。

2）在压力机上用模具将坯料两侧波形冷压成型。

3）根据厚度 t 刨平两平面。

4）按图样要求对凸缘进行钳工修整。

5）热处理。

4. 波形槽的布置及加工工艺

1）波形槽与所选用的波形键相配合，留 0.1～0.2mm 间隙。波形槽的深度 h 根据修复区壁厚 δ 确定，常取 $h=(0.7\sim0.8)\delta$。

2）各波形槽之间的间距 W 根据被修复工件原有承载能力和波形键的强度等条件由下式求出

$$W=\frac{hb}{\delta}\left(\frac{\sigma_R}{\sigma_G}+1\right)$$

式中 δ——修复区壁厚，单位为 mm；

h——波形槽深度，单位为 mm；

b——波形键颈宽，单位为 mm；

σ_R——波形键铆击后抗拉强度，单位为 MPa，通常取铆击前的抗拉强度的 1.5～1.7 倍；

σ_G——工件抗拉强度，单位为 MPa。

3）为使最大应力分布在较大范围内，以改善工件受力情况，各波形槽可布置成一前一后或一长一短的方式（图 5-4a、b），波形槽应尽可能垂直于裂纹，并在裂纹两端各打一个止裂孔，以防止裂纹发展。通常将波形槽设计成单面布置的形式（图 5-4c）。对厚壁工件，若结构允许，可将波形槽开成两面分布的形式（图 5-4d）。对承受弯曲载荷的工件，因工件外层受有最大拉应力，故可将波形槽设计成阶梯形式（图 5-4e）。

4）波形槽可在镗床、铣床等设备上直接加工成型。也可用钻模、手电钻等简易工具就地加工。其加工工艺如下：首先，在垂直于裂纹或折断面的方向上画出波形槽的位置线，并在裂纹两端各钻一个止裂孔。用直径等于凸缘 d 的钻头在裂纹或折断面上钻出波形槽中间的凹洼孔 d，深度比槽深略浅 2～3mm。用定位销将钻模中间孔与裂纹上凹洼孔位置固定，并使钻模对正在波形槽位置线上，按钻模一端的孔在工件上钻出第二个孔并插入第二只定位销，然后依次钻完各孔；用直径等于颈宽 b 的钻头沿钻模钻去颈部的金属；分别用直径等于 d 和 b 的平底钻锪平各孔至深度 T；钳工修整使键与槽之间的配合间隙为 0.1～0.2mm。

5．波形键的铆击

首先清理波形槽，之后用手锤或小型铆钉枪对波形键进行铆击。其顺序为先铆波形键两端的凸缘，然后对称交错向中间铆击，最后铆击裂纹上的凸缘。铆击力量按顺序由强到弱。凸缘部分铆紧后铆颈部，并要在第一层铆紧后再铆第二层、第三层……。

为了使波形键得到充分的冷加工硬化，提高抗拉强度，每个部位开始先用凸圆冲头铆击其中心，然后用平底冲头铆击边缘，直至铆紧。但要注意不可铆得过紧，以免将裂纹再撑开，一般以每层波形键铆低 0.5mm 为宜。

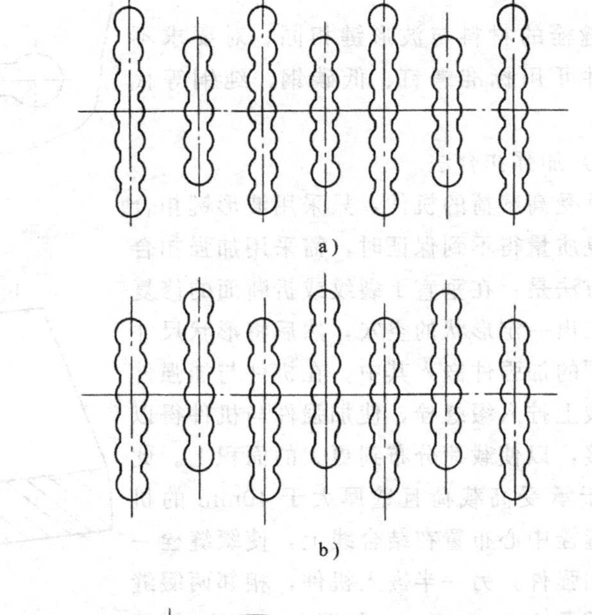

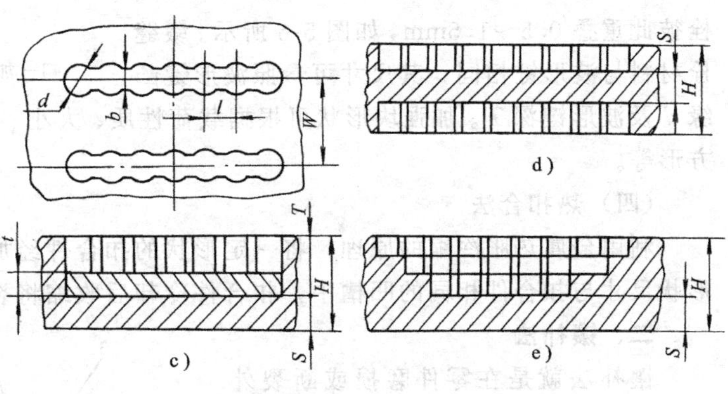

图 5-4 波形槽布置形式

（二）强密（缀缝栓—波形键）扣合法

对有密封要求的修复件，如高压气缸和高压容器等防渗漏零件，应采用强密扣合法进行修复。这种方法是先用强固扣合法将产生裂纹或折断面的零件联接成一个牢固的整体，然后按一定的顺序在断裂线的全长上加工出缀缝栓孔。注意应使相邻的两缀缝件相割，即后一个缀缝栓孔应略切入上一个已装好的波形键或缀缝栓，以保证裂纹全部由缀缝栓填充，以形成一条密封的金属隔离带，起到防渗漏作用，如图 5-5 所示。

对于承受较低压力的断裂件，采用螺栓形缀缝栓，其直径可参照波形键凸缘尺寸 d 选取 M3～M8，旋入深度为波形槽深度 T。旋入前将螺栓涂以环氧树脂或无机胶粘剂，逐件旋入并拧紧，之后将凸出部分铲掉打平。

对于承受较高压力，密封性要求较高的机件，采用圆柱形缀缝栓，其直径参照凸缘尺寸

d 选取 3～8mm，其厚度为波形键厚度 t。与机件的联接和波形键相同，分片装入逐片铆紧。

缀缝栓直径和个数选取时要考虑两波形键之间的距离，以保证缀缝栓能密布于裂纹全长上，且各缀缝栓之间要彼此重叠 0.5～1.5mm。

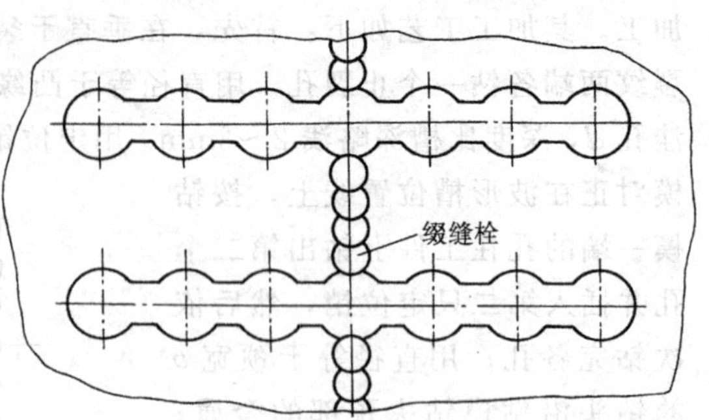

图 5-5　强密扣合法

缀缝栓的材料与波形键相同。对要求不高的工件可用标准螺钉、低碳钢、纯铜等代替。

（三）加强扣合法

对承受高载荷的机件，只采用波形键扣合而其修复质量得不到保证时，需采用加强扣合法。其方法是：在垂直于裂纹或折断面的修复区上加工出一定形状的空穴，然后将形状尺寸与之相同的加强件嵌入其中。在机件与加强件的结合线上拧入缀缝栓，使加强件与机件得以牢固联接，以使载荷分布到更大的面积上。此法适用于承受高载荷且壁厚大于 40mm 的机件。缀缝栓中心布置在结合线上，使缀缝栓一半嵌入加强件，另一半嵌入机件，相邻两缀缝栓彼此重叠 0.5～1.5mm，如图 5-6 所示。缀缝栓材料与波形键相同，其尺寸可参照波形键凸缘 d 及波形键深 T。加强块形状可根据载荷性质、大小、方向设计成楔形、十字形、X 形、长方形等。

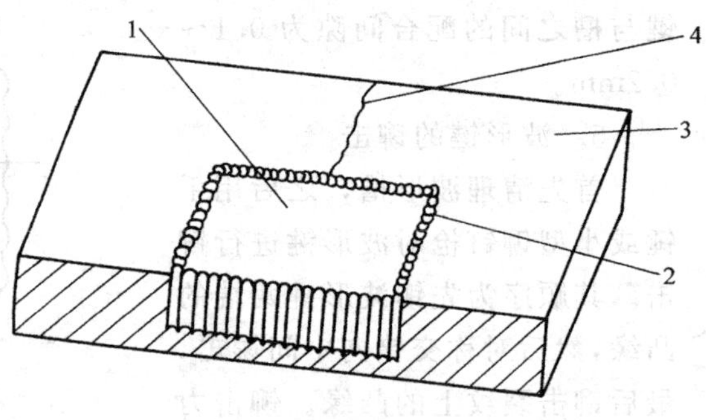

图 5-6　加强扣合法

1—加强件　2—缀缝栓　3—机件　4—裂纹

（四）热扣合法

利用金属热胀冷缩的原理，将一定形状的扣合件经加热后扣入已在机件裂纹处加工好的形状尺寸与扣合件相同的凹槽中，扣合件冷却后收缩将裂纹箍紧，从而达到修复的目的。

二、镶补法

镶补法就是在零件磨损或断裂外补以加强板或镶装套等，使其恢复功能。一般中小型零件断裂后，可在其裂纹处镶加补强板，用螺钉或铆钉等将补强板与零件连接起来；对于脆性材料，应在裂纹端头钻止裂孔。此法操作简单，适用面广。如图 5-7 所示。

对齿类零件，尤其对精度不高的大中型齿轮，若出现一个或几个轮齿损坏或断裂，可先将坏齿切割掉，然后在原处用机加工或钳工方法加工出燕尾槽并镶配新的轮齿，端面用紧定螺钉或点

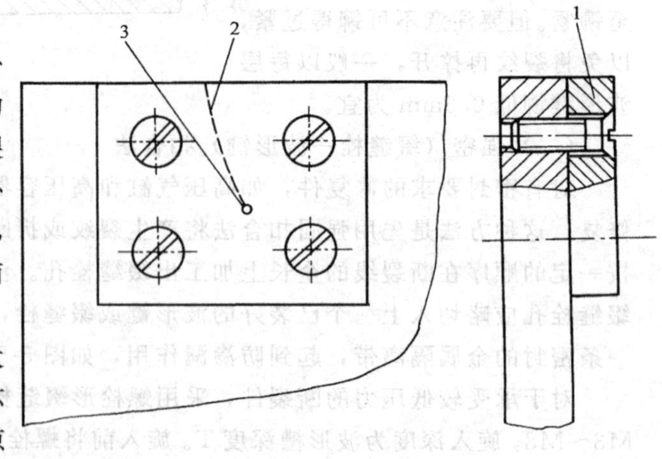

图 5-7　补强板

1—补强板　2—裂纹　3—止裂孔

焊固定，如图 5-8 所示。

若轮齿损坏较多，尤其是多联齿轮齿部损坏或结构复杂的齿圈损坏时，可将损坏的齿圈退火车去，再配以新齿圈，联接可用键或过盈配合，新齿圈可预先加工也可装后再加工齿。

对损坏的圆孔、圆锥孔，可采取扩孔镶套的方法，即将损坏的孔镗大后镶入套，套与孔可采用过盈配合。所镗孔的尺寸应保证套有足够的刚度。套内径可预先按配合要求加工好，也可镶入孔后再加工至配合精度。

对损坏的螺孔，也可采用此法修复，即将损坏的螺孔扩大后，镶入螺塞，然后在螺塞上加工出螺孔（螺孔也可在螺塞上预先加工）。

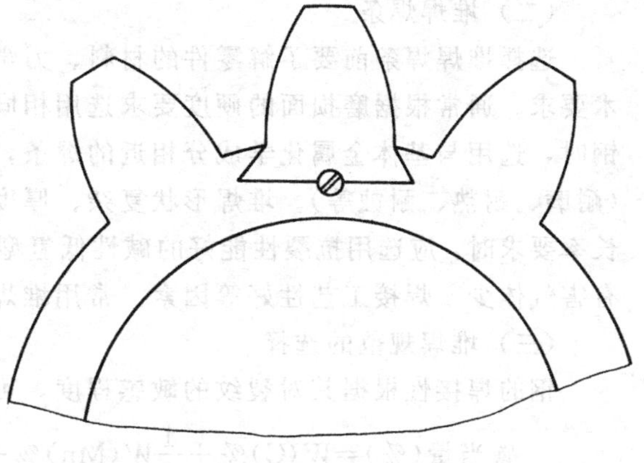

图 5-8　镶齿

三、调头法

某些零件局部磨损后，可采用调头或转向的方法重新满足使用要求。如丝杆的螺纹局部磨损后，可调头重新使用；承受单向力的齿轮磨损后，可翻转重新安装，利用未磨损的面继续工作。调头转向重新使用的零件必须构造对称或经简单加工即可满足使用要求。

轴、孔中的键槽损坏后，可转位后重新加工键槽继续使用。

第三节　焊接修复法

利用焊接方法赋予零件以耐磨、耐蚀的堆焊层或进行必要的修补是焊接技术的主要内容。它的原理与传统的焊接虽没有本质的区别，但它焊接的是失效后的机械零件，因此要根据不同的对象来选定不同的焊接工艺，同时还应考虑零件本身焊修的经济性、修复后的使用性能等。利用焊接修复失效的零件是一种广泛使用的修复方法，它具有如下特点：

1）适用性较广。大部分金属零件都可以用焊修法修复。焊接设备简单，工艺较成熟。

2）结合强度高。不但可修复尺寸、赋予零件表面以耐磨、耐蚀等特殊性能的堆焊层，还可以焊补裂纹及断裂、修补局部损伤等。

3）不受零件尺寸、修复场地的限制，成本低、效率高，灵活性大。

焊接修复法的缺点是焊接温度高，易引起金相组织变化并产生应力及变形，不易修复精度较高、细长及较薄的零件，同时易产生气孔、夹渣、裂纹等缺陷。

一、焊条电弧堆焊

利用焊条电弧焊的方法在零件表面熔敷一层金属，以使零件表面获得耐磨、耐蚀等性能或使零件尺寸得到恢复的焊接称为焊条电弧堆焊。它具有设备简单，工艺灵活，不受焊接位置及表面形状的限制，结合强度高，堆焊层厚度大等优点，是一种最常用的修复方法。

（一）焊条电弧堆焊的原理及设备

焊条电弧堆焊是将金属焊条和零件分别接到焊接电源两极，通过电极放电引燃电弧，使焊条和基体金属熔化，在零件缺陷处形成一层金属熔敷层的一种维修方法。

焊条电弧焊的设备包括焊条电弧焊机、焊钳及辅助工具。焊机按电源性质分为交流焊机和直流焊机两种。

直流焊机按获得直流的形式分为直流弧焊发电机和硅整流式直流弧焊机。

用交流焊机或用直流焊机进行焊接，对焊接质量和生产率并无多大影响。一般情况下，应尽量选用交流焊机。当采用低氢型焊条或焊接热敏性大的合金钢时，选用直流焊机。野外作业时选用由内燃机拖动的直流弧焊发电机。

（二）堆焊焊条

选择堆焊焊条前要了解零件的材料、力学性能、热处理状态、堆焊部位的工作条件及技术要求。通常根据磨损面的硬度要求选用相同硬度的堆焊焊条；堆焊耐热钢、不锈钢和高锰钢时，选用与基体金属化学成分相近的焊条，以保证焊缝或堆焊层与基体金属有相同的性能(耐磨、耐热、耐蚀等)。堆焊形状复杂、厚度大、刚度大、或对焊件有较高的冲击韧度及伸长率要求时，应选用抗裂性能好的碱性低氢型焊条。在保证上述条件下，还应考虑经济性好、有害气体少、焊接工艺性好等因素。常用堆焊焊条的性能及用途见表 5-4。

（三）堆焊规范的选择

钢的焊接性根据其对裂纹的敏感程度，可用碳当量粗略估算

$$碳当量(\%)=W(\mathrm{C})\%+\frac{1}{6}W(\mathrm{Mn})\%+\frac{1}{5}(\mathrm{Cr}+\mathrm{Mo}+\mathrm{V})\%+\frac{1}{15}W(\mathrm{Ni}+\mathrm{Cu})\%$$

碳当量不大于 0.45%的钢材，堆焊时不必采取特殊措施。当碳当量大于 0.45%时，则需采取预热、后热，选用低氢型焊条等措施。

表 5-4 堆焊焊条的性能及用途

国标牌号	焊条类型	药皮类型	熔敷金属	堆焊层硬度 HRC	焊接电流	主要用途
D107 D112	锰硅 铬钼	低氢 钛钙	10Mn3Si 20Cr1.5Mo	≥22 ≥22	直流 交直流	常温低硬度堆焊，修复低碳、中碳低合金钢磨损件
D127 D132	锰硅 铬钼	低氢 钛钙	15Mn4Si 30Cr2Mo	≥30 ≥30	直流 交直流	常温中硬度堆焊
D167 D172	锰硅 铬钼	低氢 钛钙	40Mn4Si 40Cr2Mo	≥40 ≥40	直流 交直流	常温高硬度堆焊
D207 D212	铬锰硅 铬钼	低氢 钛钙	70Mn2Cr3Si 50Cr3Mo2	≥50 ≥50	直流 交直流	常温高硬度耐磨件，如工程机械、矿山机械受摩擦的滚轮、挖斗
D256 D266	高锰 高锰	低氢 低氢	Mn13 Mn13M02	HB≥180 HB≥180	直流 直流	堆焊工程机械、矿山机械的高锰钢零件
D642 D687	高铬 铸铁	钛钙 低氢	C3Cr30 C3Cr30Co5B	≥48 ≥58	交直流 直流	堆焊常温和高温耐磨，耐腐蚀零件
D707 D717	碳化钨	低氢	C2W45MnSi4 CW60	≥60 ≥60	直流	堆焊强烈磨损的机械零件

1. 工件的预热

对易出现焊接裂纹、气孔、变形等缺陷的零件，在焊前预热可有效地防止这些缺陷的产生。为不改变整个零件的性能，选择预热温度以不超过零件的回火温度为原则。当零件的碳

当量为0.5%时，预热温度为150℃左右；碳当量为0.6%时，预热温度200℃左右；碳当量为0.7%时，温度为250℃左右；碳当量为0.8%时，温度为300℃左右。即使是较低的预热温度（100～150℃）对克服缺陷也能取得显著效果。

2. 裂纹部位的预加工

裂纹两端钻止裂孔，裂纹部位开坡口，坡口应为裂纹全长和全深，以防裂纹再度发生，并保证焊缝与基体良好结合。

3. 焊条的选择

用堆焊方法恢复零件的尺寸时，应根据所需堆焊层的厚度选择焊条直径，见表5-5。

表5-5 焊条直径的选择

堆焊层厚度/mm	<1.5	<5	>5
焊条直径/mm	3.2	4～5	5～6
堆焊层数	1	1～2	>2

焊条在使用前应在200～300℃温度中保温1h进行烘干，以减少堆焊层的气孔。如果是立焊或仰焊，所选用的焊条直径应比平焊时小，以减小由于焊接熔池体积大、熔池铁水下淌的倾向。

4. 焊接电流的选择

对于常用的焊条，可根据焊条直径按下面的经验公式选取

$$I=Kd$$

式中 I——焊接电流，单位为A；

d——焊条直径，单位为mm；

K——经验系数，单位为A/mm，K可参考表5-6。

5. 电弧长度选择

熔池底至焊条端的距离称为弧长。焊条电弧焊中，电弧过长，会出现电弧燃烧不稳定，增加金属飞溅，熔深减小，而且熔化金属从焊条上滴下穿过空气的距离长，易与空气中氧氮发生作用，产生气孔，使焊缝质量变劣。因此，在焊接时力求使用短弧。一般要求弧长不超过焊条直径。

表5-6 焊条直径与K值的关系

焊条直径 d/mm	2～2.5	3.2	4～6
系数 K/A/mm	20～30	30～40	40～50

6. 确定极性接法

用直流焊机焊接时，工件接正极，焊条接负极，称为直流正接。反之，称为直流反接。

酸性焊条因其工艺性好，可用直流或交流焊接，对极性无要求；碱型低氢型焊条，用直流焊接时，反接比正接电弧稳定，飞溅量少；若焊条对极性无特殊要求，在焊接薄而小的零件、重要的结构件或堆焊合金钢零件时，宜用直流反接。

二、埋弧堆焊

（一）埋弧堆焊的基本原理

埋弧堆焊的电弧在焊剂层下燃烧，如图5-9所示。

由于电弧的高温作用，熔化的金属与焊剂蒸发形成金属蒸气与焊剂蒸气，在焊剂层下造成一个密闭空腔，电弧在空腔内燃烧。在空腔的上面覆盖着熔化的焊剂层，隔绝了大气对焊缝金属的影响。由于气体的膨胀作用，空腔内的蒸气压力略大于大气压力，此压力与电弧的“磁吹”作用共同向后排挤熔化的金属，加深了基体金属的熔深。与金属一同被挤向溶池较冷部位的熔渣，因密度较小而浮在金属熔池上部，减缓了焊缝金属的冷却速度，使熔渣、金属及气体之间的反应更充分，能更好地清除熔池中的非金属杂质、熔渣和气体，从而得到化学成分理想的堆焊层。

埋弧焊的优点是：①液态金属与熔渣及气体的冶金反应较充分，堆焊层的化学成分和性能较均匀，焊缝表面光洁；②由于焊剂中元素对焊缝金属的过渡作用，可以根据零件的性能要求选用不同的焊丝和焊剂，以获得合乎要求的堆焊层；③堆焊层与基体金属的结合强度高；④堆焊层的抗疲劳性能比用其他修复工艺获得的修复层的性能强；⑤生产率高。

其缺点是工艺和技术比焊条电弧焊复杂，且由于焊接电流大，工件的热影响区大，因而主要用于较大的不易变形零件的修复。

（二）埋弧堆焊设备

设备示意图如图 5-10 所示。工件夹持在堆焊机床上，堆焊机头（包括送丝机构和焊箱）固定在堆焊机床横拖板上，并以一定的速度沿工件轴向移动。堆焊电源的正极接焊丝导管，负极接工件。送丝机构使焊丝均匀送进，焊剂经焊剂软管均匀流向焊丝端部覆盖电弧。落下的焊剂和被除渣刀刮下的渣壳通过筛网收集到焊剂箱。对机床的要求是转速能在 0.3～10r/min 范围内无级调节，堆焊螺距为 2.3～6mm/r，并能夹持所修复的零件。

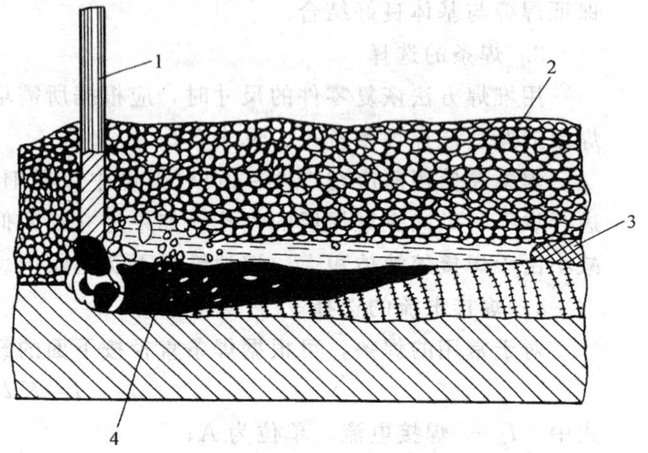

图 5-9　埋弧堆焊过程

1—焊丝　2—熔剂　3—渣壳　4—熔化金属

（三）埋弧堆焊用材料

埋弧堆焊材料主要指焊丝和焊剂，相当于焊条的焊芯和药皮。焊丝通常采用 H08、H08A、H08Mn、H15、H15Mn 等低碳钢丝和 45 钢、50 钢等钢丝，也采用可得到更高硬度和耐蚀性的 H2Cr13、H3Cr13、H30CrMnSiA、H3Cr2W8V 合金钢丝。

焊剂主要用来保证电弧稳定燃烧，防止空气侵入熔池而使焊缝金属氧化和氮化；向焊缝补充合金元素，以改善焊缝金属的化学成分和组织；防止焊缝产生裂纹、气体和疏松；减少金属飞溅和烧损等。焊剂的主要化学成分有 MnO、SiO_2、CaF_2、CaO、MgO、Al_2O_3、FeO 等。常用的焊剂有 HJ130、HJ131、HJ230、HJ330、HJ430、HJ433。为改善堆焊层的性能和补充烧损的元素，可在焊剂中加入其他合金元素。

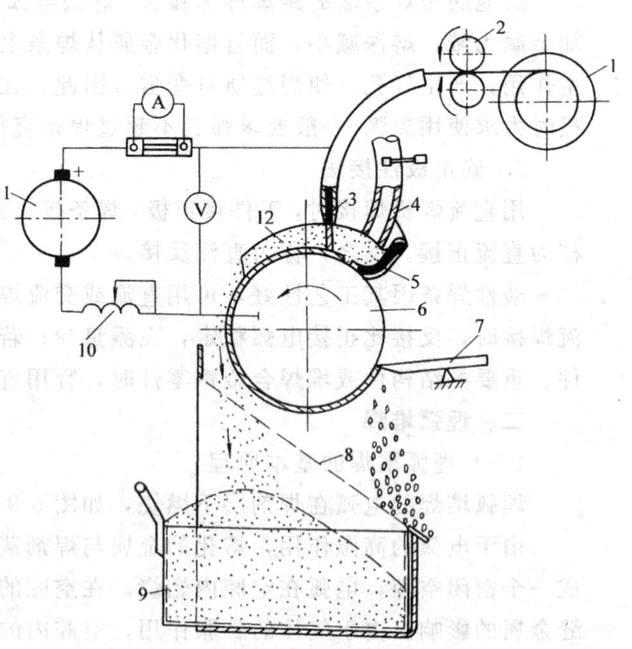

图 5-10　埋弧堆焊设备示意图

1—焊丝盘　2—送丝轮　3—焊丝导管　4—焊剂软管　5—焊剂挡板　6—工件　7—铲渣刀　8—筛网　9—焊剂箱　10—电感　11—堆焊电源　12—焊剂

（四）埋弧堆焊工艺规范

1. 电源的性质和极性

埋弧堆焊多用直流。直流正接熔深较大；直流反接熔深较小。考虑堆焊过程的稳定性及提高生产率等因素，多采用直流反接。

2. 工作电压与工作电流

当采用ϕ1.5～ϕ2.2mm焊丝堆焊时，其工作电压常为22～30V。焊丝含碳量高，电压取较高值；反之，取低值。若电压过低，起弧困难，且堆焊时易熄弧，堆焊层结合强度不高。若电压过高，虽起弧容易，但易出现堆焊层不平整且脱渣困难。

工作电流与焊丝直径的关系为

$$I=(85\sim110)d$$

式中　I——工作电流，单位为A；

d——焊丝直径，单位为mm。

3. 堆焊速度

堆焊速度一般为0.4～0.6m/min，或可按下式计算

$$n=(400\sim600)/\pi D$$

式中　n——工件转速，单位为(r/min)；

D——工件直径，单位为mm。

堆焊前先进行试焊，然后根据堆焊层质量进行调整。

4. 送丝速度

由于工作电流是由送丝速度来控制的，所以电流确定后送丝速度即可确定。通常送丝速度以调节到工作电流为预定值为宜。当焊丝直径为ϕ1.6～ϕ2.2mm时，送丝速度为1～3m/min。

送丝速度与工件转速的关系为

$$v=(4\sim5)\pi Dn/1000$$

式中　v——送丝速度，单位为m/min；

D——工件直径，单位为mm；

n——工件转数，单位为r/min。

5. 堆焊螺距

焊丝的纵向移动速度应使相邻的焊道彼此重叠1/3左右，以保证堆焊层平整且无漏焊。堆焊螺距可根据焊丝直径按下式选用

$$S=(1.9\sim2.3)d$$

式中　S——堆焊螺距，单位为mm；

d——焊丝直径，单位为mm。

若堆焊小直径零件，由于渣壳不易冷却，难以脱渣，并由于熔化金属冷却较慢，未及凝固已随工件的转动而流动，为此，在工艺上可采取两次“走刀”的方法加以解决，它相当于车削双头螺纹。

6. 焊丝的伸出长度

根据经验，焊丝从焊嘴伸出的长度约为焊丝直径的8倍，通常取10～18mm。伸出太长，电阻热大，焊丝的熔化速度加快，熔深稍有减少，同时由于焊丝颤动，堆焊层成形差；若伸出太短，焊嘴离工件太近，易将焊嘴烧坏。

7. 焊丝后移量

为避免堆焊圆柱形零件时熔池中的液态金属流失，并延长渣壳对堆焊层的保温时间和渣壳冷却时间，易于除渣，焊丝应从焊件的最高点向零件旋转的反向移一个距离 K，后移量 K 约为工件直径的 8%。

8. 工件预热

为防止堆焊层产生裂纹，可将工件预热，预热温度依工件的含碳量而定，如图 5-11 所示。

除焊条电弧堆焊、埋弧堆焊外，还有振动电弧堆焊、等离子弧堆焊、二氧化碳气体保护堆焊等焊接修复工艺。其特点分述如下：

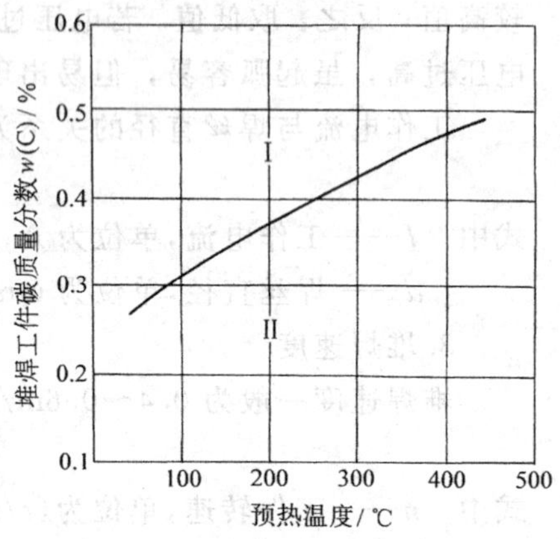

图 5-11 含碳量与预热温度的关系

Ⅰ—有裂纹区 Ⅱ—无裂纹区

1. 振动电弧堆焊

(1) 堆焊过程 工件连续旋转，焊丝等速送进并按一定的频率和振幅振动，焊丝与工件之间产生短路和脉冲电弧放电，使焊丝可以在较低的电压（12～22V）下，以较小的熔滴稳定而均匀地过渡到工件表面，形成一层质量好、薄而均匀的堆焊层。堆焊过程大体可分为三个阶段：短路期、放电期和空程期。该技术的优点是：熔深浅、堆焊层薄而均匀，工件受热影响小，堆焊层耐磨性好，生产率高，成本较低。其缺点是：由于电弧区保护作用差，空气中氧、氢、氮等气体易侵入电弧区和熔池，在堆焊层和基体结合处易产生气孔；堆焊层含氢量高，易产生裂纹；还易产生硬度不均匀等缺陷。

(2) 电弧区的保护 向电弧区喷射水蒸气、二氧化碳气体、空气或纯氧，或用焊剂作为保护介质。

振动电弧堆焊修复厚度可达 0.5～3mm，常用于汽车、拖拉机及其他工程机械零件修复中、如曲轴、承受交变载荷的零件等。

2. 等离子弧堆焊

等离子弧堆焊是利用联合型等离子弧或转移型等离子弧为热源，以合金粉末或焊丝作为填充金属的一种熔化焊接工艺。其优点是：弧柱稳定、温度高、热量集中；规范参数可调性好，熔池平静，可控制基体金属熔深，降低冲淡率；熔敷效率高，堆焊焊道宽，易实现自动化。其缺点是：设备成本高，堆焊时噪声大，紫外线辐射强烈并产生臭氧。

按照填充材料的填充方式不同，等离子弧堆焊可分为：

(1) 热丝等离子弧堆焊 焊丝利用本身的电阻预热后，再送入等离子弧区进行堆焊。由于焊丝预热降低了堆焊层的冲淡率，提高了熔敷率，并减少了堆焊层中的气孔。

(2) 冷丝等离子弧堆焊 将焊丝不经加热而直接送入等离子弧区堆焊。

(3) 预制型等离子弧堆焊 将堆焊合金预先制成环状或其他形状放置在零件的堆焊表面，然后用等离子弧加热而形成熔敷层。它适于形状简单，批量大的零件的堆焊。

(4) 粉末等离子弧堆焊 将合金粉末自动送入电弧区实现堆焊。其堆焊质量高，易实现自动化。

3. 二氧化碳气体保护堆焊

二氧化碳气体保护堆焊是用二氧化碳气体作为保护介质的一种堆焊工艺。其过程如下：二氧化碳气体从喷嘴中以一定的速度吹向电弧区，将电弧及熔池与空气隔开，形成一个可靠的保护层，以防止氧、氢、氮等有害气体侵入熔化的金属，从而获得性能良好的堆焊层。

二氧化碳气体保护堆焊的优点是：堆焊层质量好，抗腐蚀、抗裂能力强；堆焊变形小，堆焊层硬度高而均匀；生产率高，成本低，适应性强。其缺点是：电弧吹力强，使堆焊层的冲淡率较高，难以控制堆焊层的合金成分。由于二氧化碳的氧化作用，合金元素烧损严重，易产生气孔，且设备复杂。

4. 低真空熔结工艺

低真空熔结工艺过程是：将质量分数为94%的合金粉末与质量分数为6%的松香油调制而成的料浆涂敷到经过预先加工、清洗、除油、去污的零件待修表面。在80℃的烘箱中烘干，出炉后修整外形，然后在非氧化气氛中或低真空中的钼丝炉中熔结，以获得致密光滑的合金涂层，也可用激光、高频感应、等离子弧、电子束等热源熔结。整个熔结过程分为三个阶段：松香挥发阶段、合金熔化阶段及凝固阶段。

低真空熔结的优点是：结合强度高，无裂纹、气孔等缺陷，可用于制造和修复一些耐高温、耐腐蚀、耐磨损的零件，可延长零件的使用寿命，降低成本。对合金粉末的要求是：具有良好的自熔性（常用Ni基和Co基自熔性合金），熔点低；熔结过程能自行造渣，涂层与基体金属结合良好；具有适当的液态流动性，结晶温度范围较宽；具有良好的润湿性；涂层有良好的耐磨、耐蚀、耐疲劳等性能。低真空熔结涂层一般厚0.02～4mm。

（五）修复实例

现举例说明花键轴键齿磨损的修复。该花键轴为调质钢，硬度为45～50HRC。键齿磨损严重，根据磨损量确定堆焊层厚度为1.5mm。

选用焊条电弧堆焊修复，其工艺如下：

1）清除花键轴上的油污、锈斑。

2）按零件的使用要求，选用焊条D172或D212。焊条直径为$\phi2.5$～$\phi3.2$mm。

3）焊前在齿槽的中心位置作出标记，以便于焊后机加工时对刀。

4）采用键齿双侧堆焊，施焊时将施焊表面水平放置。为防止变形，应采用对称交错焊法。

5）采用较小的焊接参数，以减少热影响区。

6）焊后缓冷，机加工至使用要求。

选用振动电弧堆焊修复。其工艺参数如下：

焊丝直径$\phi1.5$～$\phi1.8$mm，工作电压16～18V，堆焊速度0.3～0.4m/min，送丝速度1.5～1.6mm/min，焊丝振幅2mm，焊丝伸出长度10mm，水蒸气压力0.02～0.05MPa，水蒸气喷口距焊嘴120mm，水蒸气气流长度150～200mm。同焊条堆焊一样，必须采用对称堆焊法，以防轴变形。

三、钎焊

用比焊件熔点低的金属材料作钎料（填充材料），将焊件和钎料共同加热到高于钎料熔点而低于焊件熔点的温度，钎料熔化润湿焊件的钎焊面，并靠毛细作用填充接头缝隙，经钎料与焊件之间的扩散而形成钎焊接头。与熔化焊相比，焊件加热温度低，变形小，其组织及力学性能变化小；受焊件焊接性的限制少，可连接异种材料；绝大多数金属及合金以及非金属材料都可用钎焊修复。钎焊的缺点是焊缝强度较其他焊接方法低，故适于强度要求不高的零件的裂纹、断裂的修复，尤其适于低速运动零件的研伤、划伤等局部缺陷的修补。

钎焊质量除取决于钎焊方法、钎剂、钎料及保护气氛外，很大程度上还取决于钎焊前焊件表面的清洗、接头间隙的控制及焊后处理。

钎焊按温度分为硬钎焊和软钎焊。钎料熔点高于450℃的钎焊称为硬钎焊，低于450℃的钎焊称为软钎焊，相应的钎料分为硬钎料、软钎料，钎剂分为硬钎剂和软钎剂。

常用的软钎料有锡铋合金、铅锡合金、锌镉合金等。硬钎料有铜锌合金、铜磷合金、银基钎料、铝基钎料、镍基钎料等。选用钎料时应考虑以下因素：熔点低于焊件，与焊件能形成良好的钎焊接头，满足所用钎焊温度及方法的需要，满足接头工作需要，成本低。

常用的软钎剂主要由松香、酒精、三乙醇胺、盐酸乙二胺等有机物及氯化锌、氯化胺、氟硼酸盐、盐酸等组成。硬钎剂主要由硼酸、硼砂、氟硼酸盐、氯化物等组成。

钎剂的主要作用是清除钎料与焊件待焊表面的氧化膜，改善钎料与焊件的润湿，并在钎焊过程中防止再度氧化。对钎剂的要求是熔点低于钎料，有良好的去膜能力和较宽的活化温度范围，不易失效，钎焊后的残渣对焊件的腐蚀性小、且易清除。

四、铸铁的焊修

铸铁零件在机械设备中占有很大比例，且许多是重要零件，如底座、缸体、箱体、曲轴及导轨等。这些零件体积大、结构复杂、制造成本高，因此对这些零件的修复具有很重要的意义。

铸件修复的特点：

1）铸铁含碳量高、塑性差，对冷却速度十分敏感，焊层易形成白口组织，导致产生裂纹；局部过热会使铸铁晶粒粗大、组织疏松、变脆，并促使裂纹产生。

2）长期工作在高温或腐蚀介质中的铸铁件，其基体松散、内部组织氧化腐蚀、吸收油脂，从而降低了可焊性，且易产生气孔、裂纹甚至焊不上。同时铸铁中较高的硫磷含量也会影响可焊性。

铸铁的焊修方法通常有气焊、钎焊、电弧焊等。按铸铁件是否预热分为铸铁冷焊、铸铁热焊和铸铁半热焊。

（一）铸铁冷焊

铸铁冷焊指焊前焊件不预热或预热温度低于200℃的焊接。其优点是：方法简便，修复速度快，劳动条件比热焊好，变形小。其缺点是易产生白口组织、热应力裂纹、气孔缺陷，同时对操作技艺要求较高。常用小电流、细焊条断续焊、锤击焊缝等措施以减少焊层的白口组织和裂纹。

1. 焊条的选择

铸铁冷焊时要选用适宜的焊条、焊药，以使修复层得到适当的组织及性能，并利于焊后加工和减轻加热、冷却时的应力危害。

常用的手工电弧铸铁焊条的牌号、特点及应用见表5-7。

表5-7 国产铸铁焊条牌号、特点及应用

牌号	药皮类型	焊接电源	焊缝金属主要成分	主要成分	主要用途
Z100	氧化型	交直流	碳钢	与基体熔合好，价格低；硬，抗裂性差，工艺性差，焊后不能机加工	一般灰铸铁非加工面焊补
Z116 Z117	低氢型 低氢型	交直流 直　流	高钒钢 高钒钢	抗裂性能好，焊后可机加工，但加工性不如铸508等	高强度灰铸铁及球墨铸铁件的焊补

（续）

牌号	药皮类型	焊接电源	焊缝金属主要成分	主要成分	主要用途
Z122 Fe	钛钙铁粉型	交直流	碳钢	与基体熔合牢固，但熔合区硬度高；抗裂性，工艺性均好，操作方便，焊缝成型好，不需预热	多用于一般灰铸铁件非加工面焊补
Z208	石墨型	交直流	铸铁	小型　薄壁　刚度不大工件可冷焊，一般件需预热400℃并缓冷，则可得灰口，能加工，抗裂性差，重要零件不宜采用	一般灰铸铁件焊补
Z238	石墨型	交直流	球墨铸铁	焊前预热500℃，保温缓冷有可能机械加工	球墨铸铁焊补
Z248	石墨型	交直流	铸铁	焊缝与基体组织　性能颜色均相同；可不预热，焊后盖以石棉或其他保温材料，可防开裂及白口	灰口铸铁件焊补
Z308	石墨型	交直流	纯镍	不需预热，具有良好的抗裂性能和加工性能，价格昂贵	重要灰铸铁薄壁件和加工面焊补
Z408	石墨型	交直流	镍铁合金	强度高，塑性好，线膨胀系数低。抗裂性好，切削加工性能比Z308、Z508略差，不需预热，也可预热至200℃。	重要高强度灰铸铁件及球墨铸铁焊补
Z508	石墨型	交直流	镍铜合金	工艺性，切削加工性都接近Z308，但收缩性较大因而抗裂性较差；强度较低。可不预热或300℃预热	强度要求不高的灰铸铁件焊补
Z607	低氢型	直流	铜铁混合（纯铜焊芯）	抗裂性好，加工有一定困难，不宜于多层焊，价格比镍基便宜	一般灰铸铁件非加工面焊补
Z612	钛钙型	交直流	铜铁混合	抗裂性好，加工性能一般	一般灰铸铁件非加工面焊补

2. 铸铁冷焊工艺

1）清除接表面的油污、锈等杂质。

2）钻止裂孔。在裂纹前端距裂纹终点3～5mm处钻止裂孔，防止施焊过程中裂纹扩展。止裂孔为通孔。其直径可按表5-8选取。

表5-8　止裂孔直径选择

壁厚/mm	4～8	8～15	15～25	>25
孔直径/mm	3～4	4～6	6～8	8～10

3）开坡口。开坡口以不影响准确合拢为原则，既要除尽裂纹又要保证强度，一般为U形坡口。当只允许焊接壁厚的一面时，则开单面坡口且开通内面；若能在壁厚两面施焊，则先开一面，焊完后，再开另一面坡口施焊；对壁厚为3～4mm的薄壁，可不开坡口，只需将裂纹部位的表面磨光或铲光即可。

4）预热。焊前用氧乙炔焰对工件施焊部位进行大面积烘烤。预热温度为200℃左右。

5）选择焊条直径。铸铁冷焊时为减少导入工件的热量，尽量选用小直径焊条，并且焊条应在150～250℃温度中保温2h，以烘干。

6）选择焊接电流。铸铁冷焊常用较低电流施焊。通常其电流比焊接钢结构的焊接电流要小10%～20%。也可按下式计算

$$I=(35\sim55)d$$

式中　I——焊接电流，单位为 A；

d——焊条直径，单位为 mm。

7）选择电源极性。为减少焊接时对工件的热影响，用直流焊接时，宜采用直流反接。

8）焊接操作。焊接场地宜选择干热无风处；在施焊时采用断续焊。每段焊道不应超过 50mm；每焊完一小段熄弧，并立即用小锤连续锤击焊道以使应力松弛，锤击要均匀适度。焊接裂纹一般发生在焊后 10s 左右，故锤击须在这一段时间内完成，以焊道布满致密的锤击小坑为宜；当温度降为 300℃ 以下时，不可再锤击。清除熔渣，待焊道冷却不烫手时，继续引弧施焊。多裂纹用分散顺序先焊支裂纹，再焊主裂纹，最后焊止裂孔。焊后应注意保温缓冷，以免冷却速度过快形成白口。小型工件可用热砂等掩埋覆盖，大中型工件用石棉布覆盖或用回火炉。

对于承受强烈冲击负荷的大型厚壁件，在未完全断开的情况下，可先将扣合键热压入预先加工好的键槽内，并与工件焊牢，然后再对裂纹施焊；对于有较多层焊层的焊件，可先在施焊面上栽入螺钉再施焊，以加强焊层，避免应力过大造成焊层剥离，如图 5-12 所示。

对于重要零件，可在焊后加焊加强板或加强肋进行补强。加强板（肋）先用锥销或螺钉固定在焊缝两边，然后再将加强板（肋）和已焊的焊缝焊接，如图 5-13 所示。

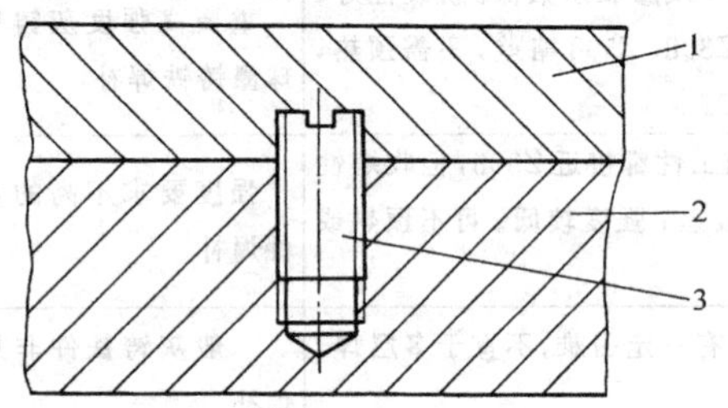

图 5-12　栽丝焊法

1—焊接层　2—母材　3—螺钉

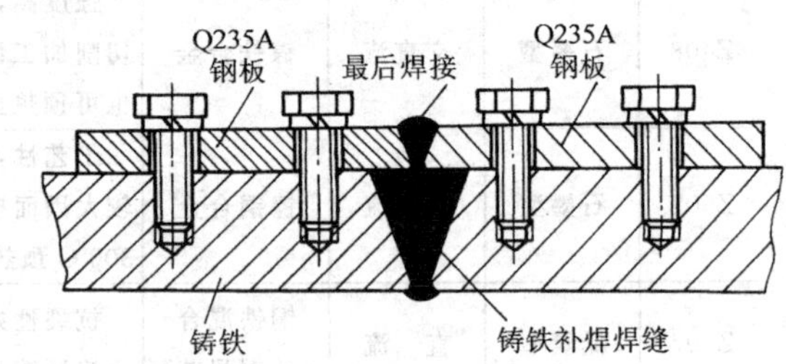

图 5-13　覆盖钢板补强

（二）铸铁的热焊

铸铁的热焊是先将工件预热至 600℃ 左右再进行焊接，焊后要加热、保温、缓冷。其焊接可用电弧焊或气焊。因为焊前预热 600℃ 左右，焊接过程中温度保持在 400℃ 左右，焊后缓冷，工件温度均匀，所以能够得到质量优良的焊缝或焊层。焊缝的金相组织与基体相同，强度高、密封性好、机械加工容易，适用于箱体、气缸体、缸盖等结构较复杂的铸铁件的修复。其缺点是需要加热及保温设备，劳动条件较差，工件整体预热会产生较大的热变形。

铸铁热气焊工艺要点如下：

1）修复区除油及氧化物，钻止裂孔，开坡口。

2）焊件预至 600～650℃。

3）焊炬的火焰调为中性或微碳化焰。

4）选择焊条、焊剂。当铸件中 w（Si）<2.5%时，选用 QHT-1 焊条，其他可选 QHT-2 焊条。焊条直径可按表 5-9 选取。

表 5-9　气焊条直径选择

焊件厚度/mm	2～3	3～5	5～10	10～15	>15
焊条直径/mm	2	3～4	3～5	4～6	6～8

铸铁焊剂作为铸铁热气焊的一种助熔剂，在焊接过程中能去除熔池中的氧化物。常用牌号为“CJ201”，主要成分

有硼砂、碳酸钠、碳酸钾等。

5）焊后回火处理。焊后以100℃/h的速度加热至540～570℃后，保温3～6h，随炉以30～50℃/h的速度冷却至150～200℃，取出空冷。

（三）铸铁的钎焊

对一些小型铸铁件或大型铸铁件的局部焊补，常用黄铜钎焊修复。如前所述，钎焊时钎料熔化，而焊件并不熔化，熔化区不会形成白口组织，且热应力小，不易产生裂纹。

1. 铸铁钎焊材料

常用钎料为铜锌合金，如铜锌钎料HU102、HU103、HU104；62黄铜（H62）、锡化黄铜、硅化黄铜等。该类钎料熔点为860～900℃，抗拉强度为206～330MPa。

黄铜钎焊的焊剂常用“CJ301”，或用无水硼砂，或硼砂的质量分数为50%与硼酸的质量分数为50%的混合物。

对机床导轨面擦伤或研伤的修复，常用锡铋合金作钎料（锡的质量分数为55%，铋的质量分数为45%），锡铋合金有冷胀作用，能与基体牢固结合，对划伤表面的钎焊效果最佳。该合金熔点低，用电烙铁即可施焊，并且由于其硬度比铸铁低，焊后可用刮刀对焊层修整加工，简便易行，故广泛用于导轨面的修复。

2. 铸铁钎焊工艺

1）焊前应彻底清除待焊部位的油污、氧化层及其他污物；裂纹两端钻止裂孔；为加强填充金属与工件的结合，应开较大的坡口，坡口表面应粗糙或刻出槽纹，以提高连接强度。

2）火焰钎焊时，先用氧化焰将施焊表面的石墨烧去，以提高连接强度。之后在施焊表面涂一层钎焊剂，再根据不同钎料的熔点施焊。施焊时，加热速度要快，加热部位要小，添加钎料要迅速，力求焊接处不过热，火焰始终指向钎料，焰心与熔池的距离大约10～15mm。

3）钎焊过程中要及时调整工件温度，若工件温度过低，则钎料熔滴不能很好润湿工件待焊面；若温度过高，则钎料中的低熔点元素烧损严重，影响结合强度。

4）焊后用手锤锤击焊缝，以使组织致密均匀，清除应力。

5）焊后成形加工。

（四）修复实例

1. 钎焊修复导轨划伤面

由于铸铁含有大量的石墨，对钎料有阻碍作用，影响钎料的漫流和对工件的润湿，因此常用薄镀铜（或镍）层打底，以改善钎焊性。具体工艺如下：

1）配制镀铜液配方的百分数均指质量分数。1号镀铜液配方：浓盐酸30%＋锌4%＋硫酸铜4%＋蒸馏水62%；2号镀铜液配方：硫酸铜75%＋蒸馏水25%。

2）配制钎料：将锡55%（熔点232℃）与铋45%（熔点270℃）共同加热至完全熔融后，浇铸成截面为三角形的锡铋合金焊条。

3）镀铜：先用煤油擦洗划伤面，再用丙酮擦洗，之后用钢丝刷反复擦试以清除表面的石墨，直至露出金属光泽后，再用丙酮擦净残留石墨。迅速涂上1号镀铜液，并反复涂擦至出现均匀淡红色时，接着涂擦2号镀铜液至出现均匀酱红色。

4）将钎剂涂于钎焊处。钎剂可为自制的锌质量分数为10%左右的浓盐酸。

5）用500～800W的电烙铁熔融焊条进行钎焊，直至施焊面平整光滑并高出修复面为止。

6）冷却后，用刮刀刮削至要求。

2. 铸铁螺钉孔缺口的焊补

如图 5-14 所示，螺钉孔口发生缺损，采用手工电弧冷焊修复。其工艺过程如下：

1）在垂直于断面的中心位置栽入螺钉。

2）用紫铜或石墨棒按螺孔形状尺寸配车模芯。

3）选用 Z508 或 Z408 焊条。直径 $\phi2.5\sim\phi3.2$mm，电流 100～150A。

4）先在与模芯接触的坡口边缘堆焊一层金属，然后按冷焊法堆焊至要求高度。

5）拔出模芯，修整成形。

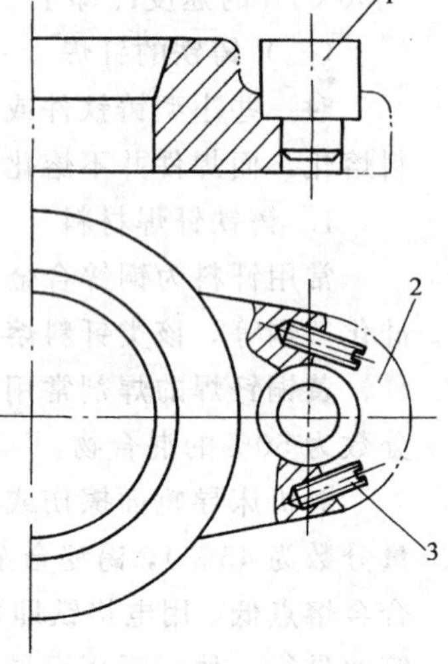

图 5-14 螺钉孔缺口的焊补

1—模芯 2—缺口 3—栽丝

3. 发动机气缸盖裂纹的修复

为避免焊补过程中产生过大的变形，可采用氧乙炔焰冷焊或焊条电弧冷焊。

(1) 氧乙炔焰冷焊工艺过程如下：

1）用汽油或热碱水清洗，去除油污，钻止裂孔。用手持砂轮或其他工具在裂纹全长上开 U 形坡口。

2）选用的焊条尽量使焊缝金属与基体一致，如高碳、高硅铸铁焊条 QHT-1、QHT-2，焊剂选用硼砂、铸铁焊粉等。

3）焊炬要选用大号或中号，焊嘴直径选择 $\phi2.2\sim\phi2.4$mm。最好选用两把焊炬，一把施焊，一把加热，加热施焊共同进行。

4）选择适当的加热减应区，用焊炬缓慢均匀加热至 600～700℃ 时，即可焊补。

5）使焊缝处于水平位置，用中性焰加热坡口底部至熔化后除去漂浮的杂质，用焊条蘸以适量焊剂分层堆焊。为防止气孔或白口，焊炬应经常对着被焊基体往复摆动保持温度。焊条在熔池中要轻轻搅动，以除气泡和熔渣。

6）焊补结束后，用火焰将焊缝和加热减应区烘烤一遍，用石棉布覆盖，自然冷却。

(2) 焊条电弧焊工艺过程如下：

1）除去油污，钻上裂孔，开 U 形坡口。

2）选用镍基铸铁焊条，Z308—Z408 等。焊条直径 $\phi2.5\sim\phi3.2$mm，电流 80～120A。

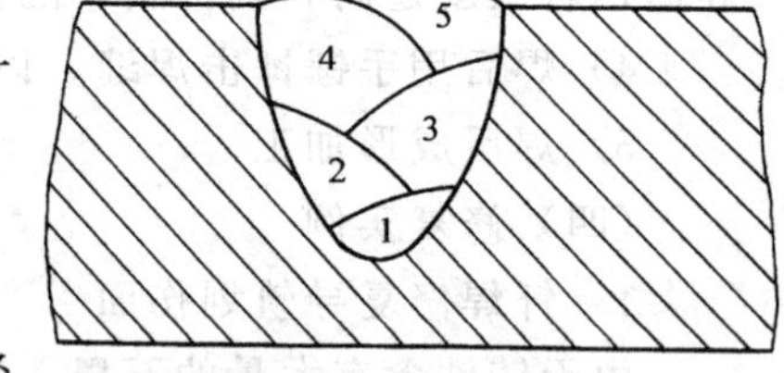

图 5-15 堆焊顺序

3）焊时用断续焊，焊道不宜过长，以 30～40mm 为宜。每段焊完立即用圆头小锤均匀锤击焊缝至布满致密小坑，清理熔渣，待焊缝不烫手时再焊下一段，至焊缝高出基体平面。

4）每层焊道厚度 3～4mm，堆焊顺序如图 5-15 所示。

5）焊后如发现焊接缺陷，应铲去重新焊接。

第四节 电镀修复法

电镀是利用电解使工件表面形成一层均匀致密、结合力强的金属沉积层的过程。镀层能形成装饰，能用于恢复磨损零件的尺寸，也可用于改善零件表面的性质，如提高耐磨，耐蚀及表面导电性，改善润滑条件等。因此，电镀是零件修复的一种很有效的方法。

一、镀铬

镀铬应用十分广泛，铬镀层特点如下：

1）化学稳定性好，仅能溶于氢卤酸或浓硫酸。

2）硬度高（600～1000HV），滑动磨擦因数小，温度升至700℃时硬度才显著下降。

3）具有很好的导热性和较好的导热率。

4）装饰性好，其光泽在大气条件下能长久保持。

（一）镀铬层的类型和用途

镀铬时根据不同的电解条件可得到不同性能的镀层，如表5-10所示。

表5-10　镀铬层的物理-力学性能

铬镀层的类别	电镀工艺条件	镀层的物理力学性能
无光泽铬镀层	电解液温度低电流密度较高	硬度高、脆性大、结晶组织粗大，有稠密的网状裂纹、表面呈暗灰色
光泽铬镀层	中等的电流密度和电解液温度	脆性小、较高的硬度（约为800～1200HV），结晶组织细致，有网状裂纹，表面光亮
乳白色铬镀层	较高的温度和较低的电流密度	孔隙率小，硬度低（约为400～700HV）、脆性小，而韧性好、能承受较大的变形而镀层不致剥落，表面为烟雾状的乳白色，经抛光后可达到镜面般的光泽

镀铬层按用途可分为以下类型：

（1）防护装饰铬层　用于多种制品的表面装饰，其光泽在大气中经久不衰。

（2）硬铬层　硬铬层具有很高的硬度和耐磨性，可提高零件的耐磨性，延长使用寿命，常用于气缸、模具、量具、轴、滚筒等耐磨零件，也用于修复磨损件。

（3）乳白铬层　硬度稍低，结晶细致，网纹较少，因此韧性较好，呈乳白色，主要用于各种量具，适于受冲击载荷零件的尺寸恢复和表面装饰。

（4）多孔铬层　镀层表面有无数网状沟纹和点状孔隙，能吸附一定量的润滑油，故具有良好的润滑性，用于主轴、镗杆、活塞环、气缸套等磨擦件的镀覆。

（5）黑铬层　镀层的黑色外观具有特殊的装饰效果，能吸收光能和热能，硬度和耐磨性较低，主要用于照相器材、光学仪器等。

用于零件维修的镀铬层主要是硬铬层。其目的是利用铬的硬度高、耐磨性好和抗腐蚀性好的特性。铬镀层与基体金属的结合强度特别高，但主要缺点是脆性大，当局部受压或冲击时，镀层易产生裂纹，并且镀层的强度会随镀层厚度的增加而减弱。铬镀层的一般允许厚度为0.2～0.3mm，受冲击载荷时，厚度应尽量小。

（二）镀铬的一般工艺

1．镀前准备

（1）镀前加工　去除零件表面缺陷及锐边尖角，恢复零件正确的几何外形，达到所需的粗糙度（一般取≤R_a1.6μm）；磨削量应尽量小，以使镀后零件尺寸能恢复到工作尺寸。

（2）镀前清洗　为使镀层与零件有良好的结合强度，镀前必须用有机溶剂苯、丙酮等、或酸、碱溶液将零件表面的油脂、氧化皮、锈迹、切削液等去除，然后用弱酸腐蚀，使零件表面活化，一般使用10%～15%的硫酸溶液腐蚀0.5～1min，以清除零件表面的氧化层而生成钝化膜。弱酸腐蚀可在镀槽中反接电极进行，称为阳极侵蚀处理或阳极刻蚀。腐蚀时电流密度为30～35A/dm^2，时间为1～4min，镀层越厚阳极处理时间应越长。

2. 镀液的选择

修复磨损零件经常使用的镀液成分为铬酐（CrO_3）150～250g/L，硫酸1～2.5g/L，三价铬2～5g/L（也可加入草酸将六价铬还原成三价铬）。工作温度55～60℃，电流密度15～50A/dm^2。

3. 以铅或铅锑合金为阳极，将作为阴极的工件及挂具吊入镀槽内，先不通电浸0.5～4min。溶解钝化膜以露出活化表面，然后通电电镀。根据镀铬层的要求选定电镀规范，控制电镀时间。

4. 镀后加工及处理

镀后检查镀层质量，测量镀后尺寸，若不合格，用酸洗或阳极电解法退镀，重新电镀。镀后用热水充分清洗并且干燥，磨削加工至要求。镀层较薄可直接镀到尺寸。对镀层厚度大于0.1mm的重要零件应进行镀后热处理，以消除氢脆，提高镀层韧性和结合强度。热处理一般在矿物油或空气中进行，温度为150°～250℃，时间为1～5h。

二、镀铁

常用的修复性镀铁是采用不对称交流—直流低温镀铁。不对称交流是指将对称交流电通过一定手段，使两个半波不相等，通电后较大的半波使工件呈阴极极性，镀上一层金属，较小的另一半波使工件呈阳极极性，只把一部分镀层电解掉（若为两个相等的半波，镀层甚至基体金属将被电解掉）。

不对称交流—直流低温镀铁的特点：①由于在开始电镀的前10～20min里，采用的是不对称交流，镀层的颗粒较均匀，表面较平滑，因此内应力比同等电流密度下的直流电镀层小，结合强度高。②在较低温度下即可进行电镀，不需要特殊的加热设备。酸蒸发慢，镀液pH值变化小，镀层质量易保证。③由于电镀是在较低温度下用较大电流密度进行的，因而有利于提高镀层硬度（最高可达65HRC）、耐磨性和沉积速度。④与镀铬比较，原料便宜，镀层厚度可达2mm，电流利用率高，简便易行，但需特殊电源。

镀铁分起镀、过渡镀和直流镀三个阶段。

(1) 起镀　为减低镀层的内应力，确保有足够的结合强度，退去钝化膜后，用不对称交流电起镀。

(2) 过渡镀　使镀层内应力及硬度能均匀逐渐增加，并为转换为直流电镀作好准备。

(3) 直流镀　过渡阶段完成后，转换成直流镀，将电流调到选定值。

镀铁时，镀前准备和镀后处理均相同于镀铬。

镀铁工艺规范：电解液常选用质量浓度为350～450g/L的硫酸亚铁，pH=1.5～2，温度28°～35℃，起镀有效电流密度1.5～2.5A/dm^2，直流电流密度为20～35A/dm^2。由于铁镀层硬度较高、镀层厚、沉积速度快，所以非常适用于磨损零件尺寸的恢复，也可用于其他镀层的打底层。

三、镀镍

镍具有很高的化学稳定性，在常温下能防止水、大气、碱的侵蚀，所以镀镍的主要目的是防腐和装饰。镍镀层根据用途可分为暗镍、光亮镍、高应力镍、黑镍等。镀镍层的硬度因工艺不同可为150～500HV。暗镍硬度较低200HV左右，而光亮镍硬度可接近500HV，所以，光亮镍可用于磨损、腐蚀零件的修复。

镀光亮镍时，镀件的镀前准备和镀后清洗可参考镀铬。电镀液主要成分为：硫酸镍300～350g/L、氯化镍40～50g/L、硼酸40～50g/L、十二烷基硫酸钠0.1～0.2g/L。为提高硬度可添加适量的含硫有机化合物。温度为50～55℃，pH值取3.8～4.4，电流密度为2～10A/dm²。阳极为电解镍或铸造镍。

四、电刷镀

电刷镀是适应生产需要而出现的以在工件表面快速电沉积金属的技术。它有设备简单轻便，无需镀槽、挂具，可进行现场修复，工艺灵活，镀层沉积速度快，镀层纯度高，结晶致密，氢脆性低，结合强度高，可有效控制镀层厚度，镀层种类多，适应材料广、污染小等优点。

（一）电刷镀原理

电刷镀采用专用的直流电源，电源正极接镀笔作为阳极，负极接工件作为阴极，如图5-16所示。镀笔常采用高纯细石墨块作阳极材料，石墨块表面包裹一层脱脂棉，用于贮存电解液、防止两极直接接触产生电弧灼伤工件、滤掉石墨粒及其盐类。为防止棉垫松脱并提高耐磨性，外层包裹纱布或涤棉套。刷镀时，使浸满镀液的镀笔以一定的速度和压力在工件表面上移动，在镀笔与工件接触部位，镀液中的金属离子在电场力的作用下扩散到工件表面被还原成金属原子，并沉积结晶形成镀层，随着刷镀时间的延长，沉积层逐渐增厚，直至所要求的镀层厚度。

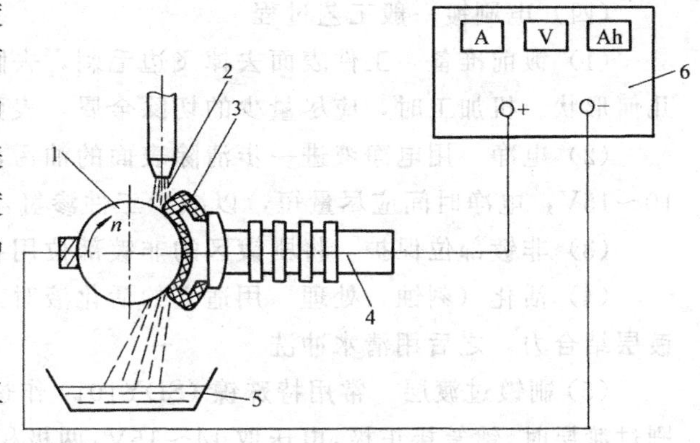

图5-16 电刷镀基本原理示意图

1—工件 2—刷镀液 3—包套 4—镀笔 5—拾液盒 6—电源

（二）电刷镀设备

电刷镀设备包括电源、镀笔及辅助工具。

(1)电源 应具有直流平外特性，输出电压为0～30V，最高不超过50V，而且电压能无级调节；为适应不同的刷镀接触面积，常把电流和电压分为几个等级配套使用：15A—20V、30A—30V、60A—35V、100A—40V等；具有电量计或镀层厚度计；具有过载、短路保护装置；具有正负极转换装置，以满足电镀、活化、电净等不同工艺要求。

目前国产电刷镀电源型号有SD-10、SD-30、SD-60、SD-100、SD-150等。

(2)镀笔 镀笔由导电手柄和阳极组成。导电手柄包括导电杆、散热器、绝缘手柄等。目前国产刷镀笔有五种常用型号，SDB-1、2、3、4、5。阳极由高纯石墨块制成。为适应工件的不同形状，阳极常用的形状有月牙形（CY形）、方条形（CF形）、平板形（CP形）、圆棒形（CDY形）、圆柱形（CDL形）及半圆形（CB形）。当阳极尺寸很小时，由于石墨容易折断，可用铂铱合金作阳极。

(3)辅助工具 包括用以夹持工件，能调节转数（0～600r/min），并带有尾顶尖的转胎和保证连续供给刷镀液的镀液循环泵。转胎可用旧车床，镀液循环泵有SYB-5和SYB-15型等专用泵。

（4）辅助材料　包括医用脱脂棉、涤棉套、塑料盘、绝缘胶带、绝缘漆、油石、刮刀等。

（三）镀液

刷镀液按用途可分为四大类：表面准备溶液、沉积金属溶液、钝化液和退镀液。

（1）表面准备溶液　镀前，工件表面的预处理决定着镀层与基体的结合强度。因此，用于表面预处理的表面准备溶液主要包括电解除油的电净液和对表面进行电解刻蚀的活化液。

（2）沉积金属溶液　沉积金属溶液与槽镀液相比具有很明显的特点：金属离子质量浓度高、沉积速度快；不用简单的无机盐混合液，而是采用有机络合物的水溶液，金属络化物在水中溶解度大，且有很好的稳定性。除金、银镀液外，镀液中不含氰化物，为无毒或低毒液体，使用温度范围宽。

常用的沉积金属液有特殊镍 SDY101、快速镍 SDY102、低应力镍 SDY103、镍钨合金 SDY104 及快速铜 SDY401、碱性铜 SDY403。

（3）钝化液　用于刷镀锌、镉层后的钝化处理，有铬酸钝化液、硫酸盐及磷酸盐钝化液等。

（4）退镀溶液　用于除去不合格镀层或损坏的镀层。

（四）电刷镀一般工艺过程

（1）镀前准备　工件表面去掉飞边毛刺，去除油污锈蚀，剔除疲劳层，机加工修正工件几何形状。机加工时，应尽量少的切除金属，表面粗糙度≤R_a3.2μm。

（2）电净　用电净液进一步清除表面的油污，刷镀笔接正极，工件接负极，电净电压为10～15V，电净时间应尽量短，以减少工件渗氢，之后用清水冲洗。

（3）非镀部位保护　将刷镀区的非镀部位用绝缘材料覆盖镶堵。

（4）活化（刻蚀）处理　用适宜的活化液对工件表面进行活化处理，去除氧化膜，提高镀层结合力，之后用清水冲洗。

（5）刷镀过渡层　常用特殊镍（SDY101）作过渡层溶液，以提高镀层与基体的结合强度。刷过渡层时，镀笔接正极，电压取 14～15V，两极相对运动速度 15m/min，镀层厚度 0.002mm。

（6）刷镀工作层　用选定的刷镀液刷镀工作层至所需厚度。一般电压为 14～15V，两极相对运动速度 15m/min。

（7）镀后处理　去除工件上的绝缘材料及塞、堵，清洗残留镀液，涂防锈油。

（五）电刷镀在维修中的应用

1）修复零件磨损表面、恢复尺寸及几何形状、使零件表面具有耐磨性。

2）修复有划伤、凹坑、斑蚀、孔洞的零件表面，如导轨面、轴、套、液压缸等。

3）修补槽镀产品上的缺陷、补救贵重零件的加工超差。

4）修复印刷电路板、电触点、电子原件等。

5）修复盲孔及深孔零件的缺陷。

6）改善零件表面的性能，如改善零件的钎焊性、局部防渗碳、防渗氮、防氧化；做其它工艺的过渡层以提高结合强度，减少零件表面的摩擦因数等。

7）修补用于生产塑料、橡胶、玻璃制品等的模具。

刷镀层厚度可达 0.001～1mm，若修复沟槽、划伤时，修复镀层厚度可达 2～3mm，硬度可达 25～62HRC。

第五节 热喷涂修复法

热喷涂是指将熔融状态的喷涂材料，通过高速气流使其雾化并喷射到零件表面，从而形成喷涂层的一种金属表面处理技术。如果将自熔性合金粉末喷涂在工件表面后，用高于涂层熔点而低于工件熔点的温度使涂层熔融，与工件表面形成具有钎焊接头特点的结合，则称为喷熔。喷涂层与基体的结合强度约为40～90MPa，喷熔层与基体的结合强度约为300～400MPa。喷熔层由于有涂层重熔过程，涂层熔化润湿工件，通过液态合金与固态工件表面的互溶与扩散，形成呈焊合状的结合，因此结合强度被提高，可用于抗疲劳、抗冲击的工件的修复。

热喷涂根据热源性质分为：电弧喷涂、火焰喷涂、等离子弧喷涂等。其中火焰喷涂按火焰喷射速度分为火焰喷涂、爆炸喷涂和超声速火焰喷涂。热喷涂层一般为0.25～0.75mm，必要时可达10mm。热喷涂的工艺特点为：

1）适应性强，喷涂材料广。几乎各种能加热到熔化或半熔化状态的材料，如金属、合金、陶瓷、塑料、氧化物、碳化物、硅化物、氮化物、有机树脂等均可制成粉末或丝状喷成涂层。工件可为金属，也可为非金属。

2）喷涂时工件温度较底，不易引起变形及相变。

3）可修复工件磨损、缺陷，也可使工件表面获得耐磨、防腐、隔热、导电、绝缘、密封、润滑等特殊性能。

4）设备较简单，移动方便，工艺简便，适于现场修复，成本低、周期短。

其缺点是涂层结合强度不高（40～90MPa）；喷涂时雾点分散，材料附着率低，损失较严重；喷涂时工件表面需粗糙化处理，会降低工件的强度；喷涂层为多孔组织，易存油，有利于润滑，但不利于防腐蚀。

一、氧乙炔火焰喷涂与喷熔

（一）氧乙炔火焰金属粉末喷涂技术

该技术是以氧乙炔焰为热源，以金属合金粉末为涂层材料的热喷涂技术。粉末材料由于高速气体的带动，在喷嘴出口处受到氧乙炔焰加热至熔化或接近熔化的高塑性状态后，高速喷射撞击到经预处理的工件表面，沉积成为涂层，原理如图5-17。涂层与工件一般为机械结合。若用自粘结包覆粉末（如镍铝包复粉末），还可以形成冶金结合。

该技术可用于修复各种工作面的磨损、划伤、腐蚀等，但不适于承受高应力交变载荷零件的修复。

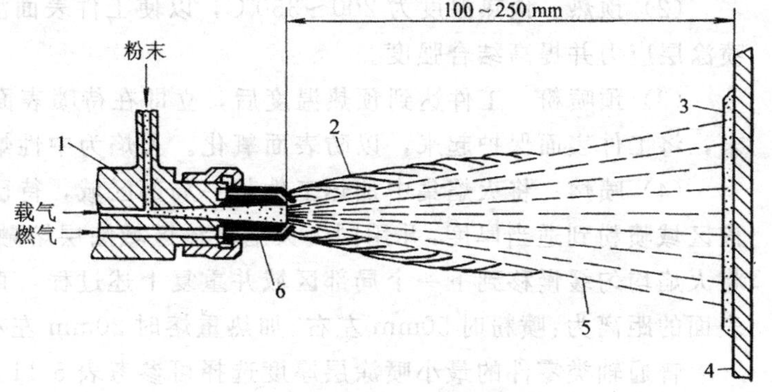

图5-17 粉末火焰喷涂原理图

1—喷枪 2—燃烧气体 3—涂层 4—基体 5—喷射流 6—喷嘴

氧—乙炔焰金属粉末喷涂工艺如下：

（1）喷前预处理 清除待喷表

面及邻近区域的油污、锈斑等；预加工去除待喷表面的疲劳层、腐蚀层、淬火层、渗氮层、渗碳层、涂镀层，修正磨损面的几何形状；表面粗糙度处理（以 R_a6.3～12.5μm 为宜）等。

(2) 喷涂过渡层（打底层） 为加强涂层的结合力，常选用镍铝复合粉末作为打底层。镍铝复合粉末分为镍包铝和铝包镍粉。粉末粒度选用 0.08～0.60mm、火焰采用中性焰（乙炔与氧的比例约为 1∶2.5）、喷涂距离为 180～200mm、旋转工件的线速度约为 6～30m/min、喷枪移动速度为 3～5mm/r、涂层厚度大约为 0.1～0.15mm。

(3) 喷涂工作层 底层喷涂完后应立即喷涂工作层，以防打底层氧化和污染。工作层粉末根据工件表面要求选择。粉末热膨胀系数尽可能与工件相近，以免产生较大的收缩应力；粉末的熔点要低，流动性要好，球形要好，粒度要均匀；耐磨性能的涂层可选用成本较低的铁基合金粉末；耐磨耐腐蚀等综合性能的涂层可选用钴包碳化钨粉末。

粉末粒度选用 0.08～0.71mm、火焰为中性焰、喷涂距离为 150～200mm、工件旋转的线速度为 20～30m/min、喷枪移动速度 3～7mm/r。工作层要分层喷，每道涂层厚度为 0.1～0.15mm，最大不得超过 0.2mm，工作层总厚度应不超过 1mm。喷涂时，工件的温度以不超过 250℃ 为宜，可用间歇喷涂的方法控制温升过高。

(4) 喷后处理 喷涂完毕，应缓慢自然冷却。由于大多数喷涂工艺所获得的涂层是有孔隙的，为防止涂层磨削加工时的磨粒污染涂层中的孔眼，对需要进行磨削加工的涂层，应在喷涂完毕后立即用石蜡封孔，以防止涂层被污染，同时还可作为润滑剂。

(二) 氧—乙炔火焰金属粉末喷熔技术

喷熔过程包括喷涂过程和重熔过程。重熔的目的是使涂层熔化并润湿工件表面，通过液态金属与固态工件表面的互溶与扩散作用，形成一层无气孔、无氧化物、与工件结合强度高的钎焊状熔敷层。

喷熔选用的粉末是熔点低于基体材料的自熔性合金。各种自熔性合金的熔点分别为：镍基自熔性合金 950～1100℃；钴基自熔性合金 1050～1150℃；含碳化钨型自熔性合金 960～1250℃。喷熔粉末含氧量要低，一般 $\phi(O_2) < 0.1\%$，以防重熔时产生气孔和夹渣。

氧—乙炔焰金属粉末喷熔工艺如下：

1. 一步法喷熔

(1) 喷前预处理 其过程与喷涂相同。

(2) 预热 预热温度为 200～350℃，以使工件表面湿气蒸发、产生适当的热膨胀、减小喷涂层应力并提高结合强度。

(3) 预喷粉 工件达到预热温度后，立即在待喷表面均匀喷涂 0.1～0.2mm 厚的合金粉末，将工件表面保护起来，以防表面氧化。火焰为中性焰或弱碳化焰。

(4) 喷熔 将火焰集中加热工件某一局部区域，待已喷粉末熔化并出现润湿时，立即对该区域喷粉到适当厚度，并用同一火焰将该区域涂层熔融，待到新喷涂层出现“镜面反光”后，将火焰均匀缓慢移到下一个局部区域并重复上述过程，直到整个表面喷熔完毕。喷嘴与工作表面的距离为：喷粉时 50mm 左右、加热重熔时 20mm 左右。喷熔层厚度一般为 0.8～1.2mm。普通轴类零件的最小喷涂层厚度选择可参考表 5-11。

(5) 喷后处理 由于自熔性合金的膨胀系数较大、塑性差，冷却时易产生裂纹，尤其是喷熔层较厚或工件较大时，裂纹更易产生，因此，喷熔后应均匀缓冷或等温退火。

由于一步法喷熔输入工件的热量低，工件变形小，因此广泛用于小型零件及精密件的修复及表面保护性熔敷、大中型零件边角处的修复及保护性熔敷。

表 5-11 普通轴类零件的最小涂层厚度

轴的直径/mm	最小涂层厚度/mm	轴的直径/mm	最小涂层厚度/mm
≤25	0.25	100～125	0.75
25～50	0.37	125～150	0.87
50～75	0.50	≥150	1.00

2. 二步法喷熔

二步法是将喷粉与重熔分为二道工序，即先喷粉后重熔。

(1) 喷前预处理 喷前预处理和预热同一步法。

(2) 喷粉 预热后，用弱碳化焰或中性焰在整个待喷表面上均匀喷涂一层粉末层，厚度为 0.2～0.3mm。喷涂距离为150～200mm。

(3) 重熔 使用重熔枪或大号焊炬，用中性火焰对喷涂层进行重熔处理，喷熔距离 40mm 左右，重熔温度1000℃左右。当喷熔表面出现“镜面反光”时，说明涂层已熔化，达到了重熔温度。重熔时间应尽可能短，避免在700℃以上高温阶段停留时间过长而造成涂层高温氧化，引起粉末“发渣”，使重熔失败。每次喷熔的厚度约为1mm左右。重熔后若厚度不够，可在温度降到650℃左右时进行第二次喷粉和重熔。

(4) 喷后处理 重熔结束后，使工件自行缓慢冷却或等温退火。

二步法喷熔工件受热较多，工件变形大。但生产率高，适于回转件及大面积喷熔。

常用的氧乙炔火焰粉末喷涂、喷熔两用枪型号有：SPH-E、SPH-6/h、SPH-8/h、QSH-4 重熔枪型号有：SCR-100、SPH-C。

二、电弧喷涂

电弧喷涂是以电弧为热源，将熔化了的金属丝用高速气流雾化并喷到工件表面而形成涂层的一种工艺，如图 5-18 所示。用于熔化金属的电弧产生于两根连续送进的金属丝之间，金属丝通过导电嘴与电弧喷涂电源相连，压缩空气从喷嘴喷出，将熔化的金属雾化成细滴喷向工件而形成涂层，涂层厚度一般为 0.5～5mm。涂层可制成耐磨、防腐、假合金涂层。常用的喷涂材料有：碳钢、不锈钢、铝、铜、锌等有色金属及合金。

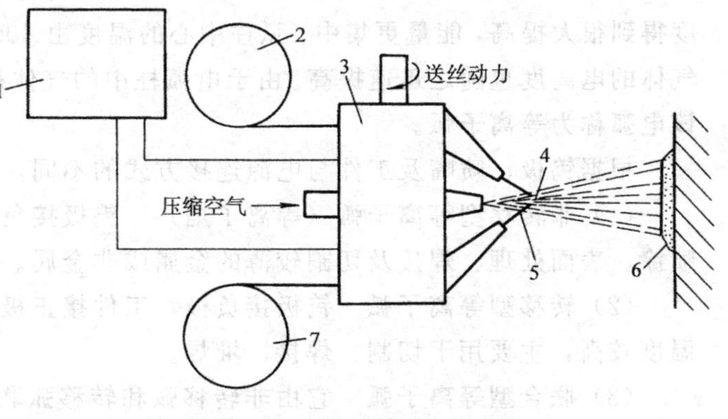

图 5-18 电弧喷涂示意图

1—电源 2、7—金属丝盘 3—电弧喷涂枪 4—电弧 5—金属丝 6—涂层

1. 电弧喷涂的特点

(1) 生产率高 其生产率正比于电弧的电流值。如电流为 300A 时，喷涂钢材可达每小时15kg。

(2) 结合强度高 由于电弧喷涂的粒子尺寸较大、有较大的动能、且热能高（电弧温度可高达5000℃），因此部分高动能、高热能粒子会与基体发生焊合现象而提高结合强度。

（3）可获得“假合金” 采用两种不同性能的金属丝时，两种金属粒子紧密结合，具有这两种组成金属的性能。如铜-钢假合金刹车盘兼具有高导热性和良好的耐磨性。

电弧喷涂的缺点是涂层的组织较粗，工件温升高。

2. 电弧喷涂的设备

电弧喷涂的设备主要由电源、喷枪、控制箱、供丝装置、供气系统等组成。

（1）电源 可采用300A直流电焊机或专用电源。

（2）喷枪 喷枪有手持式和固定式两类。常用型号有SCDP-3、D-400等。

（3）供气系统 要求空气压缩机的压力为0.4～0.65MPa、气流量为$3m^3/min$。

3. 电弧喷涂工艺

（1）清理 除净喷涂表面的油脂、疲劳层和氧化物以外，还可用汽油、浓碱水、三氯甲烷等清洗。铸铁件需烘烤除油，大型工件可选择喷砂处理。

（2）表面处理 将待喷表面凹切、粗糙化或栽丝、以加强涂层结合力，另外待喷表面的棱角应圆滑过渡。粗糙化以R_a6.3～12.5μm为宜，可用喷砂、开槽、滚花、毛车螺纹等方法。

（3）非喷涂部位屏蔽保护 可用耐热胶带及化合物等保护，也可用机械法保护。

（4）喷涂参数选择 喷涂时选择空气压力0.55～0.6MPa、电压24～30V、喷涂距离180～200mm；喷涂用钢丝直径为ϕ1.6～ϕ1.8mm，两喷涂丝之间的夹角为35°～60°，一般选用含碳量高且收缩率小的80或90高碳钢丝；对直径为ϕ70～ϕ100mm的工件，喷涂时工件旋转速度为7～12m/min，喷枪轴向移动量为5～10mm/r；喷涂过程中工件温度宜保持在70～80℃，最高不得超过150℃。

（5）喷涂操作 喷涂一般工件时，应先从工件两端开始喷涂，然后由一端向另一端往复喷涂。喷涂大中型工件时宜向一个方向移动喷枪。对较厚喷涂层若一次喷涂，易使涂层应力增加而碎裂，应采取间歇喷涂法分层喷涂。

（6）喷后处理 喷涂完毕、工件缓慢自然冷却，若有防腐要求，需进行封孔处理。

三、等离子弧喷涂

等离子弧为一种压缩型电弧，电弧在等离子喷枪中被压缩，成为更细的电弧束，能量密度得到很大提高，能量更集中。弧柱中心的温度由6000℃提高到15000～32000℃，弧柱中心气体的电离度也随之迅速提高。由于电弧柱中的气体被电离成正、负离子相等的等离子体，故该电弧称为等离子弧。

根据钨极、喷嘴及工件与电源连接方式的不同，等离子弧有三种主要形式：

（1）非转移型等离子弧（等离子焰） 钨极接负极，喷嘴接正极，工件不带电。常用于喷涂、表面处理、焊接及切割较薄的金属或非金属。

（2）转移型等离子弧 钨极接负极，工件接正极。电弧具有良好的压缩性，电流密度及温度较高，主要用于切割、焊接、堆焊。

（3）联合型等离子弧 它由非转移弧和转移弧联合组成，用于电流在100A以下的微弧等离子焊接，用金属粉末喷涂时，可提高粉末熔化速度，减少熔深和热影响区。

1. 等离子弧喷涂的特点

（1）温度高，能量集中 由于弧柱中心温度高达15000～32000℃，几乎能熔化所有材料，可用于切割铜、铝、不锈钢、钛等。细电弧束能量集中，工件受热面积小，可以减少热影响区，减小工件变形。

(2) 焰流速度高　通常焰流喷出速度高达1000m/s，粉粒可达180～600m/s左右。高温高速使涂层细密，结合力强，可达40～80MPa。

(3) 稳定性好　由于电弧受到压缩，弧柱挺拔、电离度高，因而电弧的位置、形状、电压、弧电流都比自由电弧稳定，对保证喷涂、焊接、切割等的质量十分有利。

(4) 调节性好　通过调节喷嘴尺寸、气体流量及电参数，可灵活调节焰流温度和喷射速度，以获得用于切割及喷涂的刚性弧、用于堆焊的柔性弧、用于焊接的等离子弧，并可适应不同材料的需要；通过改变工作气体的种类，可得到氧化、还原或中性气氛。

(5) 涂层种类多　由于等离子弧温度高，可以将各种喷涂材料加热到熔融状态、因而可得到多种性能的喷涂层，如耐磨层、隔热层、抗高温氧化层、绝缘层等。

等离子弧喷涂的缺点是设备投资较大。

2. 等离子弧喷涂设备

设备主要由电源、控制柜、循环水冷却系统、气体供给系统、喷枪、送粉器等组成。常用的成套设备有：GDP-2、GDP-3、GDP-35、GDP-50、GDP-80等。

3. 等离子弧喷涂的工艺

(1) 喷前预处理　清除油污、氧化物、疲劳层、淬火层、渗碳层等，并进行表面粗糙化处理。

(2) 预热　预热温度为100～150℃。

(3) 喷涂参数　喷涂时，电弧束与工件表面夹角应大于45°；喷涂镍包铝粉末时喷涂距离100～110mm；陶瓷粉末喷涂距离60～80mm，自熔性合金粉末喷涂距离120～130mm；主气流量$2m^3/h$，送粉气流量$0.6～0.8m^3/h$；喷枪移动速度以每次喷涂厚度不超过0.25mm为宜；喷涂内孔及大面积外圆表面时，应先用镍包铝打底，厚度0.01～0.015mm，若表面有较深沟槽、凹坑，应先用镍包铝填满；整个喷涂过程控制工件温升不超过预热温度。

(4) 喷后处理　喷涂完毕的零件放入烘箱或石棉中缓冷。

喷涂工艺参数对涂层质量影响很大，应通过试验确定各主要参数的最佳配合。

四、热喷涂修复实例

T68镗床主轴两端轴承部位加工超差，用氧乙炔焰粉末喷涂法修复。喷涂工艺如下：

1) 利用原加工空心轴的堵头，将轴两端夹持，两堵头用螺杆拉住。该件特点是精度高、空心薄壁、细而长，因而用堵头夹持时，应考虑受热膨胀而留有游隙，以防变形。然后在车床上用顶尖定位，安装找正。

2) 表面清理擦净后，粗糙化处理，火焰预热至80℃。

3) 用Al/Ni (F511) 喷0.1～0.15mm厚打底层；用F113喷工作层。对该零件喷涂突出的要求是不得变形。为此采取了低温喷涂措施，使喷涂温度低于80℃，该零件受热要尽量均匀，以防轴弯曲或薄壁径向变形。

4) 旋转空冷至室温。

5) 车削用YW型刀片，磨削用绿色碳化硅砂轮。

五、热喷涂安全防护

1) 氧乙炔焰喷涂、喷熔空心工件时，尤其是薄壁空心零件，工件应开通气孔，以免内腔气体膨胀引起工件爆炸。

2）热喷涂过程中，部分合金粉末飞扬于空气中，由于这些粉末都是导体，且是耐磨材料，若进入电气设备会造成短路；进入机械设备会造成严重磨损，故应采取措施加以防护。

3）热喷涂时，由于电弧紫外线或高频电磁场作用会产生臭氧和氮化物，加之飞扬的金属粉末等均会危害人体，故现场应宽畅通风。

4）等离子弧喷涂时，其焰流高温是光辐射源，辐射强度为普通电焊的30～60倍。对人体的眼睛危害很大，其高频电磁场会引起人的中枢神经系统的某些功能障碍，因此需用防护眼镜、防护服、防护套等加以保护。

第六节 粘接修复法

利用热熔、溶剂、胶粘剂等方法将材料连接起来、或对断裂件、磨损件等进行修复的过程称为粘接。

粘接技术近年来发展迅速，广泛应用于机械、电子、石油、化工、航空等部门的设备维修。其工艺具有如下特点：①不受材质限制，可粘接金属、非金属，也可接异种材料；②不削弱基体的强度，不产生应力集中、耐疲劳性好，粘接的构件重量轻、平整美观；③粘接工艺所需温度不高，不会引起基体热变形及组织变化，不易产生裂纹，固而可修复铸铁件、有色金属、合金件、极薄件、微小件和细长件；④粘接工艺简单、易操作，所用设备简单，便于现场修复，修复成本低；⑤可赋予粘接面密封、绝缘、隔热、防腐、防振、导电等性能。粘接剂的缺点：①不耐高温，大多数粘接剂只能在150℃以下长期工作；②多数胶粘剂凝固后脆性较大、抗冲击性、抗剥离、抗老化性能差。

一、胶粘剂分类及性能

常用的粘接方法有热熔粘接法、溶剂粘接法和胶粘接法。前两种方法主要用于塑料，而胶粘接法可以粘接各种材料，如金属与金属粘接、非金属与非金属粘接、金属与非金属粘接等。

胶粘剂分为有机胶粘剂和无机胶粘剂，有机胶粘剂又分为天然胶粘剂和合成胶粘剂。目前合成胶粘剂约占整个胶粘剂的80%。它种类繁多、组成各异，按其用途分为结构胶粘剂、非结构胶粘剂和特种胶粘剂。

1. 结构胶粘剂

该类胶粘剂具有较高的强度，粘接后能承受较大的负载，可用于较大零部件的修复。常用品种有：环氧树脂、聚氨脂、有机硅树脂、丙烯酸、酚醛—丁腈橡胶等。

2. 非结构胶粘剂

该类胶粘剂不能承受较大载荷，一般用于受力较小零件的修复或作定位用。常用品种有动物胶、植物胶、苯酚甲醛、聚酰胺等。

3. 特种胶粘剂

该类胶粘剂能满足某种特殊功能要求，如厌氧胶粘剂、吸油性胶粘剂、热熔胶粘剂、光敏胶粘剂、耐高温胶粘剂、导电胶粘剂、导磁胶粘剂、水中固化胶粘剂、瞬间胶粘等。

4. 无机胶粘剂

无机胶粘剂主要由硅酸盐、磷酸盐、硼酸盐、金属氢氧化物等组成。具有较好的粘附性及较高的耐热性，机修中常用的有氧化铜—磷酸铝无机胶。无机胶粘剂的特点：适应的温度范围较广，可在－183～950℃使用；耐湿、耐油、耐辐射、不易老化；组成简单，使用方便，可室温固化，成本较低；耐酸、碱腐蚀性差，脆性大，不抗冲击。

二、胶粘剂选用

选用胶粘剂应注意以下几个方面：

1）了解粘接件的种类、性质、需要粘接的面积、线胀系数及表面状态等。

2）了解粘接剂的粘度、粘接强度、使用温度、收缩率、线胀系数、耐蚀性、耐老化等性能。

3）确定粘接的目的及用途。因为粘接兼具有连接、密封、定位、填充、防腐等多种功能，但各种胶粘剂大多是以某一方面的功能为突出，或粘接强度高或密封效果好或室温固化快等，因此要择优选取。若目的是连接，则选用粘接强度高的胶粘剂；若目的是密封，则选用密封胶；如需导电则选用导电胶。

4）考虑粘接件的受力情况，选用胶粘剂。受力较大的粘接要选用结构胶粘剂；受力不大的场合用通用胶粘剂；长期受力的粘接件选用热固性胶粘剂，以防蠕变破坏；作用力频率小或静载荷，可选用刚性粘接剂，如环氧胶；作用力频率高或冲击载荷，选用韧性胶粘剂，如酚醛—丁腈胶、改性环氧胶；受力比较复杂的粘接件，选用由综合强度及性能好的弹性体和热固树脂组成的胶粘剂，如环氧—丁腈胶等。

5）根据粘接件的使用环境和用途选用胶粘剂。常见的环境因素有温度、介质、辐射、户外老化等。耐高温、耐老化好的胶粘剂有有机硅、聚酰亚胺、酚醛—环氧、无机胶等；耐冷热循环工作条件的胶粘剂有：硅橡胶胶粘剂，环氧—酚醛胶，聚酰亚胺胶等；耐水耐湿热、抗老化性能好的胶粘剂有酚醛—丁腈胶；户外使用的胶粘剂，一般抗老化性能好。对于大型设备和热敏元件，须用室温固化胶粘剂；导电接头要用导电胶。

6）综合分析粘接的工艺性和经济性。

三、粘接工艺

(1) 选用胶粘剂　根据修复工件的损坏程度、部位、材料性能、受载情况、工作环境等确定粘接方案，选用胶粘剂。

(2) 粘接接头设计　粘接接头的力学特点是抗拉及抗剪强度高，抗弯曲、抗冲击及抗扯离强度低，抗剥离强度低。因此，应尽量使接头承受或大部分承受正拉力或剪切力，避免承受剥离力和扯离力。若无法避免，要采取局部加强或其他补救措施，如端部加宽、加固，端部包边或加铆加螺钉等。尽量增大粘接面积，以提高接头承载能力，如采用V形斜接、台阶对接、凹型对接等；对搭接头，宜宽不宜长。

(3) 表面处理　表面处理的目的是获得清洁、干燥、粗糙且有一定活性的表面，以实现牢固的粘接。对普通工件，表面先用绵纱等擦试，再用汽油等有机溶剂进行脱脂去油，然后进行除锈及氧化物处理，并使表面粗糙化（金属表面以 R_a3.2～12.5μm 为宜），再用溶剂擦拭除油后即可进行粘接。如果要求粘接强度很高、耐久性好，或粘接铝、铜、不锈钢等，表面不经活化处理将影响粘接质量。因此，对这类粘接在进行完上述表面处理步骤之后，应接着进行表面活化处理。可用酸蚀法、阳极刻蚀法等，处理完毕后用清水冲洗并干燥。

(4) 胶粘剂配制　对单液型液体胶在使用时应摇均匀；对多组分胶粘剂的配制，一定要严格按规定的条件、配方、配比及调制程序进行，配胶器皿须清洁干燥，否则将影响粘接质量。

(5) 涂胶　预处理好的表面应立即涂胶，以防再次氧化。胶粘剂有多种形态，如粉状、薄膜、糊状及液状等，因此涂胶的方法也有所不同。如对热熔胶可用热熔胶枪；对粉状胶可进行喷撒；胶接面积大可用喷涂法；对液态、糊状及膏状胶可刷胶、注胶、喷胶、浸胶、刮胶等，其中以刷胶最为常用。涂胶时应特别注意要涂遍整个粘合面，且厚度均匀，中间可稍厚些，同时应注意涂胶时勿在胶中留有气泡，否则会形成应力集中而降低强度。胶层厚度在0.05～0.20mm范围内为宜。

(6) 晾置　对含溶剂的胶粘剂在涂胶以后必须晾置一定时间，以挥发溶剂，否则固化后胶层结构松散　有气孔，从而削弱粘接强度。不同类型的胶粘剂，不同种类的溶剂，晾置的温度和时间也不同。如橡胶型胶粘剂在室温下晾置即可，酚醛—缩醛胶室温晾置后还要在60～70℃的温度下烘干，聚氨脂胶需晾置15min左右。

对无溶剂的胶粘剂在涂胶以后，虽可以立即进行胶合，但在室温下稍晾置为好，以利于排除空气、流匀胶层、增加粘性。

晾置环境应湿度低、无尘埃、空气流通。但晾置切忌过度，以免失去粘性。将涂胶后经晾置的粘接表面，对正合拢、压实排除空气，实施胶接。

(7) 固化　固化即通过一定作用使涂于粘接面上的胶粘剂变为固体，并具有一定强度。固化工艺三个重要的参数是、温度、压力、时间。不同的胶粘剂固化条件各不相同。需加热固化的胶粘剂其温升和冷却应均匀缓慢，以减少应力及变形；对室温固化的胶粘剂若适当提高固化温度，可缩短固化时间提高粘接强度；固化时施加一定的压力有利于胶粘剂的扩散渗透和粘接面的紧密接触，并有利于排除气体，从而得到理想的粘接强度。

(8) 加工　粘接件固化后，可通过机械加工或钳工修整达到使用要求。机械加工时应控制切削力和切削温度，钳工修整时严禁使用剥离力，以防粘合面开裂。

四、粘接修复的应用

粘接技术在设备维修中应用日益广泛。如导轨镶嵌粘接塑料导轨板，不仅可以降低磨擦系数，有效地减少磨损，并对导轨有良好的保护作用；粘接各种刀具不仅能防止热变形，还可以节约大量焊接材料；修复磨损、裂纹、断裂；填堵铸件砂眼、孔洞；密封管路、接缝；用简单零件粘接组成复杂零件，以代替焊接、铆接等，不仅可以获得满意的效果，而且可缩短工期。粘接还能适用某些特殊工况和特殊部位失效的磨损零件的修复，例如对燃气罐、储油箱、井下设备等具有爆炸危险的失效零件的修复，以及对那些内腔遭受磨损却又无法焊补或形状结构很复杂的零件的修复。

粘接与其他技术配合使用，取长补短，能更加充分发挥各种技术的特点，获得理想的修复效果。如：40kW电动机机座裂纹，采用钢板加固粘接修复，根据机座形状，制作5mm厚的加固钢板，可用两块钢板焊接成折角形，用农机Ⅰ号胶粘接，用M6螺钉固定；大型油缸缸套或活塞上的深度拉伤，可先用TG205耐磨修补剂填补，再用TG918导电修补剂粘涂，最后用电刷镀在导电修补剂上刷镀金属层，这样，既可快速填补划伤，又能满足其性能要求。

由于粘接技术在工业设备的维修和新产品缺陷的修复等应用中有省时、省力、节能、节材、节约资金等特点，因此，前景十分广阔。

第七节　修复层的机械加工

修复零件表面时，当采用堆焊、热喷涂、电刷镀等方法使修复面上具有一耐磨性修复层之后，往往还必须经过切削加工，使之符合精度要求后才能重新投入使用，因此对修复层的机械加工就成为一个重要组成部分。目前，应用广泛的修复层有三类：金属堆焊层、热喷涂层及电镀层。根据修复层特有的性质，机械加工时具有以下特点：①加工过程中冲击与振动大；②刀具易崩刃和产生非正常磨损；③刀具耐用度低；④喷涂层易剥落；⑤喷涂层磨削时产生的热量大，表面易烧伤和产生裂纹。

一、堆焊层的切削加工

（一）堆焊层的车削

1. 低合金堆焊层的车削

低合金堆焊层根据堆焊条含碳量的不同分为中等硬度和高硬度堆焊层。常用于修复的是中等硬度堆焊层。硬度为200～350HBS。

(1) 刀具材料　由于堆焊层具有一定的硬度和耐磨性，且切削时振动与冲击较大，因此粗车时宜选用韧性较好、抗弯强度高，不易崩刃的刀具。如用YG8、YT5、YW1等；精加工时宜选用硬度较高、耐磨性好且抗冲击的硬质合金，如YT15。

(2) 刀具几何参数　中等硬度堆焊层塑性较好，为排屑顺利及增加切削刃的强度，取前角$\gamma_o=5°\sim15°$；后角$\alpha_o=6°\sim8°$；主切削刃上磨出负倒棱，负倒棱前角$\gamma_{o1}=-5°\sim-10°$，负倒棱宽度$\sigma_{r1}=(0.3\sim0.8)f$（$f$为进给量）；主偏角$\kappa_r=60°\sim75°$；副偏角$\kappa_r'=15°\sim30°$；粗加工时，刃倾角$\lambda_s=-5°\sim-10°$，精加工时$\lambda_s=0°\sim-5°$；刀尖半径$\gamma_\varepsilon=0.5\sim1$。

(3) 切削用量　粗车时，为提高切削效率并使刀尖越过堆焊层的硬皮，应尽量加大背吃刀量。粗车时：背吃刀量$a_p=2\sim4$mm，进给量$f=0.4\sim0.6$mm/r，切削速度$v=30\sim50$m/min，半精车：$a_p=1\sim1.5$mm，$f=0.2\sim0.3$mm/r，$v=60\sim70$m/min；精车时：$a_p=0.1\sim0.5$mm，$f=0.08\sim0.15$mm/r，$v=80\sim120$m/min。

2. 高锰钢堆焊层的车削

高锰钢堆焊层特点是：加工硬化严重，硬度可由原来的180～220HBW提高到450～500HBW；热导率很小，约为45钢的1/4，致使切削温度很高，因此，切削加工性很差。

(1) 刀具材料　切削此类堆焊层时，宜选用抗弯强度高，韧性好的高硬合金。粗车可选用YW1、YH2、YG6X；精车时可选用YT14、YG6X等。

(2) 刀具几何参数　前角$\gamma_o=-5°\sim5°$；后角$\alpha_o=8°\sim12°$；主切削刃上磨出负倒棱$\gamma_{o1}=-5°\sim-15°$，$\sigma_{r1}=(0.2\sim0.8)f$；主偏角$\kappa_r=60°$；副偏角$\kappa_r'=10°\sim20°$；刃倾角$\lambda_s=0°\sim-5°$。

(3) 切削用量　粗车时：$a_p=2\sim4$mm，$f=0.2\sim0.8$mm/r，$v\leqslant15$m/min；精车时：$a_p=1\sim2$mm，$f=0.2\sim0.8$mm/r，$v=20\sim30$m/min。

3. 高铬合金、铸铁堆焊层的车削

此类堆焊层用D567、D646、D687焊条堆焊而成，硬度大于40HRC。由于硬度高，切削困难，切削力和切削热都集中在切削刃附近，容易崩刃。

(1) 刀具材料　宜选用抗弯强度高、韧性好、热硬性好的硬质合金，如YH3、YG6X、

YG10H 等。

(2) 刀具几何参数　前角 $\gamma_o=0°\sim-5°$；后角 $\alpha_o=4°\sim6°$；刃倾角 $\lambda_s=0°\sim-5°$；适当减小主偏角，加大刀尖圆弧半径。

(3) 切削用量　$a_p=1.5\sim2mm$，$f=0.3\sim0.4mm/r$，$v=14\sim18m/min$。

4. 不锈钢堆焊层的车削

不锈钢堆焊层多用 D547、D557 堆焊而成，硬度大于 170HBS，易产生加工硬化，导热性能差。

(1) 刀具材料　宜采用 YG、YW、YH 类。如 YG6A、YG8A、YW1、YW2、YH1 等或采用高性能高速钢。

(2) 刀具几何参数　前角 $\gamma_o=15°\sim30°$；并磨出负倒棱；粗车时 $\alpha_o=6°\sim10°$，$\sigma_r=0.1\sim0.3mm$；精车时：$\alpha_o=10°\sim12°$，$\sigma_{r1}=0.05\sim0.2mm$，$\gamma_{o1}=-5°\sim-10°$；$\kappa_r=60°\sim75°$；$\kappa_r'=10°\sim30°$；$\lambda_s=-2°\sim3°$。

(3) 切削用量　粗车：$a_p=2\sim4mm$，$f=0.2\sim0.8mm/r$，$v=30\sim50m/min$；精车：$a_p=0.2\sim0.5mm$，$f=0.07\sim0.3mm/r$，$v=60\sim80m/min$。

(二) 堆焊层的磨削

磨削加工的特点：高速旋转的砂轮在工件表面产生大量的磨削热，而砂轮的导热性又很差，所以磨削时瞬时即可形成很高的温度，可达 800～1000℃；径向分力较大，易使工件产生变形，同时容易产生振动。

1. 砂轮的选择

1) 磨削低合金堆焊层的磨料：棕刚玉 (GZ)、白刚玉 (GB)；粒度：粗磨选 36# 或 46#，精磨选 60#～80#；硬度：中软 1 (ZR1)、中软 2 (ZR2)；粘合剂为陶瓷；组织为 5～7 号。

2) 磨削高锰钢或不锈钢堆焊层的磨料：单晶刚玉 (GD)、微晶刚玉 (GW)、立方氮化硼 (JLD)；粒度：36#～60#；硬度：中软 1 (ZR1)、中软 2 (ZR2)、软 3 (R3)；粘合剂为陶瓷；组织为 5～8 号。

3) 磨削高铬合金、铸铁堆焊层的磨料：黑碳化硅 (TH)、绿碳化硅 (TL)；粒度：36#～60#；硬度：软 3 (R3)、中软 1 (ZR1)；粘合剂为陶瓷；组织为 5～8 号。

2. 切削用量

1) 砂轮速度：$v=20\sim30m/s$，磨内圆时取低值。

2) 工件速度：$v=10\sim20m/min$，精磨时取低值。

3) 轴向进给量：$f_a=(0.2\sim0.8)B$ (B 为砂轮宽度)，表面粗糙度为 $R_a0.63\sim2.5\mu m$ 时，$f_a=(0.5\sim0.8)B$；粗糙度为 $R_a0.32\sim0.63\mu m$ 时，$f_a=(0.2\sim0.5)B$。

4) 径向进给量：$f_r=0.005\sim0.015mm$/双行程。

二、热喷涂层的切削加工

(一) 热喷涂层的车削

热喷涂层的特点是：硬度高、耐磨性好、涂层组织不致密、与基体结合强度不高，且导热性差。

1. 刀具材料选择

由于喷涂层硬度可高达 50～70HRC、耐磨性好、导热性差，所以要求刀具应有高的硬度，高的耐磨性、及足够的抗弯强度。常用硬质合金牌号有 YC09、YGRM、YH1、YH2、YH3、

YG10H、610、643、726 等；常用陶瓷材料牌号有 SG5、SG4、LT35、LT55 等。

2. 刀具几何参数

选择刀具几何参数时，要注意保证切削刃强度，散热条件要好，同时径向分力不能过大，以免引起较大的振动。前角应随涂层硬度的提高而减小。粗车 $\gamma_o \leqslant -5°$，如 $\gamma_o \geqslant 0°$，应有负倒棱 $\gamma_{o1}=-10°\sim-15°$，$\sigma_{r1}=(0.7\sim0.8)f$；精车 $\gamma_o=0°\sim8°$，$\alpha_o=8°\sim12°$，$\lambda_s=0°\sim-5°$，$\kappa_r=10°\sim15°$，$\kappa_r'=10°\sim15°$。

3. 切削用量

半精车：$a_p=0.15\sim0.6$mm，$f=0.14\sim0.24$mm/r，$v=7\sim34$m/min。精车：$a_p=0.05\sim0.15$mm，$f=0.05\sim0.16$mm/r，$v=9\sim41$m/min。若用立方氮化硼刀片，速度可达 102～178m/min。

（二）热喷涂层的磨削

1. 砂轮选择

(1) 磨料　对硬度较高的热喷涂层的磨削加工，多采用人造金刚石砂轮或立方氮化硼砂轮，原因是磨削效果好且效率高，而绿色碳化硅砂轮的磨削效率较低。

(2) 粒度　选用绿色碳化硅砂轮时，粒度范围为 36#～80#；选用人造金刚石砂轮或立方氮化硼砂轮时，其粒度根据工件的粗糙度选取。

人造金刚石砂轮：当表面粗糙度为 R_a1.25～2.5μm，粒度取 46#～60#；R_a0.63～1.25μm，粒度 80#～100#；R_a0.32～0.63μm，粒度 100#～150#；R_a0.16～0.32μm，粒度 150#～240#。

立方氮化硼砂轮：当 R_a0.32～1.25μm，粒度 80#～100#；R_a0.16～0.32μm，粒度 100#～150#；R_a0.08～0.16μm，粒度 150#～240#；R_a0.02～0.08μm，粒度 240#～W40。

(3) 硬度　由于涂层硬度较高，所以应选用较软级别的砂轮。绿色碳化硅砂轮的硬度选用：软（R）～中软（ZR）；人造金刚石砂轮的硬度选用：中软（ZR）～中（Z）。

(4) 浓度　浓度是指在砂轮的工作层内每单位体积中金刚石或立方氮化硼的含量。它是砂轮一个性能指标、共分五种：25%、50%、75%、100%、150%，其含量分别为 0.22g/cm³、0.44g/cm³、0.66g/cm³、0.88g/cm³、1.32g/cm³。粗磨时选用高浓度砂轮，半精磨和精磨时，常选用中等浓度砂轮。

(5) 砂轮宽度　砂轮宽度较宽时，会产生较大的径向磨削分力，易引起振动，所以磨削高硬度喷涂层时，在砂轮强度允许的条件下，应尽量选用窄的砂轮，一般以宽度为其直径的10%左右为宜。

(6) 组织　为了避免砂轮"塞实"，常选用疏松组织的砂轮，即 10 号以上。

2. 切削用量

(1) 砂轮速度　砂轮速度过低，会使砂磨磨耗增加，且工件粗糙度变差，而速度过高，砂轮磨耗和工件粗糙度并不明显改善。因此，常选用绿色碳化硅砂轮：$v=20\sim25$m/s；人造金刚石砂轮：$v=15\sim25$m/s；立方氮化硼砂轮：$v=25\sim35$m/s。

(2) 轴向进给量　从生产率、砂轮磨损及工件粗糙度等因素综合考虑，内外圆磨削时常取 $f_a=0.5\sim1$m/min；平磨时，$f_a=10\sim15$m/min。

(3) 径向进给量　工件精度要求越高，涂层硬度越高，则径向进给量越小。磨外圆时：双行程 $f_r=0.005\sim0.015$mm；磨削内圆时：双行程 $f_r=0.002\sim0.01$mm；平磨时：双行程 $f_r=0.005\sim0.02$mm。

(4) 工件速度　工作速度过高时，易引起振动，一般取 $v_W=10\sim20\text{m/min}$。

第八节　修复层的表面强化

机械零件的失效大多发生于零件表面，因此提高零件的表面性能，对延长零件的使用寿命至关重要。目前，应用于修复层强化的表面强化新技术有喷丸强化、激光表面处理、离子氮碳共渗、真空熔接、滚压强化等技术。

一、喷丸强化技术

喷丸强化的过程是将大量高速运动的弹丸喷射到零件表面上，使金属材料表面产生剧烈的塑性变形，从而产生一层具有较高残余压应力的冷作硬化层，即喷丸强化层，其深度为0.3～0.5mm，它能显著地提高零件在室温及高温下的疲劳强度和抗应力腐蚀性能，能抑制金属表面疲劳裂纹的形成及扩展。选择合理的喷丸强化工艺可以使结构钢、高强度钢、铝合金、钛合金、镍基或铁基热强合金等材料的疲劳强度得到显著提高。凡承受循环（交变）载荷或在腐蚀环境中承受恒定载荷的零件，如弹簧类、齿轮类、叶片类、轴类、链条类等均可通过喷丸强化技术提高使用寿命。

喷丸强化用的弹丸材料可分为黑色金属、有色金属及非金属材料，常用的有钢丸、铸铁丸、玻璃丸、不锈钢丸、硬质合金丸等。弹丸必须满足以下要求：近似球形、实心无尖角；具有一定的冲击韧性和较高的硬度。弹丸直径一般为0.05～1.5mm，弹丸越细获得的零件表面粗糙度越小，反之越高。黑色金属零件用钢丸、铸铁丸或玻璃丸，有色金属零件应避免采用钢丸或铸铁丸，以免零件表面与附着的铁粉产生电化学反应。喷丸强化过程中，决定强化效果的工艺参数有：弹丸直径，弹丸硬度、弹丸速度、弹丸流量及喷射角度，通常采用喷丸强度和表面覆盖率来评定喷丸强化的效果。常用喷丸强化方法有风动旋片式和机械离心式喷丸。

二、激光表面强化处理技术

利用激光特有的极高的能量密度，极好的方向性，单色性和相干性的特点，对零件表面进行强化处理，可以改变金属零件表面的微观结构，提高零件的耐磨性、耐腐蚀性及抗疲劳性。激光表面强化处理技术与其他热处理方法相比，具有适用材料广、变形小、硬化均匀、快速、硬度高、硬化深度可精确控制等优点。常用的激光表面强化处理方法有：激光表面固态相变硬化、激光“上光”、激光表面涂敷、激光表面合金化。

1. 激光表面固态相变硬化

具有固态相变的合金（如碳钢、灰铸铁及大部分合金）在高能激光束的作用下，使金属表面的温度迅速升到奥氏体转变温度，激光扫描过后，工件表层温度快速冷却，如同淬火，在0.1～1mm表层内获得超细化的马氏体，硬度比普通淬火高15%～20%，而且只是表层受热，零件热变形很小。用于处理导轨、曲轴、气缸套内壁、齿轮、轴承圈等，效果十分明显。

2. 激光表面合金化

根据对零件表面性能的要求，选择适当的合金元素涂抹于零件表面，利用高能激光束进行加热，使合金元素和基体表层同时熔化，在表层形成一种新的合金材料，这样，可以在低性能材料上对有较高性能要求的部位进行表面合金化处理，以提高耐磨性、耐腐蚀性、耐冲击性等性能。它比渗碳、渗氮、气相沉积等方法处理周期要短得多。

3. 激光表面涂敷

激光表面涂敷是将粉末状涂敷材料预先配制好并粘结在需要处理的部位上，用高功率密度的激光加热，使之全部熔化，同时使基体表面微熔，激光束移开后，表面迅速凝结，从而形成与基体金属牢固结合的具有特殊性能的涂敷层。该工艺可在价格低廉的金属材料上覆盖一层具有特殊性能的材料，与热喷涂、电镀等工艺相比较，操作简单、加工周期短、节省材料。例如，在刀具上涂覆碳化钨或碳化钛、阀门上涂敷Co—Ni合金等，即可满足性能要求，又可节约大量高性能材料。

4. 激光“上光”

用高能量的激光束使具有固态相变的金属表层快速熔化，激光移开后，熔化金属快速凝固获得超细的晶体结构，熔合表层原有的缺陷和微裂纹，有利于提高抗腐蚀性能和抗疲劳性能，特别对铸件效果十分明显。如柴油机铸铁缸套外壁经激光“上光”处理后，表面铸态结构变成超细马氏体和渗碳体的混合结构，大大提高了抗蚀能力。

利用激光表面强化技术处理零件、由于强化层不仅有较高的耐磨性，而且强化过程中零件变形非常小，所以该工艺可安排在精加工后进行，同时还可对盲孔底部、深孔侧壁等零件进行表面强化处理，以解决其他热处理工艺不易解决的难题。

三、离子氮碳共渗

离子氮碳共渗可显著提高金属材料表面的耐磨、耐蚀和耐疲劳性能。由于离子氮碳共渗工艺加工温度较低，零件整体变形小，对材料内部组织影响小，所以在零件修复中得到应用。离子氮碳共渗在辉光离子轰击炉内进行。

(1) 炉内气氛　一般采用丙酮、氨混合气体，以丙酮：氨＝1∶9～2∶8为宜。

(2) 温度　加热温度一般为600℃±20℃。硬度要求高的零件取较高的温度；要求变形小的零件取较低温度，也可选用520～560℃；高速钢刀具宜在540℃以下处理；要求离子氮碳共渗层厚的低碳钢、铸铁及合金钢取较高温度，即620℃左右。

(3) 保温时间　含碳及合金元素较高的材料、其渗扩速度较慢，如中高碳钢、中高碳合金钢、高镍铬钢、奥氏体耐热钢等保温时间为4h左右；工具钢保温2h左右；单纯防腐及高速钢刀具保温1h即可。

(4) 冷却速度　随炉冷却到150～200℃出炉后空冷。

四、电火花表面强化技术

电火花表面强化工艺是通过电火花的放电作用把一种导电材料涂敷熔渗到另一种导电材料的表面，从而改变后者表面的性能。如把硬质合金材料涂到用碳素钢制成的各类刀具、量具及零件表面，可大幅提高其表面硬度（硬度可达70～74HRC）、增加耐磨性、耐腐蚀性，提高使用寿命1～2倍。因此，电火花表面强化技术可用于上述各类零件的表面强化和磨损部位的修补。

金属表面电火花强化的原理是：在电极与工件之间接直流或交流电，振动器使电极与工件之间的放电间隙频繁发生变化并不断产生火花放电，经多次放电并相应移动电极的位置，就使电极材料熔结覆盖在工件表面上，从而形成强化层。金属零件表面之所以能够强化，是由于在脉冲放电作用下，金属表面发生超高速淬火、渗氮、渗碳及电极材料的转移四个方面的物理化学变化。现分述如下：

(1) 超高速淬火　电火花放电使工件表面极小面积的金属熔化。由于放电时间很短暂，而被加热的金属周围是大量的冷金属，所以被加热金属急速冷却下来，形成了超高速淬火。

(2) 渗氮　电火花放电区域内，空气中的氮分子被电离，它和熔化的金属中的有关元素化合成高硬度的金属氮化物，如氮化铁、氮化铬等。

(3) 渗碳　来自石墨电极或周围介质中的碳元素因融于熔化的金属中而形成碳化物，如碳化铁、碳化铬等。

(4) 电极材料的转移　在压力和电火花放电的条件下，电极材料接触转移到工件金属熔化表面，有关金属合金元素（W、Ti、Cr 等）迅速扩散到金属表面，形成强化层。

电火花表面强化层的金相组织变化、强化层厚度、硬度及耐磨性、耐腐蚀性等均与电极材料、工件材料及强化条件有关。

电火花表面强化的特点：

1）强化在空气介质中进行，不需要特殊复杂的处理装置和设施。

2）可用于机械零件、工模夹具、量具、刃具的局部表面处理、强化前不需经过特殊预处理。

3）强化时，可根据工件表面的不同要求选择适当的电极材料，以提高表面硬度，增强耐磨性、耐腐蚀性。

4）强化层厚度可以通过电气参数和强化时间进行控制。

5）强化过程变形非常小，因此可安排为末道工序。

6）由于有一定的强化层厚度，所以电火花表面强化既可用于提高零件的硬度及耐磨性，又可用于磨损件的修复。

第六章 设备维修管理

设备维修管理作为企业管理中的一个重要组成部分，不仅是实现维修目标的重要保证，也是实现企业经营战略目标的重要保证。维修管理的基本任务是：最大限度地收集和利用设备的信息资源，有效地运筹维修系统中的人力、物力、资金、设备与技术（即五 M），使维修工作取得最合理的质量与最佳的效益。维修管理的主要内容是：维修信息管理，维修计划管理，维修技术、工艺、质量管理，维修配件管理与维修经济管理等。所有这些管理的基础是信息管理。管理过程就是决策过程，而信息就是决策的依据。

随着科学技术的发展和市场机制的形成，管理科学与工程技术越来越紧密地联系在一起。特别是在现代企业中，管理离不开技术，而工程技术的应用，也靠管理来保证。因此，作为设备工程技术人员，必须懂得设备维修管理的内容与方法，将技术与管理有机结合，以满足现代企业对设备工程技术人员的要求。基于这一目的，本章介绍设备维修管理的主要内容、方法及其应用。

第一节 设备维修的信息管理

信息是客观世界中各种事物的状态与特征的反映。语言、文字、数字、电码、信号、图像和声音等都是表达信息的工具和形式。

信息是客观世界的三大支柱（物质、能量、信息）之一，因而也是人类的宝贵资源。在企业设备维修活动中，经常需要作出各种技术、经济上的决策，决策的依据就是信息。没有系统、可靠的信息，就难以实施有效的管理。因此，设备维修信息管理的任务是：建立完整的信息系统，收集、储存与设备有关的各种信息，以及进行信息的加工处理、输出与反馈，为设备的经济，技术决策服务。

一、设备维修信息的分类

设备维修信息包括设备一生的全部资料及与之有关的其他资料，如图样、说明书、生产负荷、运行状态、维修记录、设备台帐、设备档案及所发生的各种费用等等。对这些繁杂的信息，一般可按以下几种方法分类：

(一) 按设备前期与后期分类

这种分类法将设备信息分为前期与后期两大系统，然后再分为许多子系统，如图 6-1 所示。在子系统里，又包罗了各类设备，最后具体到每一台设备。这种分类方法简单明了，便于信息的加工整理和查阅。

(二) 按设备管理目标和考核指标分类

某些企业的主管部门或投资者（股东）经常用许多技术经济指标来考核企业设备的使用维修情况，企业本身从经营的角度出发，也需要了解和控制一些重要指标（如万元产值维修费、设备完好率、万元设备维修费等。为了便于统计分析，可以将设备信息分为：①投资规划信息；②

资产备件信息；③技术状态信息；④修理计划信息；⑤人员信息等共五类。每一类下又细分为许多子项目和许多考核指标，检查分析非常方便。

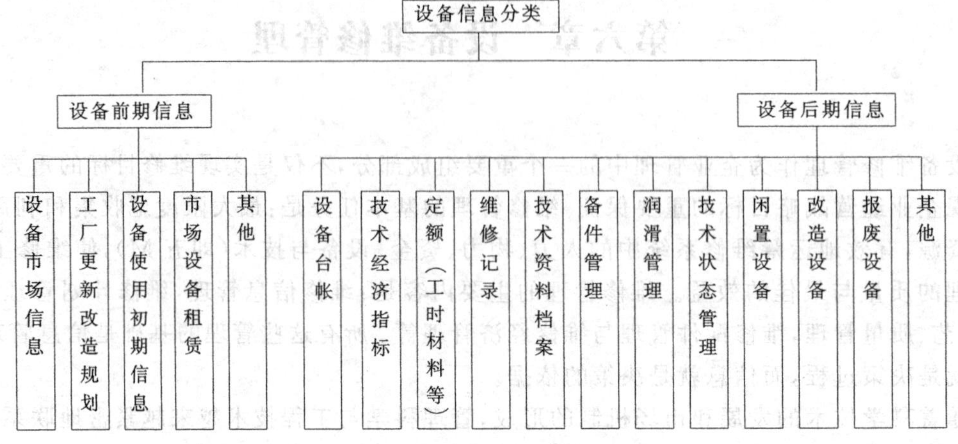

图 6-1　设备信息分类图

（三）从维修的角度分类

为了随时了解设备的技术状态，及时检查维修工作的质量和效益，及时调整维修计划、备件计划等，设备信息可以具体分为

(1) 设备状态信息　包括设备型号，累计工作时间，修理次数，当前主要性能参数指标，状态监视与故障诊断的动态指标等等。

(2) 设备保障信息　包括维修保养措施及实施情况，维修系统的装备水平，后勤保障等。

(3) 设备故障或事故信息　包括既往故障中事故发生的时间、部位、后果，事故的诊断结果，最后处理方案及效果。

(4) 维修工作信息　包括维修计划，维修进度，维修工时消耗情况等等。

(5) 维修物资信息　包括备件库存情况，器材消耗情况，订货情况等等。

(6) 维修人员信息　包括岗位，人数，技术结构，培训计划等等。

(7) 维修费用信息　包括工资，材料费用，备件费用，能源消耗等等。

(8) 相关信息　包括新材料、新工艺应用推广信息，科研信息等等。

信息分类的方法很多，各企业可根据自身的实际情况和计算机信息管理的要求，选定适当的分类方法。

二、计算机信息系统的概念

在传统的维修管理中，因为没有使用计算机技术，所以也就没有提出维修信息管理这个概念。但信息还是存在的，它分散在企业的各个部门。信息的收集、处理、储存、传递等全部依靠人工来完成。

在现代企业中，当计算机进入维修管理领域时，就产生了完整的计算机维修信息系统。

计算机维修信息系统可以是企业信息系统中的一个子系统，也可以是一个独立的系统。它分为人机系统和人工智能系统两类。人机系统是以人为主体的系统，信息的解释要靠人工作业；人工智能系统可以模拟人的思维，识别信息并由系统软件进行处理，输出经过加工的信息。例如，机械设备故障诊断的专家系统就是一种人工智能系统。它输入的是设备的检测参数及故障现象，输出的是故障诊断的结果。

（一）维修信息的传输方式

传统的信息传输方式是人工传输。为此，需要制订大量的统计报表与图表，由企业各部门统计人员填写后再收集起来。因此，其传输速度慢，加工处理难度大，甚至造成混乱。目前，许多企业的职能部门都配置了微机。这就使得设备维修信息通过网络传输成为可能。网络传输的信息量大，信息质量高，传输速度快，信息交流更加频繁，甚至可以实现对设备的动态管理。

例如，对重点设备，可在某些关键部位安装传感器，由车间的计算机采集数据，并由网络传输到设备信息中心。信息中心对这些数据进行实时分析处理，一旦发现异常情况，立即报告有关部门，并进行及时处理。这一过程就是设备的动态管理过程。

（二）维修信息的传输结构

维修信息涉及企业内外。来自企业内部的信息称为内部信息，而来自企业外部的信息则称为外部信息。在维修信息系统中，所有信息全部在信息中心汇总，如图 6-2 所示。图中的设备和用户包括企业所有的设备及其用户。左边是企业内部与设备管理有关的各部门。右边是企业外部。信息的传输往往是双向的，但不是简单的往返。信息返回时总是以更高级的形态表现出来。例如维修工作所发生的一切费用，首先由财务部门掌握并进入财务管理系统，然后沿信息通道进入维修信息中心，并在该中心经过分类，结合其他信息进行计算、分析，得出维修工作各项技术经济指标和评价结论，形成指标数据文件并存档，信息中心向财务部门和其他有关部门反馈的就是这些经过加工的新信息。

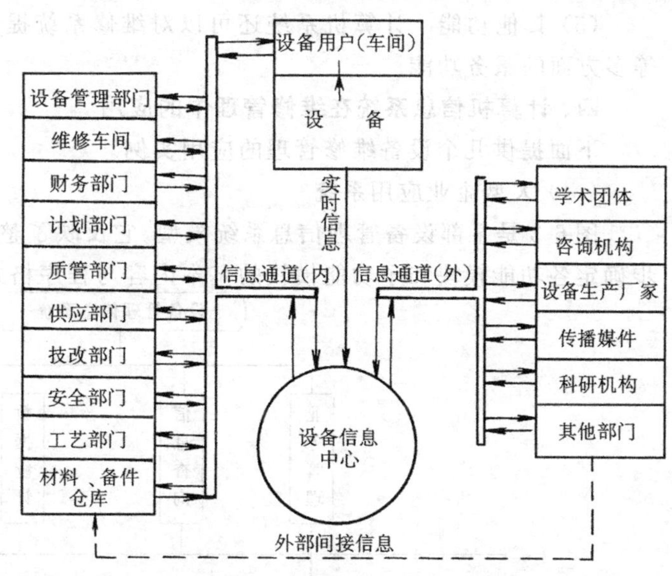

图 6-2 设备维修信息系统及信息传输结构

三、计算机信息系统的功能

设备维修计算机信息系统的功能与计算机硬、软件的配置有关。目前，许多机构正在积极开发设备管理的应用软件；一些通用性较强的软件已纳入了系统软件；一些比较成熟的应用软件也被提炼成了软件包。因而计算机信息系统在设备维修与管理中的功能日臻完善，能满足工程实践的各种需求，现分述如下：

1. 过程控制功能

这一功能分两个方面：一是指控制设备的运行过程和工艺参数，并可进行质量检测。这种功能主要是满足生产管理与质量管理方面的需要；二是指监测设备的工作状态，检测设备的性能参数指标，如振动、噪声、超声、温升、冷却状态、润滑状态、环境因素等等，提供指导维修工作的信息。其具体方法在本书故障诊断中作了部分介绍。

2. 工程设计与计算功能

可以对各种设备和维修工艺装备进行运动学、静力学、动力学分析和计算，也可进行计算机辅助设计和制图、各种优化技术的计算与分析。

3. 信息处理功能

处理维修管理中的各种信息。包括：

(1) 设备台帐管理 将企业所有设备的原始数据和资料储存在计算机中，可根据需要，按不同的格式输出车间设备台帐、不同型号设备清单。

(2) 设备分类、排序、查询及检索 根据外部信息提供的资料，将市场上成千上万的设备分类、排序存入系统。企业技术改造需要添置某些设备时，可以按某一关键字，迅速查找出满足需要的设备及相关信息，也可对企业内部的设备进行分类统计。

(3) 设备维修计划管理 在确定设备维修计划时，可引用储存在计算机系统中的设备档案信息，设备维修信息，设备诊断信息，结合其他实际情况，通过计算机编制年度、季度、月份设备维修计划。

(4) 维修备件库存管理 将企业设备维修备件的需求信息、库存信息、出入库信息，输入计算机系统，就可随时索取当前库存情况及统计报表。当前库存量下降到警监线时还可设置报警提示。

(5) 其他功能 计算机系统还可以对维修系统提供人事管理、经济管理、技术、工艺管理等多方面的服务功能。

四、计算机信息系统在维修管理中的应用

下面提供几个设备维修管理的应用实例。

(一) 大型企业应用系统

图 6-3 是某部设备管理信息系统模型。它反映了整个系统的逻辑功能。由系统模型可进一步确定各功能模块和子功能模快的基本内容与程序格式。

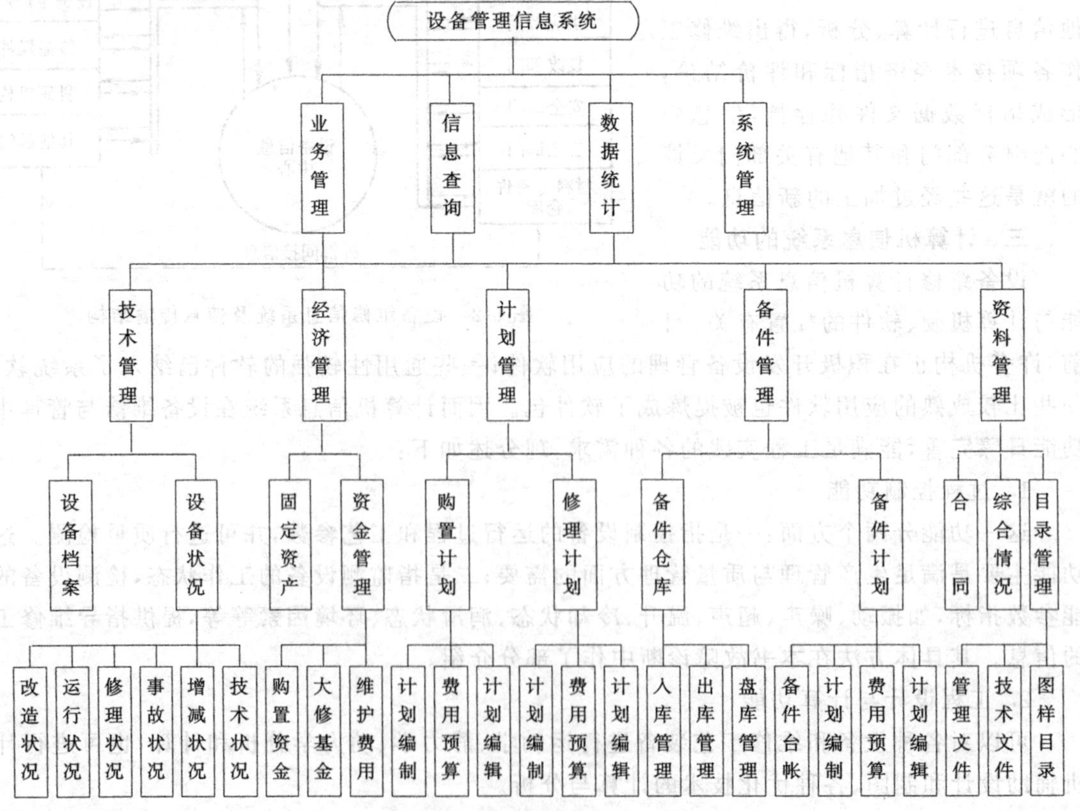

图 6-3 某部设备管理信息系统

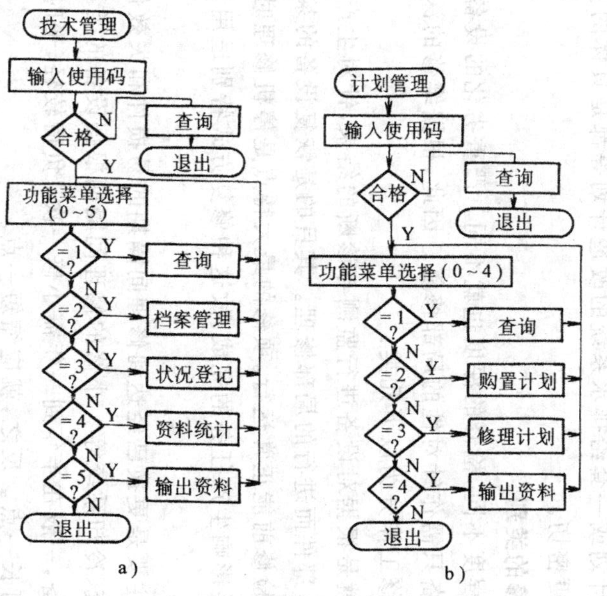

图 6-4 功能模块控制流程举例

a）技术管理功能控制流程图

b）计划管理功能控制流程图

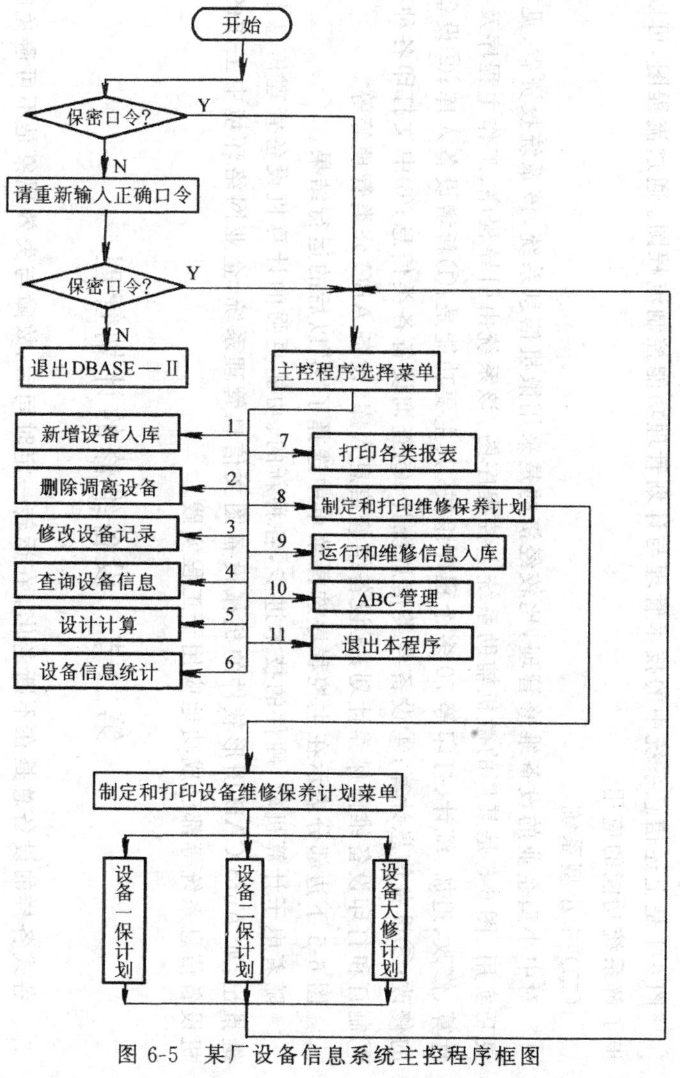

图 6-5 某厂设备信息系统主控程序框图

由图可以看出，该系统将信息分为五类，分别是技术、经济、计划、备件和资料。每一类信息又细分两到三项。整个系统偏重于管理功能。

图 6-4 是上述信息系统中的技术管理与计划管理功能控制流程图。通过流程图，可以进一步了解系统功能的应用。

（二）中小型系统

对中小型企业的设备维修管理，比较经济的是采用微机信息系统。该系统投资省、见效快，灵巧实用。图 6-5 是某厂的微机辅助系统主控程序图。该系统由引导程序、工作主程序及查询、计算、修改、追加、统计、打印等 70 多个程序组成。其主要功能是：①新增设备入库；②设备记录的修改；③设备信息计算；④设备各类信息统计；⑤查询设备各类信息；⑥中文打印各种报表；⑦制订和打印设备维修保养计划；⑧设备维修信息入库、设备 ABC 分类管理等等。

图 6-5 下边部分表示在主控程序选择菜单中选择了“8”以后的运行结果。

随着电子计算机软、硬件的技术进步，各种新的、功能更强的计算机设备管理信息系统相继推出，如 Auto-CAD 图形软件的机械设备图文信息管理系统，企业网络环境中工作的计算机设备信息系统等都已成功地应用于工程实践。

第二节　设备维修的计划管理

各式各样的设备总是在不断老化。在运转一定时间后，故障与失效现象是不可避免的。作为设备的管理部门，应根据设备的实际状况，在尽可能不影响正常生产的前提下，对劣化了的设备进行有计划的、适当规模的维修。在执行具体的检修任务时，也需要合理组织，保证检修的进度、质量和效益。这种计划与组织工作称为维修计划管理。它包括两个主要内容：一是宏观的检修计划（含年度、季度及月份计划）；二是微观的作业计划。它是指导一个具体的作业过程，例如一台机器的大修计划或一套给排水系统的改造计划等都是具体的微观作业计划。其特点是与工艺技术的关系更密切。

一、设备计划维修的类别

根据设备劣化的程度不同，检修的深度也就不同。严重劣化的设备需要彻底检查与修复，而只有轻微故障的设备只需作针对性的局部修复。因此，根据维修的深度，维修工作量的大小及维修的要求可将维修工作分为以下几类：

（1）项修　项修就是根据对设备进行监测与诊断的结果，针对生产线设备的某些环节（项目）或机械设备的某些部件而进行的局部修理。其目的是恢复设备的某些参数指标或功能，保证设备在下一次全面检修前能正常运行。项修的最大特点是停机修理时间短，甚至利用节假日就可以迅速修复，不会影响生产任务的完成。故这种修复方式特别适用于重点设备及大型生产线。

（2）小修　小修主要是更换已经达到修理间隔期的易损件和失效件，清洗传动系统，更换润滑油，清理润滑系统、冷却系统等。小修的修理间隔期根据设备的类型，负荷的大小，具体确定。对两班工作的设备，一般在半年到一年需小修一次。负荷较轻，平时保养较好，而且结构简单的设备，小修间隔可长一点。反之，就应缩短一点。

（3）大修　大修是工作量最大的一种修理类别。它以全面恢复设备功能与参数指标为目的，需要对设备的零件全部解体、清洗和检查，修复设备中的基准件（如机床的床身导轨、工作台等),全面更换失效零件和剩余寿命不足一个修理间隔期的零件,使精度和性能指标达到出厂标准。因大修工作量大,更换的零件多,大修费用一般可达设备原值的40%~70%。

大修的时间间隔根据设备的类型、使用条件及监测、诊断的实际情况决定。以往,企业是根据设备的服务年限确定设备是否需要大修的。例如,金属切削机床的大修间隔期为5~8年,起重、焊接、锻压设备为3~4年,一般电机为10年。但是,这种硬性规定有时并不切合实际情况。

(4) 中修　中修的规模介于小修与大修之间。目前机械行业一般不采用中修,而是经过几次小修以后进行一次大修。

(5) 改善性维修　改善性维修也称为设备改造。它是在原设备基础上,应用新技术、新结构、新材料进行改装,克服原有缺陷,增加新的功能,提高精度与可靠性。其目的是提高企业装备水平,满足现代化生产的需要。例如,近年来许多机械制造企业将旧式机床改造成数控机床,这就是在普通机床上综合应用计算机技术、自动控制、精密测量和机械设计等方面的最新成就。其结果是提高了普通机床的精度,增加了自动控制功能,改善了可靠性与维修性,使老设备焕发青春。

目前,许多企业正在广泛将计算机技术、信息技术等应用于生产线设备的改造。改善维修获得了广泛的应用。

(6) 年检　某些大型、连续作业的生产线,要求有很高的可靠性,不允许经常性的停机修理。对这些生产线设备,一般每年可利用有规律性的生产淡季,进行一次全面的同步检修。维修部门、生产部门、工艺技术部门全面行动,紧密配合。这种检修称为年度检修或简称年检。年检一般要与平时的监测诊断相配合,以提高维修质量。

二、修理工作定额

在确定企业设备整体修理计划时,要考虑到维修总工时不超过维修部门的承接能力,修理停机时间不影响企业生产计划,修理总费用不突破维修费用定额。因此,各类设备在不同修理类别下的工时定额、停机时间定额、费用定额等需要有较准确的确定。为确定这些定额,应该有一个可供参考的标准,这个标准就是设备修理复杂系数。

设备修理复杂系数是用来衡量设备修理复杂程度、确定各项定额指标的参考单位。对机械设备,规定以C6140车床大修的劳动量(统计平均值)的1/11作为一个机械修理复杂系数。即C6140车床的修理复杂系数定为11,其他各种设备的复杂系数根据大修劳动量与C6140大修劳动量的1/11之比确定。在机械加工行业,常用设备的修理复杂系数可参考表6-1。

表6-1　常用设备修理复杂系数

设备名称	型号	复杂系数	设备名称	型号或规格	复杂系数
车床	C6132	7	1t模锻机	CZ-1	14
车床	C6160	17	5t模锻机	M215	36
车床	C6140	11	多轴自动车床	C2150-40	27
车床	C61100	21	造型机	A3107	5
钻床	Z550	9	电力变压器	50kVA以下	6
镗床	T68	16	直流电焊机	≤10kW	6
坐标镗	T4240	25	电阻炉	<15kW	3
万能铣	X62W	12	锅炉	1.5~2t/h	10
工具铣	X8120W	7	锅炉	10t/h	55

(续)

设备名称	型号	复杂系数	设备名称	型号或规格	复杂系数
龙门铣	X2010	33	空气压缩机	$10m^3/min$	10
平面磨	M7120	9	活塞式水泵	$10m^3/min$	5
外圆磨	M125	12	热处理炉	$10m^2$(炉底)	7
牛头刨	B650	3.5	带运输机	带宽400mm	0.15
滚齿机	Y32	10	镀锌槽	m^3	1
立车	C5112	28	自动交换机	每100门	40

修理复杂系数确定以后,可据此计算其他定额标准,也可由查表确定。表6-2是每个修理复杂系数的工时定额标准。

对于电气设备,以0.6kW笼型异步电动机的大修工作量作为一个修理复杂系数,其他电气设备可参考这一标准而确定。

表6-2 机械设备一个修理复杂系数的工时定额 (单位为h)

修理类别	总计工时	机加工	钳工	其他	备注
二级保养	12	4	7	1	三级工
小修	15	5	8	2	四级工
中修(含修前检查)	53	16	32	5	五级工
大修(含修前检查)	85	30	45	10	五级工

三、企业设备维修计划

企业每年、每季、每月都要对所有设备的维护、检查与修理进行统筹安排,制订出维修计划。这些计划要充分体现出维修工作的轻重缓急,进行整体协调。既要防止维修频率过高造成资源的浪费,又要防止维修不足造成停机损失过大和设备事故,同时还要考虑与企业生产计划的合理衔接。

年度维修计划包括一年当中企业的全部大、中、小修计划。年度计划一般应在上年度末完成。年度计划制订的依据是:设备技术状态的谱查结果,重点设备监测、诊断资料信息,设备使用车间(用户)的修理申请,工艺、质量部门对设备的要求,企业的生产经营计划和下达的技术经济指标等等。

季度计划由年度计划分解得来,是年度计划的进一步具体化。一般在上季度的最末一月制定。季度计划可根据实际情况的变化,对年底计划确定的项目与进程安排作出适当的调整与补充。

月份计划比季度计划更具体、更细致。制定月份计划时,要考虑到修前的准备工作是否落实,如技术文件是否齐全,备件配件是否到位,工艺技术装备与人员调配是否就绪。对定期保养、定期检测及定期诊断等具体工作都要纳入月份计划。

年度计划、季度计划都可按工作内容划分为保养计划、小修计划、大修计划及改造计划等分别编制计划表格,而月份计划一般是以上内容的综合性计划。

计划表格一般用所谓"甘特图"。其格式如表6-3所示。表中的横线表示某一项工作的起始时间、终止时间及时间跨度。当然,年度计划不仅仅是几个表格,还要进行资金、材料消耗、工时消耗等指标的概预算。应用了计算机的单位,可直接在计算机上输出各项计划和概预算指标,这个内容已在第一节中作了介绍。

表 6-3　某厂 1998 年度大修计划表

序号	待修设备				使用单位	大修时间安排											
	编号	名称	型号规格	复杂系数		一月	二月	三月	四月	五月	六月	七月	八月	九月	十月	十一月	十二月
1	053	车床	C6140	11	五车间												
2	023	龙门铣	X2010	33	二车间												
3	×××	×××	×××	××	××												
4	×××	×××	×××	××	××												
、	、	、	、	、	、												
、	、	、	、	、	、												
、	、	、	、	、	、												
、	、	、	、	、	、												
、	、	、	、	、	、												
、	、	、	、	、	、												
n	018	模锻	M215	36	一车间												

四、维修作业计划管理

在具体实施设备维修(特别是大修或年检)的某一项任务时,都需要编制作业计划。按计划的步骤与要求施工,才能保证工程任务顺利、按期地完成。

作业计划的编制可采用前面所述的甘特图,但更受欢迎的是网络技术。用网络技术编制作业计划,能优化作业过程管理,充分利用各项资源,缩短维修工期,减少停机损失。下面以 C6140 车床大修为例,说明网络计划的编制方法与过程。

(一) 了解大修工艺过程

编制大修网络计划,必须了解所修对象的大修工艺过程。一般机械设备大修时,均有类似于图 6-6 所示的工艺过程。

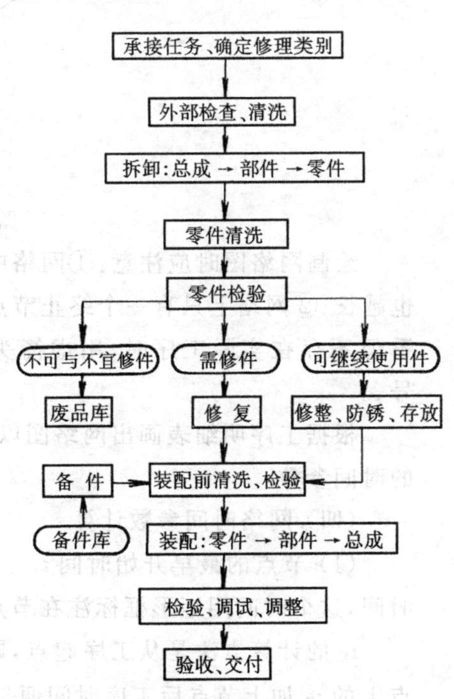

图 6-6　一般机械设备的大修工艺过程

(二) 编制大修工序明细表

按设备修理工序的先后次序,列出工序明细表。对每一道工序都确定一个代码,通过代码可显示工序之间的衔接关系。表 6-4 是 C6140 车床大修工序。表中的工序时间是根据有关工艺定额、以往修理的经验及维修工艺条件等实际情况而确定的。工艺时间应尽量切合实际。

(三) 画工序网络图

网络图由箭头(代表工序)、节点(表示前一工序的终止和下一工序的开始)、线路(表示工序之间的逻辑关系)三部分组成。根据表 6-4 作出的网络图如图 6-7 所示。

表 6-4　C6140 车床大修工序明细表

序　号	工序内容	工序代码	紧前工序	工序时间/h	序　号	工序内容	工序代码	紧前工序	工序时间/h
1	修前检查	A	/	4	8	刀架，尾架装配	F1	E3	16
2	车床拆卸	B	A	16	9	箱体类组装	F2	E1 E2	40
3	零件清洗	C1	B	8	10	修理床身导轨	C2	B	32
4	零件检测	D	C1	14	11	电气修理	C3	B	40
5	加工传动零件	E1	D	80	12	总装配	G	F1 F2 C2 C3	32
6	修理箱体类零件	E2	D	48	13	调整试车	H	G	4
7	刀架，尾架刮研	E3	D	40	14	验收交付	I	H	4

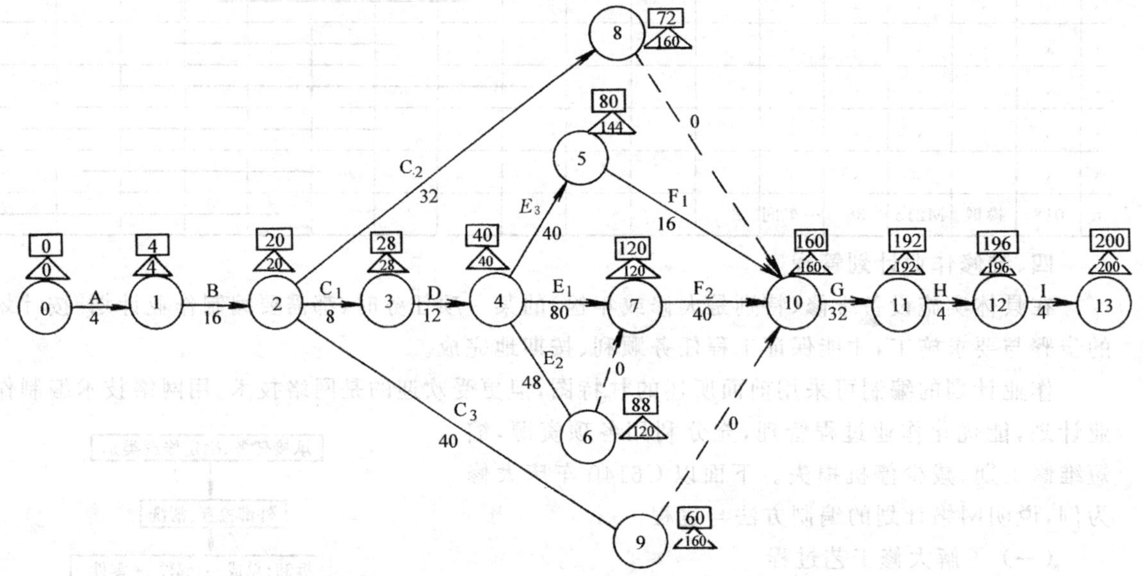

图 6-7　C6140 大修计划网络图

绘制网络图时应注意：①网络中箭头的方向是工序进行的方向。一般工序时间越长，箭头也越长；②网络上只有一个终止节点。它是全工程任务的完工点；③当两个节点之间有逻辑关系但不存在实际工序时，用虚箭头表示虚工序。它不消耗时间和资源；④节点从左到右编号。

根据工序明细表画出网络图以后，应在箭头下标注对应工序所需的时间，以便计算网络上的时间参数。

（四）网络时间参数计算

(1) 节点的最早开始时间 t_E　节点最早开始时间也就是节点后面工序（箭头）的最早开工时间，这个时间用矩形框标注在节点上。

t_E 的计算方法是从工序起点，即左边第一个节点开始，并将该节点上的 t_E^0 定为 0。第一节点上的 t_E^0 加上节点后工序时间便是随后节点上的 t_E^1。若按不同的路线计算出来的 t_E 出现几个值时，则应取最大值。例如图 6-7 中，节点⑩的最早开始时间 t_E^{10} 有四条计算路线，分别为⑧→

⑩、⑨→⑩、⑤→⑩、⑦→⑩。按⑦→⑩算出来的值最大(为160h),故该节点的最早开始时间即为160。它所表达的意思是:从第一道工序开始,至少需要160个工作小时才能进入G工序。

(2) 节点的最迟结束时间t_L　节点的最迟结束时间是允许节点前一道工序最迟完工时间。t_L用三角框标注在节点上。

t_L的计算方法是从最终节点开始,逆箭头方向往前推算,令最终节点上的$t_L=t_E$,该节点上的最迟结束时减去节点前的工序时间即为前一个结点的最迟结束时间。依次类推。同样,当某个结点的t_L按不同路线计算时,可能会出现几个结果,这时t_L应取最小值。例如图6-7中节点④的最迟结束时间的计算有三条路径:⑤→④、⑦→④和⑥→④。其中按⑦→④计算出来的值为40,是最小的,故节点④的t_L^4取40。节点②也有类似情况,读者可自行分析。

(五) 确定并标记网络图上的关键路线

从网络图的起点到终点沿箭头方向可以走出多条线路。在图6-7中就有五条,如⓪→①→②→⑧→⑩→⑪→⑫→⑬、⓪→①→②→③→④→⑤→⑩→⑪→⑫→⑬就是其中的两条。在这些路线中,累计时间消耗最多的路线称为关键路线。关键路线上的显著特点是该路线上所有节点的t_E与t_L相等。因而在时间参数标注完以后,很容易在网络图上找出关键路线,对关键路线一般用双箭头或红色箭头标记。读者可自行找出图6-7中的关键路线,并标注出来。

关键路线是工程管理的重点,因为关键线路上任意一道工序如果不能按期完成都会拖延整个工程的工期。关键线路上耗时最多的几道工序称为关键工序,如图6-7中的E_1、F_2、G均可列为关键工序。

(六) 网络的管理

网络的管理就是通过对网络的分析,采取一些相应的措施,尽可能缩短工程工期,合理利用各项资源,节约时间,降低费用。具体应进行以下几方面的工作:

(1) 向关键工序要时间　在人力、物力资金、技术上,向关键工序倾斜,优先保证关键工序的需要。应用新技术、新工艺,大搞技术革新,改革维修手段,努力缩短工序时间。

(2) 在非关键工序上挖潜力　在图6-7中C_3工序最早可以在工程开工后72h完成,最迟允许到开工后的第160h完成,这一工序上的设备和人力有大量的空闲时间,应该统筹安排,调配到其他工程任务中或支援本工程中的关键工序。

(3) 着眼于全局　应协调多个工程网络,充分调配、利用设备、技术及其他各项资源。

网络计划技术广泛应用于工程实践。在制定网络图时,只有深入调查研究,克服主观唯心的弊病,才能使网络计划充分发挥作用。

第三节　设备维修技术与工艺管理

设备维修技术与工艺管理是对维修系统与维修过程中一切技术与工艺活动所进行的科学管理。其主要任务是:①管理维修系统一切技术基础工作;②规范维修活动中的工艺秩序,保证维修质量;③应用新技术、新材料,推广新工艺,提高维修技术水平与经济效益。

一、技术基础工作

设备维修技术与工艺管理的基础工作包括如下几个方面:

1. 维修技术资料管理

设备维修的技术资料有设备的说明书、维修图册、备件图册、维修工艺资料、设备维修的技术信息等。这些技术资料主要供设备业务系统使用。一般应设立专门的资料室统一管理。所有技术资料都应分类、编号、建立帐册卡片，以便查阅利用。帐、卡、物都应定时清理。

技术资料管理应有重点，对重点设备的说明书、独本说明书及有关装配图、电器原理图和其他重要资料应打上重点管理的标志。有条件时应当输入计算机复制保存。重要资料一般不允许外借。

2. 修理图册的编制

设备维修图册是设备维修专业技术资料的汇编，按设备型号分别编制。维修图册中包括以下内容：

(1) 特性与特征图　如滚动轴承位置图、润滑系统图、液压系统图、电气系统图、安装基础图、吊装示意图、传动系统原理图等。

(2) 组件、部件和整机装配图　生产厂家一般不会完整地提供这些图样，特别是国外厂商，一般只提供设备一些简单的示意图。因此，在设备维修时，应对关键部件或整机进行测绘。

(3) 备件、易损件图样和明细表　备件、易损件主要有滚动轴承、滑动轴瓦、齿轮、蜗轮蜗杆、丝杠螺母、链条链轮、凸轮、平带等等。这些零件中需要制造的，必须有正规图样。

(4) 外购件清单　上述备件、易损件如属市场上可采购的标准件、通用件，应另外列出清单。

(5) 其他内容　对动力设备，还应有竣工图、管道或线路网络图。如空压设备、热力设备、给排水设备、燃气供应设备等，应该有管网的平面图、立体图、断面图等。埋藏地下的管网和线网如缺乏图样，就根本无法保养和修理，也很难避免在其他施工建设中受到破坏。

3. 典型工艺规程的编制

对复杂配件的制造或修复，重点、精密设备的修理过程都应制定相应的工艺规程或工艺要求，以保证维修质量。工艺规程包括工艺程序、工装设备的选择、检验方法与精度指标等。关于维修工艺问题将在后面作进一步的介绍。

4. 维修技术准备工作

设备维修前的技术准备工作也是一项重要的技术基础工作，对修理质量影响很大。该项工作具体有以下几个方面：

(1) 修前技术状况调查　对确定需要大修的设备或全面检修的生产线，在修前应调查它的技术状态。第一步是查阅设备以往的检查、测试、故障与修理记录，到现场了解设备的运行情况及有关部门对修理的要求；第二步是进一步作停机检查（有必要的话），检验与记录设备当前的主要参数指标；第三步是写出维修报告，确定维修规模、维修重点。

(2) 编制维修技术文件　这些文件包括：①修理技术任务书；②修换件明细表及图样；③电气元件及特殊材料表；④主要的修理工艺过程；⑤专用工具、检具、研具的图样及清单；⑥大修后的检验项目及质量标准。

对修换件中的大型复杂铸锻件，生产周期较长，如果没有备件应先出毛坯图，抢先制造。技术文件编制完毕，应交计划部门，安排好一切工作。

(3) 编制作业计划　这一内容在本章第二节中作了介绍。

二、维修工艺的规范化工作

为保证维修质量、提高维修效率、防止资源浪费，有必要规范维修过程中的各项工艺，这是一项艰苦而细致的技术工作。下面根据维修过程，介绍规范工作的主要要点：

（一）拆卸工艺

机械设备维修时，首先必须在一定程度上拆卸解体。其目的是清洗检查零件，以便更换或修复其中的失效件，排除设备的故障或故障隐患。但一般来说，每拆卸一次，对机器的性能与精度总是有损害的。对精密设备的不良拆卸可以导致设备的报废。因此，对重点、精密设备制定拆卸工艺规范是必要的。总体来说，应注意以下几点：

（1）机器的拆卸顺序与装配顺序相反　即机器拆卸时，应先拆附件，后拆主机；先拆外部零部件，后拆内部零部件；先拆成部件或组件，最后拆成零件。

（2）机器拆卸必须服务于修理　即在拆卸时，要防止为拆卸而拆卸。不必或不允许拆卸的部件不要拆，对配合较紧的部位应确定合理的拆卸方法，防止损害重要表面。

（3）机器拆卸必须服务于装配　当机器结构较复杂，图样资料又不全时，应一边拆，一边记录，并测绘草图。最后整理出装配图。

（4）拆卸中安全第一　拆卸前应注意切断电源，清除机器设备内外的有毒、易然、易爆等危险品，设备可靠的支承，选择合适的吊运设备和工具等。

（5）拆后零件妥善存放　精密零件应用油纸包扎，以防止损伤。细长轴类应水平支承或垂直悬挂，以防止变形。

（二）零件的清洗工艺

拆下的零件必须彻底清洗，一方面便于作精确的检测与诊断，另一方面是保证以后的装配质量。清洗主要是清除零件表面的油污、磨屑及铁锈、水垢、积炭等。清洗工艺应确定清洗方法、清洗剂种类或配方、清洗参数及清洗质量等内容。

1．清洗方法

传统的清洗方法是手工清洗，但这种方法效率低，质量差，劳动环境恶劣。目前，专业维修部门一般采用机械清洗、化学或电化学清洗、超声波清洗及高压喷射清洗等方法。这些清洗方法的功效比手工清洗要高出好几倍，而且清洗彻底。

2．清洗剂

清洗剂有如下几种类型：

（1）有机清洗剂　有机清洗剂中的石油烃类有煤油、柴油、汽油，适用于手工清洗，但是易燃，成本较高。氯化烃类有三氯乙烯、四氯化碳等，脱油能力很强，但具有一定毒性，适应于清洗机清洗。

（2）化学清洗剂　化学清洗剂分为碱性与酸性两种。碱性清洗剂由氢氧化钠等配制而成，用于化学或电化学除油的清洗装置中，也可以除锈和除水垢，应用较广；酸性清洗剂由强酸加一定添加剂配制而成，主要用于化学与电化学除锈。

（3）水基清洗剂　它是一种工业洗涤剂，由95%的水和5%的表面活性剂与添加剂组成。除油效果好，成本最低，广泛用于手工与机械除油，且安全低毒。目前市场上有几百种可供选择的水基清洗剂。

（4）二合一除油除锈剂　这是新开发的化学清洗剂，具有同时除油、除锈的功能。其配方及工艺规范见表6-5。

3. 清洗质量检验

目前，国内还没有制定清洗质量检验的统一标准，但是提出了表面清洁度的概念。前苏联制定的表面清洁度标准如表 6-6 所示。至于检测方法，在现场仍然只能凭经验。

表 6-5 黑色金属二合一除油除锈剂配方与工艺规范

组分的质量浓度	配方 1	配方 2
硫酸(H_2SO_4)/g/L	70～100	
盐酸(HCl)/mL/L		840～880
十二烷基硫酸钠($C_{12}H_{25}SO_4Na$)/g/L	8～12	硫脲 10
烷基苯胺磺酸钠/g/L		50
温度/°C	70～90	室温

表 6-6 表面清洁度标准

级别	0	1	2	3	4	5	6	7	8	9	10
表面污垢量/$mg \cdot cm^{-2}$	≥5	2.5	1.6	1.25	1.0	0.75	0.55	0.4	0.25	0.1	0.01

（三）零件检验工艺

零件检验是通过各种测量与实验手段，鉴别零件的状态。对拆下的零件，通过检验可确定损坏的程度，分析失效的原因，决定是否报废或修复；对修复以后的零件或库房中领出的备件，通过检验可判定是否合格。

检验的内容包括尺寸精度、形位精度、表面质量等。对重要的零件还应检查内部缺陷，最后综合评定。

当检验较复杂的零件时，应编制检验卡片（即检验规程）。确定检验项目、检验方法（附检验示意图）、步骤、检验工具、公差标准等，并将检测结果填写在卡片中，最后作出检测结论。

图 6-8 是机床导轨各项形位公差检验示意图。相应的检验卡片的格式如表 6-7 所示。读者可根据所学的技术测量知识完成该表。

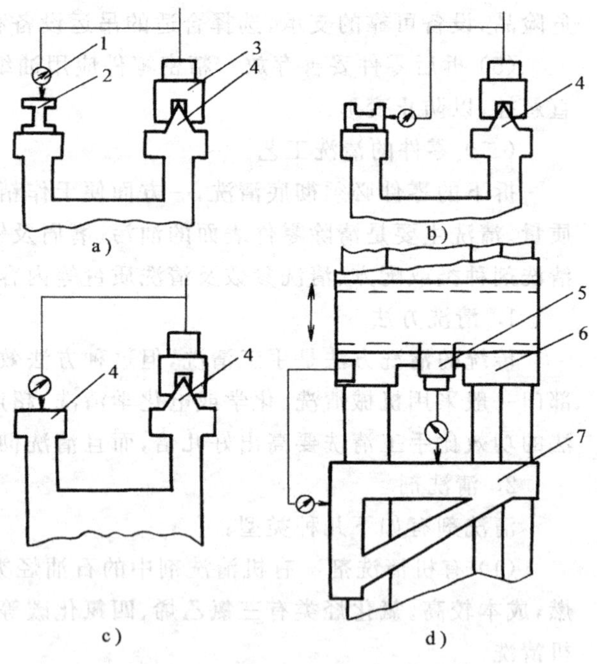

图 6-8 机床导轨形位公差检测示意图

a) 垂直方向的直线度 b) 水平方向的直线度 c) 垂直方向的平行度 d) 导轨间的垂直度

1—千分尺 2—检验平片 3—测量垫片(V 形) 4—被检导轨 5—测量垫片(斜铁) 6—溜板 7—角铁

（四）典型零件的修复工艺

在设备维修中，有些重要的零件需要修复，如床身、箱体、工作台、大型回转件等。为了保证修复质量和提高工效，应选择适当的修复方案并编制工艺规程。修理工艺规程常以工艺卡片的形式来表达。它比制造时的工艺过程卡片详细，但比工序卡片简单。

修理工艺卡片常包括以下内容：

1）零件名称、图号、材料及性能，零件缺陷指示图及有关缺陷的说明。

2）修复的工序与工步、每一工步的操作要领及应达到的技术要求。

3）修复过程中的工艺规范要求。

4）修复时所用的设备、夹具、工具及量具等，修复后的检验内容。

表 6-7　××车床导轨形位公差检验卡

序　　号	检验项目	检验示意图	检验方法说明	检　　具	公 差 值	实　　测	结　　论

如果在机床上，用常规方法修复零件表面时，修理工艺规程可以参考零件的制造工艺规程；如果用新工艺修复，则有一个摸索过程，应当认真总结。表 6-8 是一减速器被动轴的焊修工艺规程，供读者参考。

（五）维修装配工艺

装配质量直接影响设备的使用性能及设备精度。装配不良可能造成返工。因此，应该通过装配工艺规程来指导装配过程，控制装配质量。装配工艺规程的主要内容是：

(1) 装配准备　装配前应领取并清点装配所需的全部零部件并彻底清洗，特别要注意润滑、冷却通道及箱体内部的清洗；对重要零件的精度应复校一次；对高速回转零件应作静平衡与动平衡实验；零件摩擦表面应涂抹一层运转时所用的润滑油。

(2) 装配顺序　装配顺序应根据机器的具体结构确定，一般先组装组件、部件，在组件部件的间隙、精度调整好以后再总装。

(3) 装配方法　工艺规程应特别强调某些重要配合的装配方法和工艺参数。如热装、冷装要确定加热(或冷却)温度和方法；压装则要确定加压方式与压力的大小。

(4) 装配精度　为保证装配精度，应该坚持边装配、边调整、边检查。工艺规程应该确定检验的内容；调整、检验方法、精度要求等等。

(5) 装配检查　设备装配完毕后，应根据设备工作要求作全面细致的检查。如操作是否灵活，联结部位是否可靠，冷却、润滑通道是否畅通，润滑油位是否满足要求，控制线路连接是否正确，可用手扳动的部件转动是否轻快等。在一切确信正常以后，接上电源，先空载点动机器，如无异常则开始空载试车。

经检验空载运转完全正常以后，可逐渐加载试车。加载速度、载荷大小、运行时间等都应根据机器的要求作出具体规定。

完成了运转测试和跑合以后，便可接受验收，交付使用。

三、新技术的应用与推广

推广应用新设计、新技术、新工艺和新材料是维修技术管理工作的一项重要任务。对提高维修经济效益、缩短停修时间、提高企业装备水平有着非常重要的意义。

在采用新技术时，应注意以下几点：

1）一定要适合本企业的实际需要，注重实效，不盲目追求先进。

2）考虑经济性。有些新技术虽然先进实用，但成本高，企业承受困难，则不能勉强采用。

3）普遍推广之前宜先经试点。

4）积极采用国家重点推广的项目。这些项目已经过生产实践验证，行之有效，符合我国国情，且技术较为成熟，有一定的服务咨询组织作保障，企业较容易接受。

表 6-8 被动轴焊接修理工艺卡片

零件修理工艺卡片			
缺陷指示图	修理缺陷及编号	1. 渐开线花键公法线长度由基本尺寸 $42.44^{+0.25}_{+0.05}$mm 磨损，小于 42.19mm 2. 矩形花键宽度由 $18^{-0.006}_{-0.03}$mm 磨损，小于 17.8 3. 轴承配合面由 130K6($^{+0.03}_{+0.004}$)mm 磨损，小于 φ129.97mm 或严重划伤 5. 油挡配合面由 φ160h11($^{0}_{-0.26}$)磨损，小于 φ159.74mm 6. 轴肩宽度由 $38^{0}_{-0.5}$mm 磨损，小于 37 8. 轮毂配合面由 φ142f7($^{-0.05}_{-0.09}$)磨损，小于 φ141.75	零件名称：被动轴 零件编号：WZ·120·16·004 材料：20Cr2Ni4A 硬度：444～321HBS 每车基数：2

工种	工步	工步内容	技术条件	规范	设备	夹具	刀具	量具
	1	在两头端面作标记，标出齿槽中心位置						
	2	清除待焊部位上的铁锈、油泥						
	3	在被动轴两端点焊铁圈	1. 铁丝直径 φ6～8φmm 2. 在外圈点焊，要防止飞溅金属伤害内锥形面	J422 焊条，φ4mm，电流 160～180A	AT-320 型直流弧焊机			
	4	将工件放入炉中预热	气温在 5℃ 以上，并采用满焊法堆焊花键可不预热。其余情况均需预热	炉温 180～200℃，保温时间不少于 1h	预热炉			
	5	把工件立到回转工作台上，分别堆焊轴肩两侧面（也可把工件立在地上堆焊）	1. 焊后轴肩厚度不得小于 43mm 2. 防止棱角处烧塌	D127 焊条，在 200℃ 炉中的干 2h。φ4mm，电流 160～180A，焊条接正极				钢板尺 300 卡钳
焊	6	装入焊接心轴，并将零件与心轴装到顶尖支架上				焊接心轴顶尖支架		
	7	堆焊 φ130mm 轴承配合面	1. 焊后直径不小于 135mm 2. 焊道平整无气孔、夹渣	参数同工步 5				钢板尺 卡钳
	8	堆焊 φ160mm 油挡配合面	1. 轴肩两端边缘防止缺肉 2. 焊后直径不得小于 165mm	参数同工步 5				钢板尺 卡钳
工	9	堆焊渐开线花键和 φ142mm 轮毂配合面。齿槽分 2～3层填满，各齿槽的第一层都焊完后再堆焊第二层、第三层。最后堆焊花键的外径和轮毂配合面	1. 焊完一层后，清理渣皮，再焊下一层 2. 焊后尺寸不得小于 φ147mm 3. 焊道平整，无气孔、夹渣	堆焊第一层时用 φ3.2mm 焊条，电流 100～120A，直线形手法。堆焊其余各层及外圆时用 φ4mm 焊条，电流 160～170A，月牙形手法。焊条牌号都是 D127。焊条经 200℃ 炉中烘干 2h，焊条接正极				钢板尺 卡钳
	10	堆焊矩形花键。先堆焊键齿的两侧，后将齿槽填满，最后堆焊外圆	1. 焊完一层后，清理渣皮，再焊下一层 2. 花键外径焊后尺寸不得小于 φ125mm 3. 焊道平整，无气孔，夹渣	堆焊两侧面时用 D127 条，堆焊齿槽中部时用 D107 焊条，焊条经 200℃ 炉中烘干 2h，焊条直径 φ4mm，电流 160～170A 焊条接正极				钢板尺 卡钳
	11	把工件从顶尖支架上卸下，并取出心轴						
	12	将工件放入石棉灰中缓冷			石棉灰坑			
	13	检验	按以上各工步中的技术条件进行全面检查					钢板尺 卡钳

目前，可供推广应用的技术项目主要有：

1）维修焊接技术、喷涂技术、刷渡技术、铸铁冷焊技术、钢铁防锈与除锈技术及工件表面的强化技术等。

2）在应用微电子技术改造车床方面：①采用数控技术，实现加工、测量一体化，减轻工人体力劳动。提高加工质量和效率；②采用微机数控技术，实现加工过程的半自动化和全自动化，提高加工精度和效率，且用钱不多，见效快；③采用各种交、直流电动机调速系统，改造设备的传动系统；④采用可编程序控制器，改造设备的控制系统等等。

第四节　备件管理

在维修工作中，为缩短修理停歇时间而事先准备的各种零部件称为备件。根据供应来源，备件可分为自制件和外购件两类。

备件管理既要保证备件的品种、数量，有足够的库存，但也要防止订货、库存过多而造成资金积压过多，影响维修工作的效益乃至整个企业的经营效益。

备件管理涉及的因素多，条件复杂，是一项技术性、经济性很强的工作。维修所需的备件品种繁多，需求量变化大，供需往往难以协调，因此备件库存的管理是关键。科学的备件库存管理的基本原则是保持最经济的库存量和最经济的订货量，使维修工作取得最佳的经济效益，具体可用图 6-9 说明。

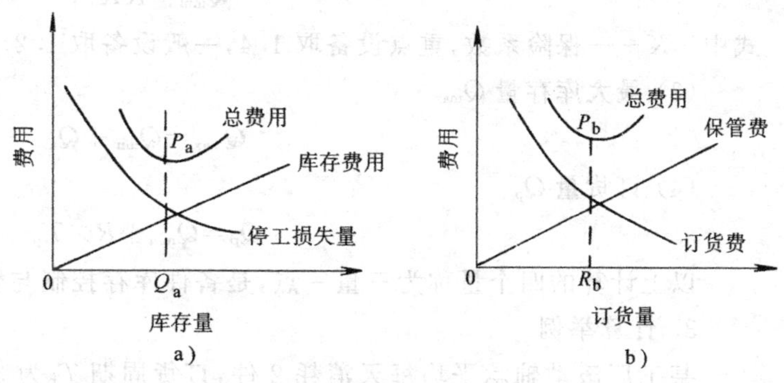

图 6-9　备件费用曲线

在图 6-9a 中，备件的库存费（包括备件资金积压的利息、备件变质损耗、无形老化及其他管理费用）与备件短缺造成的停工损失费（故障设备因缺乏备件不能及时修复而造成的生产损失及其他间接损失）之和的最小值为 P_a，与 P_a 对应的备件库存量为 Q_a。Q_a 即为最经济和备件库存量。当实际库存量大于或小 Q_a 时，总费用都会增加。

在图 6-9b 中，备件的库存费和订货费（订货批量愈大，年订货费用愈低）之和的最小值为 P_b，对应的订货量为 R_a。R_a 即为最佳的订货量。

一、备件库存的控制与管理

备件库存控制就是对备件进行计划控制、记录和分析（评价）。要求备件系统提供迅速而有效的服务，占用资金合适，总费用最小。

1. 库存模型

如果备件消耗量比较均匀，可以建立平均消耗的库存控制模型，如图 6-10 所示。

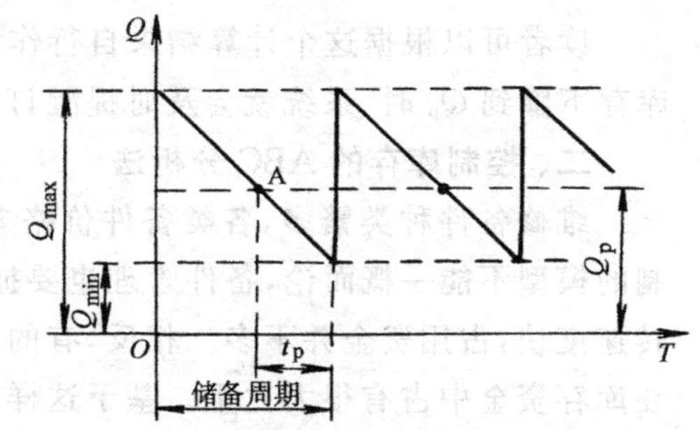

图 6-10　备件库存模型图

在备件库存模型图中，横坐标表示时间，纵坐标表示库存量。坐标图中的曲线表示库存的变化情况。在起始点,库存量最大,然后逐渐消耗;当库存量下降到A点时,应及时向备件供应商定货(或自制),在订货未到达之前,库存量还在进一步降低,直至Q_{min}当订货到达时,备件库存再次跃升到最大值Q_{max}。

图中,T_p表示订货周期,即从发出订单到收货入库的时间间隔。Q_{min}是最小库存量,或称安全库存量。其作用是防止备件消耗量突然增大或订货误期造成库缺。Q_p是订货点储备量,即当库存下降到Q_p时,就要及时发出订单。

2. 库存模型中有关参数的计算

(1) 经济库存量Q_a

$$Q_a=\sqrt{\frac{2Rk}{h}}$$

式中 R——单位时间平均消耗量,单位为件/天;

k——一次订货量费用(差旅运费等);

h——单位备件在单位时间的库存费,单位为元/(件·天)。

(2) 最小库存量Q_{min}

$$Q_{min}=KRT_p$$

式中 K——保险系数,重点设备取1.4,一般设备取1.2。

(3) 最大库存量Q_{max}

$$Q_{max}=Q_{min}+Q_a$$

(4) 订货量Q_p

$$Q_p=Q_{min}+R\times T_p$$

以上计算的四个量称为三量一点,是备件库存控制与管理的要点。

3. 计算举例

某工厂滚动轴承平均每天消耗2件,订货周期T_p为30天,一次订货费用为300元,一个轴承每天的库存费用为0.05元/(天·件)。试求出三量一点并建立库存模型。

$$Q_a=\sqrt{\frac{2\times2\times300}{0.05}}\text{件}=155\text{件}$$

$$Q_{min}=1.2\times2\times30\text{件}=72\text{件}$$

$$Q_{max}=155+72\text{件}=227\text{件}$$

$$Q_p=72+2\times30\text{件}=132\text{件}$$

读者可以根据这个计算结果自行作出库存模型。如果将这些结果输入计算机管理系统,当库存下降到Q_p时,系统就会及时提醒订货。

二、控制库存的ABC分析法

维修备件种类繁多,各类备件价格差别很大,需要量和库存量的差异也不小,因而库存控制的模型不能一概而论,备件管理也要抓重点。有些备件虽然库存量大,但需求量也大,因而周转速度快,占用资金并不多。相反,有的备件虽然库存量小,但价格高,消耗量小,周转非常慢,在库存资金中占有很大比重。基于这样一个事实,ABC分析法把库存备件分为三类—A类、B类和C类。分类的标准大致如下:

(1) A类备件 A类备件是关键的少数备件。它在品种上只占总数的5%～15%,而在资金上却占总资金的60%～80%。这些备件一般采购、订货都比较困难。

(2) B类备件　B类备件属一般性的备件。它在品种、资金上都只占总数的15%～25%。这类备件一般采购、订货或自制都比较容易。

(3) C类备件　C类备件是次要的多数备件。它在品种上占总品种的60%～80%，而资金只占总资金的5%～15%。这类备件采购、定货都非常容易。

1. 备件的ABC分类和程序

在备件分类时，如设备不多，可按单台设备一年所需的备件分别分类；设备较多时，可将一类设备或一群设备一年所需的备件汇总，统一分类，例如按重点设备与一般设备，分别划分出它们的A类、B类、C类备件。具体分类的程序是：

1) 计算或统计各种备件每年消耗的数量。

2) 计算各种备件每年所消耗的资金额。

3) 将备件消耗资金额按从大到小的顺序排队列表。

4) 计算有关百分比的累计数。

5) 对备件进行ABC分类

下面举例说明：某企业重点设备年耗备件1000件，年耗备件金额10万元，根据备件清单列出分类如表6-9所示。

表6-9　备件ABC分类表

序号	零件名称	年耗件数	件数累计	累计百分比/%	单价/元	总价/元	累计金额/元	金额累计/%	归类
1	* * * * * *	5	5	0.5	5000	25000	25000	25	A
2	* * * * * *	15	20	2.0	1200	18000	43000	43	
3	* * * * * *	30	50	5.0	500	15000	58000	58	
4	* * * * * *	100	150	15	120	12000	70000	70	
5	* * * * * *	100	250	25	75	7500	77500	77.5	B
·	……	…	…	…	…	…	…	…	
·	……	…	…	…	…	…	…	…	
n	* * * * * *	50	400	40	10	500	85000	85	
n+1～1000	单价10元以下的备件	600	1000	100	<10	15000	100000	100	C

根据表6-9可以作出备件排列图(巴雷特图)，如图6-11所示。

由表、图分析可知，前四种备件累计数只占总数的15%，而占用资金累计却占总资金的70%，另有25%的备件占据15%的资金。它们分别为A类与B类，其他大量的低值备件归为C类。

2. ABC三类备件管理与控制区别

在管理与控制上，A、B、C三类备件应分别对待，见表6-10。

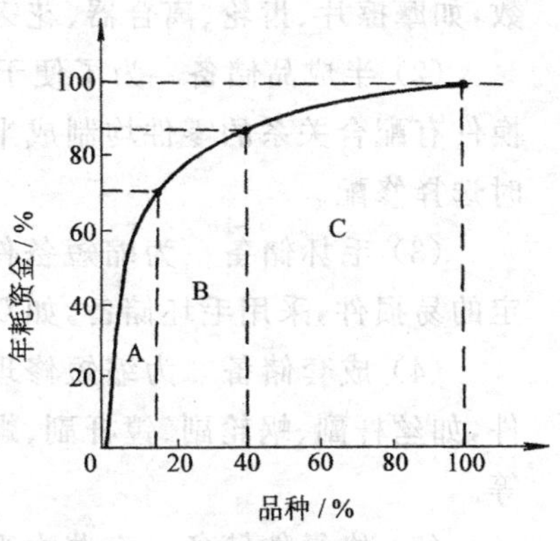

图6-11　备件ABC排列图

三、维修备件计划的编制与考核

(一) 备件计划的编制

企业每年都要制订备件计划。它是加工或定货、申请采购和平衡资金来源的依据，是备件管理的一个重要内容。年度备件计划编制应根据以下几方面确定：

1) 年度机械设备的负荷(使用时间)和大修计划。负荷愈重，大修设备愈多，备件消耗量就越大。

2）各使用单位车间提出的配件需求计划。备件库存除满足各单位的需求外，还应有一定的安全储备。

3）通过计算求出的各类备件定额。

4）流动资金限额。各企业对备件所占用的流动资金有一定限额，备件计划不能突破这个定额。

5）现有实际库存数。由于以往计划不合理，有些设备库存积压过多，在年度计划中应减少这些备件的定货，而有些经常缺库的备件应增加订货量。

年度计划编制、调整完以后，应根据年度计划编制季度计划和月份计划。

表 6-10 ABC 三类备件管理与控制特点

管理控制内容	A 类	B 类	C 类
控制程度	严格控制	一般控制	稍加控制
存 货 量	统计分析，详细计算	由一般统计方法确定	保持充足库存
进出记录	详细记录	分类记录	总量记录
备件保护	严格防腐防锈，经常检查	定期检查	由库存条件保障
安全库存量	低	较大	大量

（二）库存控制的考核方法

1）由备件资金的周转速度反映备件库存控制的水平，周转期的计算公式为

备件储备资金周期（单位为天）＝期末库存占用资金（单位为元）/日平均消耗金额（单位为元/天）

备件资金周转期愈短愈好，周转速度愈快愈好。

2）备件储备资金占用总额在满足维修需要和减少停机损失的前提下应尽量减少。

3）备件品种合用率是指当年领用备件品种与当年平均备件库存数之比，用以考核备件储备准确程度（安全库存除外）。

四、备件储备的形态

根据需要，备件储备可以采用如下几种形态。

（1）成品储备　在修理过程中，有些零件不允许尺寸发生改变，必须保持原设计的几何参数，如摩擦片、齿轮、离合器、花键轴等，均做成成品储备。

（2）半成品储备　为了便于修理时进行修配尺寸的选择，或作尺寸链的补偿，凡是与不更换件有配合关系的零件均制成半成品储备。通常在图样上注明相关配合尺寸或余量，以便使用时选择修配。

（3）毛坯储备　为缩短备件的制造周期，对一些加工量不大、图样未经校核、尺寸不能确定的易损件，采用毛坯储备，如双金属轴套轴瓦、铜套毛坯等。

（4）成套储备　为缩短修理时间和保证零件间的配合精度，对配合件成套或成对储备备件，如丝杆副、蜗轮副、镗杆副、螺旋齿轮副、减速箱、液压操纵箱、起重设备的车轮组、吊勾组等等。

（5）修复件储备　有些大型零件，仅仅是表面或局部损伤，在机器上换下以后，可以修复并储备。

第五节 设备维修的经济管理

设备维修的经济管理就是对设备的维修费用及其诸影响因素进行控制。其内容有：维修经济管理指标、维修定额，维修费利的统计、核算和分析等。

一、设备维修的技术经济指标

设定、考核和分析设备维修管理的技术经济指标，对改进设备的维修管理，提高企业的经济效益关系重大。设定设备维修技术经济指标的原则是：

1）定义要科学，要揭示本质，解释统一。

2）可比性强，有统一参照标准或定额。

3）能定量表示，有统一的计算公式与计量单位，数据采集方便。

目前，各行各业为贯彻国务院工业企业设备管理条例，普遍制定了比较完整的考核指标体系（参考表 6-11）。在这些指标中，万元产值维修费和万元设备维修费是企业设备维修经济性的两项主要指标。设备管理部门除了考核企业维修系统的维修费用外，还应关注计划检修任务完成情况、检修质量、检修停机时间、维修工时间、设备技术状况的普查与抽查结果等。

表 6-11 可供参考的设备维修技术经济指标

序号	指标名称	表达公式	单位	参考值	检查内容或辅助算式	备注
1	设备维护优等率	维修质量优等的设备/帐上的全部设备	%	≥90	口查、周评记录、核定维护质量	
2	定期保养计划完成	实际完成保养台次/计划保养台次	%	100±5	定期保养计划、保养记录	
3	定期检查计划完成	实际完成检查台次/计划检查台次	%	>95	定期检查计划表、检查报告	
4	项修计划完成率	实际完成项修台次/计划项修台次	%	100±10	项修报表，验收移交单	年、季考核
5	项修返修率	项修后返修台数/项修总台数	%	<10	项修返修记录等	
6	大修计划项目完成	实际完成人修台数/计划完成台数	%	100±15	人修报表，验收移交单等	
7	大修费用完成率	实际大修费用/计划大修费用	%	100±10	修理工作量，更换件清单，检查单，质量报告，费用记录	大修费用包括结合大修的改造费用
8	大修返修率	大修后经返修的台数/大修总台数，或大修后返修工时/大修总工时	%	<1	年、季大修及返修记录，大修、返修工作记录	考核大修质量用
9	故障停机率	故障停机时间/生产运转时间＋故障停机时间	%	<1	故障记录，开动时数记录	
10	设备事故率	设备事故发生次数/主要生产设备台数	%	0	事故报告，考核期设备台帐	设备事故次数为一般事故、重大事故之和，事故停机损失＝停机损失的产值＋修理费用

（续）

序号	指标名称	表 达 公 式	单位	参考值	检查内容或辅助算式	备 注
11	主要生产设备完好	主要生产设备完好台数/主要生产设备总台数	%	80～90	单台设备完好标准，考核期设备台帐	
12	万元产值维修费	参考期内维修费/参考期内总产值	元/万元	/	维修费用汇总表，总产值统计表	
13	万元设备维修费	参考期内维修费/设备固定资产值	元/万元	/	维修费用汇总表，设备资产统计表	
14	库存备件资金周转期	（初期金额＋末期金额）×本期天数/（2×本期消费金额）	天	/	备件库存帐	

二、设备维修费用的核算

设备维修费用目前一般只考虑维修的直接费用，至于设备故障停机和检修停机造成的生产损失等间接费用还没有切实有效的统一标准，故暂不考虑。但如果损失很大时，肯定要分析与追究责任。

（一）维修费用的项目

维修费用可分为日常维修费、项目维修费和大修维修费等。其中，日常维修费是指设备维护、检查、诊断、日常整修及故障与事故修理所发生的费用。

1）日常维修费包括：材料费（各种材料、备件和配件等）和劳务费（从事日常维修作业人员的工资及协作加工费用等）。

2）项修与大修费包括：材料费、专业维修车间人员的工资总额和外协加工费用、车间经费（含办公费、旅差费、运输费、劳保费、工具费、修理车间设备折旧费、贷款利息、税金及低值易耗品摊销费等），以及动力费（水、电、压缩空气和蒸汽等能源消耗费）。

（二）设备维修费的核算

以上各项费用均应根据材料领用单、工时记录、劳务支出费用等原始单据进行统计核算。企业设备主管部门每月应根据各车间报送的原始资料进行汇总，对全厂的设备维修活动情况及前述的有关重要指标进行综合测评。

设备维修费用应尽量按单台设备或单个项目统计与核算，以便找出影响维修费用的主要因素。

三、提高设备维修经济效益的途径

1）从设备寿命周期费用最经济的角度，购置节能性、可靠性、维修性好的新设备，不要只注意一次性投资的大小，而要综合考虑设备一生中的费用支出。

2）提高操作与维护的技术水平，避免非正常的损伤。

3）实施科学的维修管理，实现最佳的维修效果。

4）运用行之有效的监测与诊断技术，早期发现故障，适时维修。

5）运用维修新技术、新工艺、新材料，提高维修效率，改善零件性能，提高设备的可靠性。

6）积极、慎重地对设备进行改造、提高设备的可靠性和维修性。

7）加强对材料、备件和各项费用的管理扣控制，优化维修系统的岗位结构，消除人力、物力、财力资源的浪费。

第七章　机械设备的安装

第一节　安装的基本概念

机械设备的安装是按照一定的技术条件，将机械设备或其单独部件正确地安放或牢固地固定在基础上，并使机械在厂房中和机械之间有正确的位置。

机械设备的安装是工厂基本建设的重要环节，也是机械设备从制造完成到投入生产所必不可少的重要一环。它关系到机械设备能否正常投产、投产后能否达到设计所需求的产量、品种及质量，关系到基建工期的长短，关系到基建成本的耗费，以及机械设备的使用年限和大修周期。因此，认真搞好机械设备的安装，对整个工厂的基本建设具有十分重要的意义。

机械设备应当具有正确的位置，这是连续生产线上多台机械设备相互协调和顺利工作的必要保证。机械设备安装位置不正确，生产的连续性会受到不同程度的破坏。会出现联接机件连不上，或者虽然能勉强连上，但机械在运转中会产生相当大的附加载荷，从而导致机械的零部件加速磨损和损坏的情况。机械设备的正确位置，是通过调整机械或其部件的中心线、标高、水平性来达到的。对于各种固定的机械设备，在其中心、标高、水平调整达到技术要求后，还需将它牢固地固定在基础上，以防止因载荷的作用而偏离正确的位置。在机械设备的安装过程中，要求位置绝对准确是不可能的，只要实际偏差值控制在允许的范围内，通常不会影响机械设备的正常运转和使用寿命。

机械设备安装的工艺过程包括基础的验收，铲麻面和放置垫板处的磨平，必要时设备部件的拆洗和装配，设备的吊装，设备安装位置的检测和校正，二次灌浆，试运转等。

一、测量安装偏差的依据

为了使机械设备能准确地安装在设计位置上，其所处平面中的位置根据纵横中心线来调整，上下的位置根据标高按基准点来调整。这样便可以利用中心线和基准点来确定机械在空间的位置坐标了。

决定中心线位置的标记称为中心标板。标高的标记称为基准点。

1. 中心标板

机械设备安装所用的中心标板见图7-1。

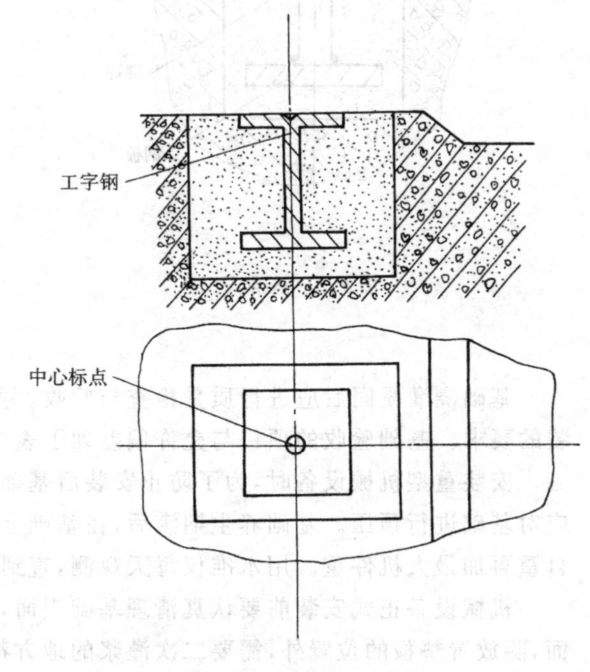

图 7-1　中心标板

中心标板是一段长度为 150～200mm 的钢轨或工字钢、槽钢、角钢等。用水泥浆把它非常牢固地埋设在相应设备的基础表面，然后用经纬仪测出机械设备安装中心线，并在中心标板上冲孔，以冲孔点表示中心标点的位置。用红漆或白漆划圈于点外以示明显标志。有了中心标点，整个安装期内可多次重复拉设安装中心线而不会移位。由于两点决定一线，所以两块中心标板应分别埋设在机械设备安装中心线两端的基础表面。根据中心点拉设的安装中心线是找正机械设备的依据。

2．基准点

在机械设备的基础表面靠近边缘处埋设铆钉，并根据每个工厂的永久性基准点（为海拔某一高度），测出这个铆钉的标高（用红漆标出）。该铆钉及其标高就作为机械设备安装时找标高的依据，这种作用的铆钉称为基准点。见图 7-2。

二、机械设备的安装工艺过程

机械设备安装的工艺过程是：①验收基础质量。在基础上铲麻面，放垫板，对设备进行拆洗检查或预装；②安装并调整设备，使之具有正确的位置（找正找平找标高），紧固基础螺丝并复查位置的正确性；③二次灌浆；④试运转。

机械设备在基础上装置的情况见图 7-3。

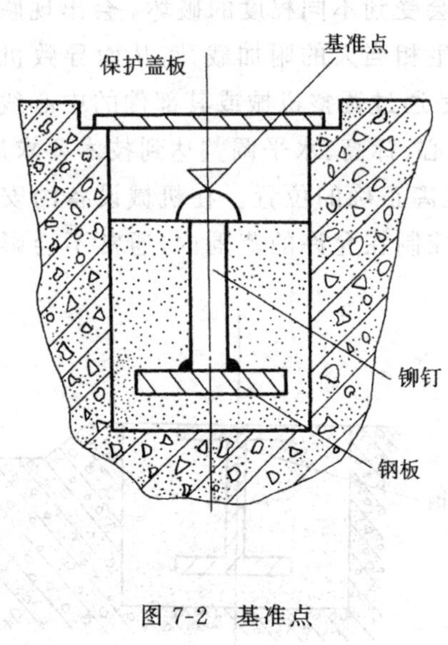

图 7-2　基准点

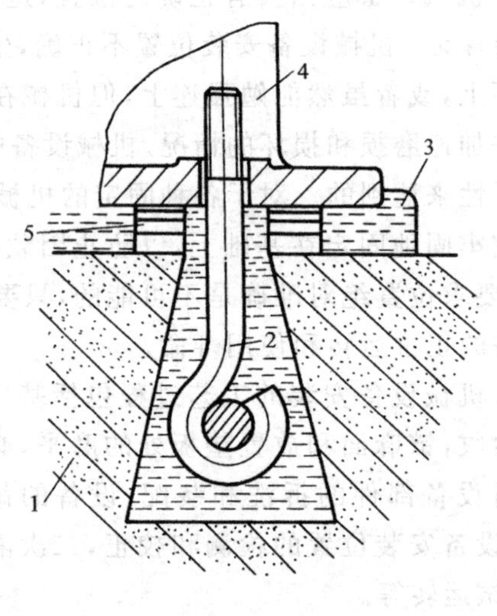

图 7-3　机器在基础上的位置

1—混凝土　2—基础螺钉　3—二次灌浆

4—机座　5—垫板

基础浇灌凝固后应进行质量检查与验收。主要检查基础的尺寸位置偏差是否符合机械安装的要求。基础验收的项目与允许偏差列于表 7-1。

安装重型机械设备时，为了防止安装后基础下沉或倾斜而破坏机械的正常运转，在安装前应对基础进行预压。基础养生期满后，在基础上压重物（钢板或铸件等），其重量为两倍于设备自重再加最大机件重。用水准仪每天观测，直到测出基础不再下沉。

机械设备正式安装前要认真清理基础表面，除去表面灰土、浮浆和油污。在基础上部的表面，除放置垫板的位置外，需要二次灌浆的地方都应铲麻面以保证基础与二次灌浆层能结合牢固。铲麻面要求每 100cm^2 面积有 2～3 个小坑，小坑深 10～20mm。

表 7-1　机器设备基础验收允许偏差

项　　目	内　　　容	允 许 偏 差 /mm		
混凝土基础	1. 主要轮廓尺寸(长、宽等)	±20		
	2. 凹穴或凸出部尺寸	+20 −10		
	3. 表面标高	+0 −20		
基础螺钉		<M50	M50～M100	>M100
	1. 高度	±5	±8	±10
	2. 中心线	±3	±5	±5
	3. 垂直度(单位为 mm/m)	1	1	1
中心标板及基准点	1. 中心标点精确度	±0.5		
	2. 基准点标高	±0.5		

基础螺钉又称地脚螺钉，作用是固定所安装的机械设备。常用的形式有全埋式、半埋式和预留孔式三种，见图 7-4。全埋式是把地脚螺钉和金属固定架先连在一起(焊接或结轧)，再把它们都浇灌在基础混凝土之中，但因固定架留在基础中，消耗了大量的钢材。如在施工中或浇捣基础时地脚螺钉被捣偏，事后则不易校正。半埋式是在基础上部留有一定深度的调整孔，可以弥补地脚螺钉浇偏不易校正的缺点。预留孔式是在浇灌基础时把地脚螺钉孔位置全部留出(放置木壳板即可)，待机械安装找正后再用水泥砂浆补灌螺钉孔。预留孔式虽施工简单方便，但牢度较差，不宜用于矿山、冶金等重型机械的安装。

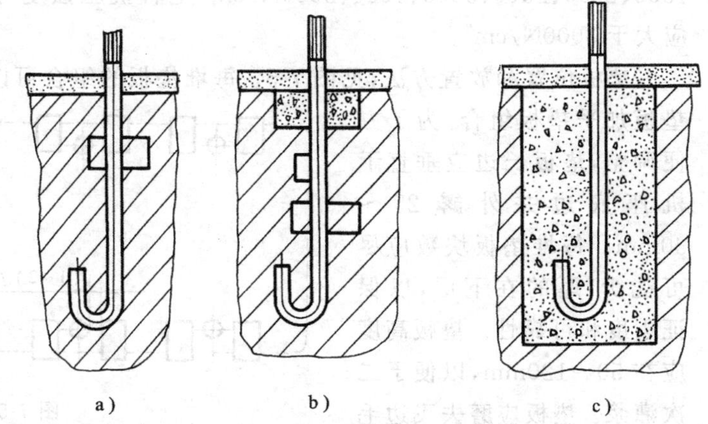

图 7-4　地脚螺钉的形式

a) 全埋式　b) 半埋式　c) 预留孔式

垫板放置在机械底座与基础表面之间的作用是：利用调整垫板的高度可调节机械设备的标高和水平；通过垫板把机械重量和工作载荷均匀地传给基础；使机械底面与基础之间保持一定距离，以使二次灌浆能充满机械底部空间。在特殊情况下可通过垫板校正底座的变形。

垫板分平垫板和斜垫板两种。斜垫板的斜度为 1∶15 到 1∶50。垫板材料为普通钢板或铸钢板。地脚螺钉直径小于 M78 时，选用长×宽为 100mm×75mm 垫板，大于 M78 时用 150mm×100mm 垫板。垫板厚度有 0.5、1.0、2.0、3.0mm，直到 15mm 或更厚。重型和巨型设备安装，可采用更大面积的垫板。

垫板总面积($A=nLB$)必须保证垫板与混凝土基础表面的单位压力 p 小于混凝土基础表面的抗压强度$[p]$

$$p=\frac{c(F_1+F_2)}{nLB}\leqslant[p] \tag{7-1}$$

$$Q_2=[\sigma]A_1$$

式中　c——安全系数，范围是 1.5～3.0，轻型机械安装取较小值；

F_1——机械设备重量，单位为N；

F_2——基础螺钉紧固力，单位为N；

$[\sigma]$——基础螺钉材料许用拉应力，单位为N/cm^2；

A_1——基础螺丝总有效截面积，单位为cm^2；

n——垫板的堆数；

L——垫板的长度，单位为cm；

B——垫板的宽度，单位为cm；

$[p]$——混凝土抗压强度(取混凝土设计标号)，单位为N/cm^2。

因此，垫板总面积A单位为cm^2

$$A \geqslant \frac{c(F_1+F_2)}{[p]} \tag{7-2}$$

混凝土设计标号就是浇捣好了的混凝土经养生28天后可达到的抗压强度，通常有1000、1500、2000、2500、3000、4000、5000N/cm^2七种抗压强度可供选择。重要设备的基础抗压强度应大于3000N/cm^2。

垫板位置和放置方法，见图7-5。每堆垫板的组合可以是：厚度不同的平垫板组合；一对斜垫板加平垫板组合。为了方便调整，垫板长边应垂直于机座底边并外露25～30mm。每堆垫板块数应尽可能少，厚的在下层，以保证刚度和可靠性。垫板高度应在50～120mm，以便于二次灌浆。垫板应磨去飞边毛刺，以保证平整与良好接触，避免机械投产后垫板松动。二次灌浆前必须把每堆垫板组点焊在一起。

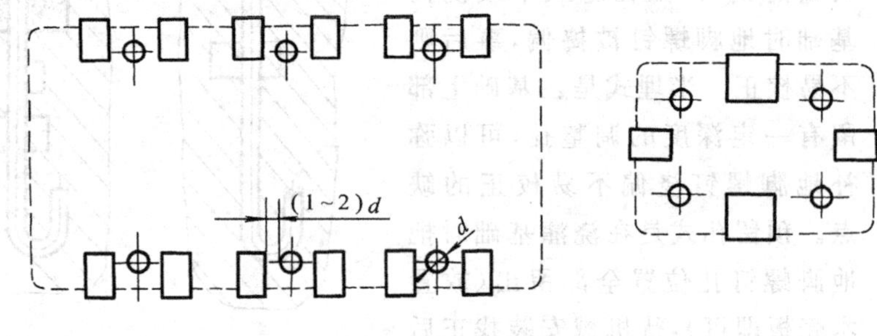

图7-5　垫板的放置

为保证垫板与基础表面接触良好，传统上采用研磨法配置垫板。方法是先用磨石(或砂轮片)研磨基础表面，再用垫板与研磨表面磨合并使接触面积达70%以上(用色迹法检查)。基础研磨面水平性要求为0.1～0.5mm/m(安装轧机为0.1mm/m)。

配置好垫板，即可吊装经拆洗装配好的机械设备。吊装指从工地沿水平和垂直方向运到基础上就位的整个过程。吊装从两个方面着手：一是起重机具有选择应因地制宜，近年来由于汽车吊的起重能力、起重高度都有所提高，加上汽车吊机动性很好，故它是一种很有前途的起重机具；二是零部件的捆绑、索具的选用要安全可靠。当采用多绳捆绑时，每个绳索受力应均匀，防止负荷集中。吊装设备落位后，对其安装位置——中心线、标高、水平性应进行检测和调整。因中心、标高、水平三者在调整过程中会相互影响，故应反复检测和调整。在拧紧基础螺钉并复查中心、标高、水平符合技术要求后，将垫板组点焊起来即可二次灌浆。拧紧直径较大的基础螺钉，常用游锤撞击法或加热法拧紧螺母。二次灌浆过程中不应碰动垫板和机器。

按规程进行接电和试运转，是机械设备安装工艺的最后工序。

三、机械设备安装的新工艺

1. 环氧树脂砂浆粘结基础螺钉

浇灌全埋式半埋式基础螺钉时，为保证其定位质量，必须用金属固定架，这需消耗大量钢材。以轧钢设备安装为例，平均每立方米基础就消耗 15kg 钢材。据统计，某轧钢厂建设中用于固定架消耗钢材超过 1000t。固定架方式施工复杂、劳动量大、工期长。浇捣混凝土过程中经常发生碰动基础螺钉情况，严重影响安装进度与质量。采用环氧树脂砂浆粘结基础螺钉安装新工艺就不需要固定架，可节省大量钢材和劳动量。施工工艺如下：

1）浇筑的设备基础不预埋基础螺钉，只按图样上的结构尺寸浇筑混凝土基础。

2）当基础养生后强度达 1000N/cm^2 时，即可按基础螺钉设计位置在基础上钻孔。孔应垂直于基础表面，孔径比基础螺钉直径 d 大 10～16mm，孔深为 $10d$。

3）清理粘接面。混凝土孔壁和基础螺钉表面如有油水灰泥等，用清水冲洗，干燥后再用丙酮擦净。基础螺钉有锈必须除锈（用 20%盐酸溶液浸泡 2～3h）后再清洗、干燥。

4）环氧浆的调配时，推荐的质量分数为

6101 环氧树脂(E-44)　100

苯二甲脂二丁脂　17

乙二胺　8

砂（粒径 0.25～0.5mm，含水量<0.2%）250

调配方法：

①将 6101 环氧树脂用水浴或砂浴加热至 80℃；

②加入增塑剂二丁脂，以提高韧性；

③均匀搅拌并冷却至 30～35℃ 时加入固化剂乙二胺；

④将砂预热至 30～35℃ 作为填料掺入，以提高环氧树脂硬化物的强度，改善老化，减少收缩率和固化过程放热反应，并可降低成本。操作时应朝一个方向均匀搅拌，以防空气混入。

5）把调配好的环氧砂浆注入基础钻孔内，再插入基础螺钉。注意螺钉与基础表面应垂直，并使螺钉周围砂浆厚度均匀。在砂浆完全凝固前要防止螺钉被碰歪斜。凝固时间夏天为 5h，冬天为 10h。环氧砂浆凝固后便可安装机械设备。

在整个操作过程中应做好安全防护工作，注意防毒防火。皮肤尽量避免与环氧树脂等材料接触。若已接触，用工业酒精、肥皂、清水多次冲洗。禁止用丙酮等有机溶剂清洗皮肤。

试验结果表明，环氧砂浆粘结基础螺钉具有成本低、精度高，施工简便、劳动强度低等优点，并有较高的粘结强度以及抗拔、抗疲劳、抗老化等特性。可缩短螺钉埋置深度，不需金属固定架，为进一步节约钢材、革新基础设计开创了广阔前景。

2. 三点安装法

传统的有垫板安装法，因大量堆数的垫板需用不同厚度的钢板进行组合，垫板与基础接触面又需研磨磨后，使安装工程费工费时又费料。更麻烦的是，机械底座较大、垫板堆数较多时，找正、找平、找标高（三找），需要花费更多的工时。

为了节省工时，可利用三点决定平面的原理来安装机械设备。在机械底座下适当位置先放置三对斜垫板或三个斜铁器，可使“三找”很快达到要求。此时，在需要放置垫板的其他位置打入相应高度的平垫板组，收紧基础螺钉，再复查正、平、高，确认无误后，即可二次灌浆。

利用三点决定平面原理进行找正、找平、找标高的三点安装法，可节省大量工时，缩短工期，应视具体情况推广应用。但必须注意在“三找”过程中不使机械设备底座产生变形。

3. 座浆法安装

座浆法安装机械设备，就是直接用高强度微膨胀座浆混凝土埋置垫板。具体方法是：在混凝土基础安放垫板位置下面凿一个锅底形的坑，用拌好的微膨胀水泥砂浆打成一个馒头形的堆，在其上安放平垫板并用手锤敲打使垫板达到设计标高和规定的水平度。养生1～3天后即可安装机械设备。在座浆垫板上面加垫板来调整机械的标高和水平的方法，由于废除了在基础表面的大量研磨工作，所以它是一种工效很高的安装新工艺，下面分别介绍这种安装新工艺。

(1) 座浆混凝土的原材料、配比及性能座浆混凝土原材料为水泥胶材、砂子、石子和水等。关键是选择好水泥胶材，使配成的混凝土具有早强快硬和微膨胀或微收缩的特性，才能保证设备安装质量。对于水泥，可选用高标号早强快硬胀缩值小的浇筑水泥(北京琉璃河、苏州吴县等水泥厂生产)；砂子可用普通黄砂，应干净而含泥少；石子最好采用粒径5～20mm，片状颗粒少的碎石；水则可用施工用水，切忌有油。

座浆混凝土的配比，因要求早强快硬微胀缩，故水灰比不宜太大。只要配比恰当，座浆一天的强度可达2000N/cm² 以上。表7-2列出了配比及强度。

表7-2　座浆混凝土的配比及强度

试件号	浇筑水泥产地	按质量的配比				抗压强度/N·cm^{-2}				
		水泥	砂子	石子	水	1天	3天	5天	7天	28天
1	北京	1	1	1	0.40	1840	2610		3490	3740
2	苏州	1	1	1	0.40	1710	2540		3300	3710
3	苏州	1	1	1	0.37	2970		4080		
4	苏州	1	1	1	0.37	2880		4230		
5	苏州	1	1	1	0.37	2420	3510		4860	5200

注：浇筑的水泥如库存超过两个月以上，使用时应重作鉴定。水泥存放必须避免受潮。表中1、2号试件强度低是由于水泥库存期较长且受了潮。

采用座浆混凝土铺放垫板时，关键在于混凝土胀缩值要小，这才不会影响安装机械的标高。根据模似的实际施工的座浆墩所测的数据(表7-3)可断定，这么小的胀缩值显然不会影响机械设备的安装精度。

表7-3　座浆墩实测结果

按质量的配比				浇后两小时的平均胀缩值/mm	浇后五天的平均胀缩值/mm	抗压强度/N·cm^{-2}	
水　泥	砂　子	石　子	水			1　天	5　天
1	1	1	0.36	0.031			
1	1	1	0.37	0.0113	−0.0086	2970	4050
1	1	1	0.37	0.0075	0.068	2880	4230

(2) 座浆法施工顺序和要求　选好座浆混凝土配比后，要根据设备进场的先后及其他条件，可选择前座浆或后座浆方案施工。前座浆就是先座浆后安设备，施工较方便，操作无障碍；后座浆则是先安设备后座浆。后座浆的优点是不需要测量座浆垫板的标高，也不需要找正、找平垫板，更不必考虑相邻垫板的标高差。其缺点是座浆时混凝土浇入捣固比较困难。为确保座浆质量，应按下述要求进行：见图7-6所示，在设定垫板位置下用风铲等机具将基础混凝土凿一小坑，坑长是垫板长 L+(60～80)mm；坑宽是垫板宽 B+(40～60)mm；坑底到垫板下表面为40～80mm。当垫板设定标高高于基础混凝土面标高时，为保证座浆混凝土座实，可在其周边加设模板。

清除坑内碎屑后，注水入坑使之充分浸润(约15min)。座浆前用压缩空气或其他吹具吹除坑内积水和杂物。严禁坑内及其周围掉入油脂等物，以防座浆后混凝土粘结不牢。

在干净坑中刷一层净水泥浆，以利于新老混凝土的粘结。水泥浆的水灰比：水泥 0.5kg，加水 1～1.2kg。待净浆初凝后即可往坑中浇灌座浆混凝土。浇灌时应分层捣打，每层厚以 40～50mm 为宜，捣打直至表面反浆为止。

待座浆混凝土表面稍干后(约经 15～20min)，放上平垫板并随即找平找标高。在同一平面相邻垫板的标高差应在±0.3mm以内。找平后稍稍拍平垫板四周的混凝土使之座实牢固，混凝土表面应低于垫板面 2～5mm，随后再复查垫板水平及标高。

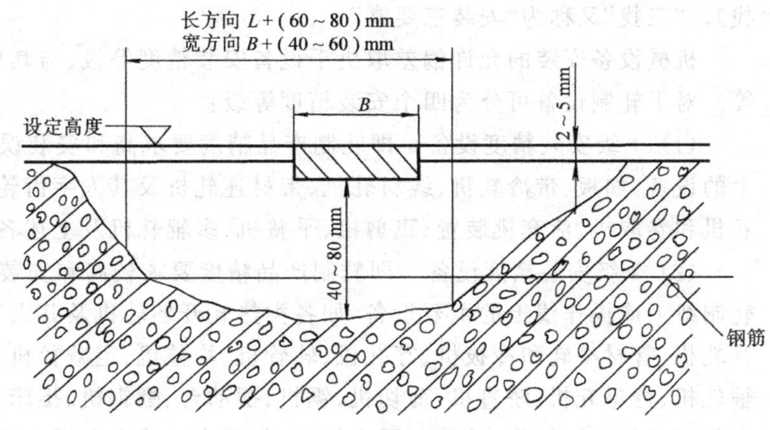

图 7-6　座浆坑示意图

盖上潮湿袋养生一夜。如不急于安装设备，最好养生三天再安装设备。

因座浆混凝土性质是早凝快硬，因此必须采用集中称料、干料运输、分散搅拌的工作方法。将料倒入搅拌板上均匀拌和后再加水拌。视拌和的颜色一致并达到“手捏成团、摔地成砂”即认为合格。搅拌好的座浆混凝土应在 15min 内用完，超过时间不允许再加水使用。

(3) 座浆法的优点　座浆法的优点是：①强度高。座浆一天后抗压强度超过 2000N/cm^2，见表 7-3；②工效高。从表 7-4 可看出，座浆法比研磨法工效高出很多；③质量好。座浆与垫板接触面积达 90%以上，与垫板粘结牢固，垫板稳定性也好；④省钢材。与研磨法比较，每堆垫板至少可节省一块平垫板。整个工程的节约就很可观。

表 7-4　座浆法与研磨法工效对比

实装精度级别	I 级			
设备名称	轧钢机		卷取机	
垫板尺寸/mm×mm	480×240		280×180	
施工方法	座浆	研磨	座浆	研磨
接触面积/%	90	70	90	70
每工日块数	3	0.33	2.5	0.5
工效提高倍数	9		5	

4. 无垫板安装

无垫板安装法就是所安装的机械底座下根本没有垫板的一种安装新工艺。其方法是利用斜铁找正机械(包括中心、水平、标高)，然后用座浆混凝土二次灌浆，养生后抽去斜铁，其空洞再次补灌。

无垫板安装中，如采用三点安装原理和座浆混凝土二次灌浆，则可使安装工程达到多快好省。因三点安装和座浆法安装工效高、座浆混凝土具有微膨胀特性，使二次灌浆层养生后能自然地与机械底座大面积紧密接触(远远超过垫板总接触面积)，承载效果更佳。所以，在机械设备安装工程中应优先推广无垫板安装法。

第二节 机械设备安装位置的检测与调整

机械设备安装位置的检测与调整是安装过程的主要工作。目的是调整机械设备的中心、水平和标高的实际偏差达到允许偏差之内。这个反复检测调整过程称为找正、找平、找标高(三找)。“三找”又称为“安装三要素”。

机械设备安装的允许偏差取决于设备安装精度等级、与其他设备的关联情况、测量的依据等。对于轧制设备可分为四个安装精度等级:

(1) Ⅰ级安装精度设备 即轧制产品精度要求高和安装误差直接影响产品质量的轧制线上的设备。如板、带冷轧机、线材轧机、带材连轧机及其人字齿轮座、主减速机和主电机、带材开卷机和卷取机、活套挑装置、飞剪机、平整机、多辊轧机及上述各类轧机的底座等。

(2) Ⅱ级安装精度设备 即轧制产品精度要求较高和安装误差对产品质量有一定影响的轧制线上或操作线上的主要设备。如各类热轧开坯轧机及其人字齿轮座、主减速机和主电机焊管轧机、管材冷轧和冷拔机、穿孔机、轧管机、均整机、定减径机、张力减径机、钢球轧机、车轮轮箍轧机、行星轧机、矫直机、剪切机、锯机、摆动台、翻钢机、推床、定尺机、无心卷取机、轧机前后工作辊道、酸洗、镀锡、镀锌和退火机组、位于自动线上和操作线上的各种机床。

(3) Ⅲ级安装精度设备 即安装误差对产品质量影响不明显的轧制线上或操作线上的非主要设备。如拖运机、推入机、推出机、拔料机、运输辊道、挡板、打印机、打捆机等,以及位于自动线上的磅秤。

(4) Ⅳ级安装精度设备 即单独配置的和虽在轧制线上或操作线上但安装误差对产品质量影响较小的设备。如冷床及各种台架、固定挡板、缓冲器、料筐、单独配置的设备等。

轧制设备安装允许偏差见表 7-5。机床安装水平性允许偏差见表 7-6。

表 7-5 轧制设备安装允许偏差表

项目		允许误差			
		Ⅰ级	Ⅱ级	Ⅲ级	Ⅳ级
标高	根据基准点安装/mm	±0.30	±0.50	±1.00	±1.50
	根据已安装的设备安装/mm	±0.10	±0.25	±0.50	±1.00
平面位置	根据主要中心线安装/mm	±0.50	±1.00	±1.50	±3.00
	根据已安装的设备安装/mm	±0.30	±0.50	±1.50	±3.00
设备安装的水平度和垂直度/mm/m		0.05	0.10	0.15	0.30

一、找正

机械设备安装时的找正,就是使机械设备的中心线对正安装中心线的过程。常用挂线法找正,如图 7-7 所示。根据机械基础两端表面埋设的中心标板上的中心标点拉设安装中心线。安装中心线直径为 0.5～0.8mm 的细钢丝。从拉设的安装中心线的适当位置成对地悬挂线锤下来并对正设备中心线。如挂线(即安装中心线的垂线)不对正设备中心线,只许拨动设备使设备中心线与挂线相重合,实际偏差在允许偏差之内即达到找正的目的。

机械设备上的中心线应选取其精加工面。例如主轴及其顶针孔、轴互孔、轴承孔、轧机机架窗口等。在安装精度要求不高时,可利用对称分布的螺钉孔定出设备中心线。机械设备的找正还常利用联轴器的装配来达到。

拨动设备的方法可采用撬棍、大锤和楔铁，也可用千斤顶。

二、找平

把机械设备调整到要求的水平度(或垂直度)的过程称为找平。找平是机械设备安装和检修中重要且要求严格的工作。无论什么机械设备都必须找平。其目的是：保持设备的稳固和重心的平衡，避免设备变形，减少运转中的振动，避免由于设备不水平而产生附加载荷，保证设备的正常润滑，避免过度磨损和不必要的功率消耗，保证设备的工作质量和精度等。

表 7-6　机床安装的水平性允许偏差

机床类型	水平度允许偏差 /mm/m	水平度测定面
普通车床	0.04	机架滑道
精密车床	0.02	机架滑道
立式钻床	0.04	工作台表面，立柱滑道或柱脚滑道
摇臂钻床	0.04	平台表面或立柱表面
镗　床	0.04	机架滑道或工作台表面
普通铣床	0.04	工作台表面
精密铣床	0.02	同上，龙门铣床在机架滑道上
牛头刨床	0.04	工作台表面
龙门刨床	0.04	工作台表面或机架滑道
外圆磨床和内圆磨床		单独找正柱脚时，在柱脚的平滑板上
纵方向	0.02	机架滑道或工作台的工作表面
横方向	0.04	机架滑道或工作台的工作表面
普通平面磨床	0.04	工作台表面

找平主要使用水平仪测量被检查平面的水平性偏差。水平仪有钳工水平仪和方框水平仪两种。方框水平仪不仅可用以检验水平度，也可用来检验垂直度。

水平性测定面应选取精加工面，例如轴的圆柱表面、滑道面、导轨面、导板面、箱体剖分面、轴承座剖分面、轴承孔等。为保证设备的水平性，必须在相互垂直的两个方向上至少分别测定一次。对于较大平面的找平，为防止平面本身加工误差及变形的影响，可将水平仪放在平尺上(平尺搁在大平面上)检验。斜面找平时，可借助相同斜度的样板来进行。

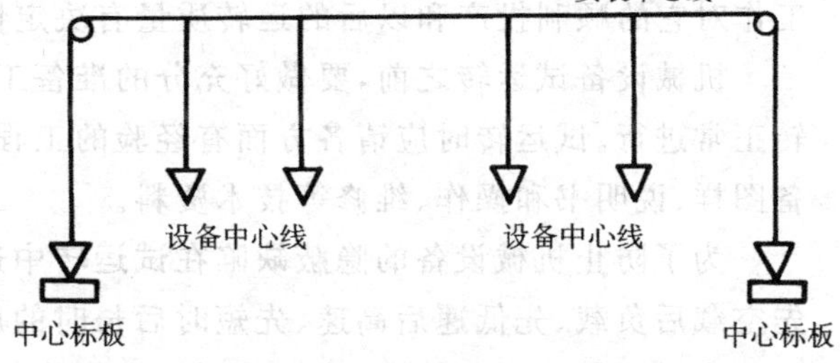

图 7-7　找正示意图

三、找标高

把机器设备的高度位置调整到设计高度的过程称为找标高。检验设备高度位置的原始依据是基准点。通常是用直接测量基准点到设备标高测定面的距离的方法来检验设备的标高(图 7-8)。

设备的标高测定面应是设备的某一精加工表面或机座的精加工表面，如图 7-8a 所示：为了正确测定机座 2 的标高，可选定机座本身的轴承剖分面(即主轴轴心线平面)作为标高测定面，如图 7-8b 所示。用平尺 1 把高度位置尺寸 h 引到基准点 3 的上方，以千分杆 4 测量。平尺要正确引出尺寸 h 必须保持水平，故在基上方放置方框水平仪与进行检验。在平尺中部设支点 6 防止平尺挠曲，并保持平稳。测出的尺寸应比规定的大 1～2mm，以补偿拧紧基础螺钉时垫板等的变形量。

测定设备的标高，应选取该设备邻近的基准点为测量依据，且所用的基准点愈少愈好，以避免因基准点之间的相对偏差造成偏差积累而影响安装精度。因此，相联系的设备，可根据附近已安装好的设备来测定其标高，以减小彼此间的相对偏差。例如要装辊道时，就可以利用已装好的前一个辊子来规定后一个辊子的标高。

标高的调整是利用改变垫板的高度来实现的。

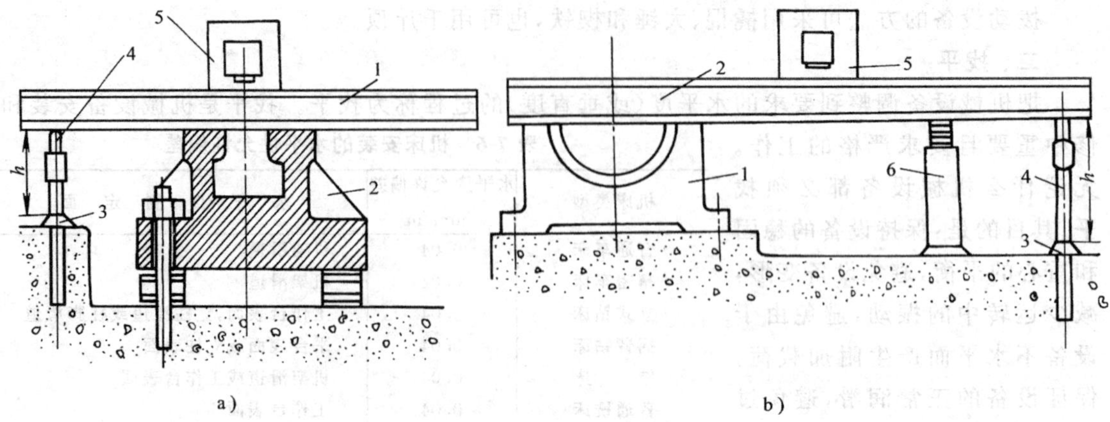

图 7-8　机座标高的检测

1—平尺　2—机座　3—基准点　4—千分杆　5—方水平仪　6—平尺支点

第三节　机械设备安装后的试运转

机械设备安装工作的最后一个工序，是设备的试运转。对修理后的设备也必须进行试运转。试运转的目的是综合检验设备的运转质量，发现和消除机器设备由于设计、制造、装配和安装等原因造成的缺陷，并进行初步磨合，使机器设备达到设计的技术性能。机器设备的试运转工作对它的顺利投产和以后的运转质量有决定性的影响，所以要非常重视试运转工作。

机械设备试运转之前，要做好充分的准备工作。制订科学合理的试运转制度，以保证试运转正常进行。试运转时应请各方面有经验的工程技术人员和工人参加，有关人员事先应阅读设备图样、说明书和操作、维修等技术资料。

为了防止机械设备的隐蔽缺陷在试运转中造成重大事故，试运转必须遵守先单机后联机、先空载后负载、先低速后高速、先短时后长时的原则。

在试运转中，机械设备由于设计、制造、装配和安装等各方面原因而造成的缺陷都会暴露出来，出现的问题往往是比较复杂的，要仔细分析才能作出正确的判断和提出处理措施。试运转中还应强化维护检查措施并建立必要的记录。

一、空载运转

空载运转是为了检查机械设备各个部分相互连接的正确性和进行初步磨合。通常是先作调整试运转再进行连续空载试运转。

调整试运转的目的在于揭露和消除设备存在的某些隐蔽缺陷。开车前必须严格清除现场一切遗漏的工具和杂物；检查一些零散的可以后安装的零件、附件、仪表等是否齐全可靠；检查螺钉等紧固件有无松动；对减速机、主轴箱、滑动面以及其他所有应该滑润的润滑点，都要按说明书的规定，按质按量地加上润滑油或润滑脂；检查机械设备的供油、供水、供电、供汽系统和安全装置等工作是否正常。只有确认设备完好无疑时，才允许进行试运转。经拨动设备能自由转动后才允许开车。起动设备后，首先以短时和低速运转，逐渐增加开动时间和提高转速，一经发现故障要立即停车消除。对于重要设备，最好采用各单独部件的顺序调整试运转，即先进行电动机的试运转，再带动传动装置，然后再带动工作部分进行整个单机试运转。

经调整试运转正常后，开始连续空载试运转。连续空载试运转在于进一步试验各连接部分的工作性能和初步磨合有相对运动的配合表面。连续空载试运转的连续试验时间，根据设备的工作制度确定，周期停车和短时工作的设备可短些，长期连续工作的设备可长些。最少不少于2～3h。对于精密配合的重要设备有的需要空载连续运转达10h。若在连续试运转中发生故障，经中间停车处理，仍须重新连续运转达到最低规定时间的要求。

空载连续试运转时间应尽可能长一些，这样有利于设备良好地进行磨合。检验磨合是否正常的主要依据是摩擦组合的发热情况。动配合的组合在连续运转初期摩擦温度比较高，而经一段时间磨合后才逐步降低。这是磨合过程中的正常现象。对于长期连续工作的设备来说，摩擦温度降低转入稳定状态所需的时间，也就是连续空载试运转必须的时间。一般稳定工作温度不允许超过50℃。

空载试运转期间，必须检查摩擦组合的润滑和发热情况，运转是否平稳，有无异常的噪音和振动，各连接部分密封或紧固性等。若有失常现象，应立即停车检查并加以排除。

二、负载试运转

负载试运转是为了确定设备的承载能力和工作性能指标，应在连续空载试运转合格后进行。

负载试运转应以额定速度从小载荷开始，经证实运转正常后，再逐步加大载荷，最后达到额定载荷。有的机械设备要在超载10%，甚至超载25%的条件下试运转。当在额定载荷下试运转时，应检查设备能否达到正常工作的主要性能指标，如动力消耗、机械效率、工作速度、生产率等。

负载试运转中维护检查的内容和要求，与空载试运转相同，发现故障必须立即消除。负载试运转过程中可能产生的故障有以下几个方面：

(1) 密封性不良　如动力、润滑、冷却系统有漏油、漏气、漏水等现象。

(2) 配合表面工作性能不良　如出现噪声、振动、过热、松动、卡紧、动作不均匀等。

(3) 工作中断　如配合表面或运动机构被卡住、机件破坏、电动机不能工作、各种指示和控制仪表没有读数等。

(4) 设备性能不良　如承载能力不足、运转速度过低、动力消耗太大等。

上述故障和损坏的原因可能与很多因素有关，包括机件的设计、制造、装配和安装，试运转制度和维护保养等。发现故障和损坏时，必须仔细研究分析有关资料和发生故障和损坏的情况，找出主要原因并采取相应措施。

对设备试运转的技术情况进行记录，确定全部合格后才能投入生产。负载试运转一般至少要进行72h左右。设备投产初期仍需加强维护保养工作，以保证它的正常运行。

参考文献

1　徐滨士等编．表面工程与维修．北京：机械工业出版社，1996

2　吴连生编．失效分析技术．成都：四川科学技术出版社，1985

3　(美)美国金属学会编．金属手册第八版第十卷．失效分析与预防．北京：机械工业出版社，1986

4　孙家骥等编．矿冶机械维修工程学．北京：冶金工业出版社，1994

5　屈梁生等编．机械故障诊断学．上海：上海科学技术出版社，1986

6　孙俊兰，姜大志编．机械设备安装维修．北京：中国民航出版社，1995

7　刘庶民编．实用机械维修技术．北京：机械工业出版社，1994

8　宋廷坤等编．现代工程机械检测与维修．北京：中国铁道出版社，1996

9　严谱强，黄长艺编．机械工程测试技术基础．北京：机械工业出版社，1985

10　朱日彰等编．金属腐蚀学．北京：冶金工业出版社，1989

11　机修手册第三版编委会编．机修手册．北京：机械工业出版社，1993

12　黄守明等编．设备诊断技术与维修技术．北京：煤炭科研参考资料，1988

13　柳玉波等编．表面处理工艺大全．北京：中国计量出版社，1996

14　陈伯蠡编．金属焊接基础．北京：机械工业出版社．1984

15　韩荣第等编．难加工材料切削加工、北京：机械工业出版社，1996

16　中国机械工程学会设备维修专业学会主编．机修手册(第二卷)．修理技术基础．北京：机械工业出版社，1993

17　机修手册第三版编委会编．机修手册(第八卷)．设备润滑．北京：机械工业出版社，1994